Dados Internacionais de Catalogação na Publicação (CIP)
(Câmara Brasileira do Livro, SP, Brasil)

Cameron-Bandler, Leslie.
O método EMPRINT : um guia para reproduzir a competência / Leslie Cameron-Bandler, David Gordon, Michel Lebeau ; tradução de Maria Cláudia Pereira Coelho ; revisão técnica de Renata Riecken. — São Paulo : Summus, 1992.

Bibliografia
ISBN 85-323-0396-X

1. Capacidade de aprendizagem 2. Programação neuro-linguística 3. Psicologia da aprendizagem I. Gordon, David, 1951- II. Lebeau, Michel. III. Título.

92-0433

CDD-153.15

Índices para catálogo sistemático

1. Aprendizagem : Aptidão : Psicologia   153.15
2. Aquisição de habilidades : Psicologia da aprendizagem
   153.15
3. Psicologia da aprendizagem   153.15

PROGRAMAÇÃO NEUROLINGUÍSTICA

LESLIE CAMERON-BANDLER
DAVID GORDON
MICHAEL LEBEAU

O MÉTODO
EMPRINT

UM GUIA
PARA REPRODUZIR
A COMPETÊNCIA

summus editorial

Do original em língua inglesa
THE EMPRINT METHOD — A Guide To Reproducing Competence
Copyright © 1985, FuturePace, Inc., por acordo com a Real People Press.

Tradução de:
Maria Cláudia Pereira Coelho

Revisão de:
Heloísa Martins-Costa

Revisão técnica de:
Renata Riecken, psicóloga, master em NLP,
autorizada pela FuturePace, Inc.,
para divulgação deste material.

Capa de:
May Shuravel Berger

Proibida a reprodução total ou parcial deste livro,
por qualquer meio e sistema,
sem o prévio consentimento da Editora.

Direitos para a língua portuguesa
adquiridos por
SUMMUS EDITORIAL LTDA.
Rua Cardoso de Almeida, 1287
05013 — São Paulo, SP
Telefone (011) 872-3322
Caixa Postal 62.505 — CEP 01295
que se reserva o direito desta tradução.

Impresso no Brasil

*A ignorância é a noite da mente,
sem lua ou estrelas.*

CONFÚCIO

*Quando se faz um pedido a uma estrela,
não tem importância quem se é...*

JIMMINY CRICKET

Para Mark e Alex e Kyra

Sumário

Prefácio 9

PARTE I INTRODUÇÃO

1 Com a câmera na mão 17
2 O princípio organizador 37

Parte II O MÉTODO

3 As distinções 61
4 Categoria de teste 73
5 Categoria de referência 103
6 Causa e efeito 121
7 Categoria mobilizadora 135
8 O método em funcionamento 149
  — Para manter um campeão de vendas funcionando 150
  — Nunca repetir erros 156
  — A noção do momento certo 163
  — Aprender a vida inteira 168

7

Parte III FAZENDO O MÉTODO FUNCIONAR PARA VOCÊ

9 Selecionando uma meta 179
10 Identificando atividades e procedimentos operacionais 191
11 Eliciação e descoberta das variáveis 197
12 Reproduzindo a competência 233
13 Conclusão 277

Notas 281
Glossário 289
Referências 291

Prefácio

Este livro se propõe a mudar a sua opinião a respeito das possibilidades de se alcançar um objetivo. Ao terminar de ler o primeiro capítulo, você estará ciente da possibilidade de adquirir novas capacidades, talentos e aptidões. Quando terminar o último capítulo, terá as ferramentas necessárias para dominar um processo acelerado de aquisição de capacidades — o método EMPRINT (TM) —, que poderá usar para transformar as possibilidades em realizações.

O objetivo deste livro é, assim, fornecer-lhe ferramentas que o capacitem a identificar e adquirir (ou a transferir para outras pessoas) aptidões humanas desejáveis. O propósito deste prefácio é apresentar-lhe a abordagem que usamos para criar o método EMPRINT, bem como para criar outros métodos e procedimentos de auto-aprimoramento, descritos em outros livros dos mesmos autores. Chamamos nossa abordagem de Padronização da Aptidão Mental (TM.SM). Embora não seja necessário conhecer a Padronização da Aptidão Mental para aprender o método EMPRINT, uma pequena noção do seu funcionamento o ajudará a apreciar melhor tanto o modo como criamos o método EMPRINT quanto o modo como esse método pode ser usado para aumentar a capacidade de indivíduos e grupo de indivíduos. Não discutimos a nossa abordagem global na apresentação do método EMPRINT; por isso, se você quiser passar imediatamente à introdução do método, pule para o capítulo 1. Se estiver interessado numa breve apresentação da Padronização da Aptidão Mental, continue a leitura.

Com a Padronização da Aptidão Mental, codificamos os padrões subjacentes a uma aptidão humana específica e os transformamos numa seqüência de experiências instrutivas, que, bem aplicada, leva qualquer pessoa a adquirir uma aptidão particular.

Vamos dividir esta parte em duas:

Codificamos os padrões subjacentes às aptidões humanas.

Uma "aptidão" é qualquer capacidade superior que um indivíduo manifesta, incluindo a capacidade de seguir uma dieta, aprender cálculo, tocar um instrumento musical, organizar apresentações, motivar-se para agir, reconhecer e compreender padrões, etc. Em resumo, qualquer coisa que as pessoas fazem bem naturalmente é uma aptidão. As aptidões são compostas de *constelações* de percepções específicas e de representações internas (modos de pensar). É o tipo de percepção e de representação e o modo como interagem entre si que se associam na manifestação de uma aptidão específica. Quando falamos dos "padrões subjacentes a uma aptidão humana", referimo-nos a essas constelações.

Em essência, criamos uma nova linguagem para descrever aptidões. Pegamos os padrões subjacentes às atitudes e os codificamos nessa linguagem. O vocabulário da nossa linguagem consiste no conjunto de diferenças que equivalem aos elementos que, juntos, formam a base de qualquer aptidão ou talento. Os modos pelos quais essas diferenças interagem interna e externamente são a sintaxe da nossa linguagem. Com essa linguagem, somos capazes de "escrever frases" que descrevem de modo útil (em termos de compreensão e de reprodução) a constelação específica de percepções e representações subjacentes a uma aptidão em particular. Em outras palavras, geramos uma descrição baseada no processamento interno do modo como uma pessoa é perita em resolver problemas, planejar o futuro, lidar com pessoas, cuidar da saúde, manter relacionamentos gratificantes ou tirar provas algébricas.

De certo modo, esse processo se assemelha à preparação de uma refeição. Cada "prato" de aptidão é o resultado de "ingredientes" perceptivos e representacionais específicos combinados de uma certa maneira (em uma seqüência particular, sob certas condições de calor ou frio, por determinados períodos de tempo, etc.). Ao especificar os ingredientes e métodos culinários, temos uma receita para um prato em particular. Essa receita permite não apenas saber como o prato foi feito, como também reproduzi-lo. O objetivo da Padronização da Aptidão Mental consiste em descobrir receitas para as várias aptidões humanas que merecem estar à disposição de outras pessoas.

Esse processo pode ser também comparado à escrita de uma partitura musical. As notas são semelhantes às percepções e representações que compõem as experiências humanas. Assim como as percepções e representações, as notas podem ser combinadas em terceiras, quintas e nonas, em acordes e arpejos, em vários compassos e chaves, para criar experiências musicais únicas. A partitura resultante fornece não apenas um modo de analisar a estrutura de uma composição em particular: ela pro-

10

picia também uma forma de transferir a capacidade de reproduzir a música em si para qualquer pessoa capaz de ler a partitura.

Transformamos as informações codificadas em uma seqüência de experiências instrutivas, que, bem aplicada, leva qualquer pessoa a adquirir uma aptidão particular.

As "experiências instrutivas" de que falamos são semelhantes às seqüências de experiências de aprendizagem usadas para ajudar uma pessoa a se tornar habilidosa em um esporte. Por exemplo, no esqui, no tênis, na natação e no golfe, os movimentos essenciais foram modelados e em seguida especificados em seqüências de pequenas e crescentes etapas de comportamento, cada uma delas relativamente fácil de dominar. O domínio dessas etapas crescentes conduz à manifestação habilidosa de comportamentos integrados fundamentais para cada esporte.

No esporte, os comportamentos externos crescentes que compõem as habilidades estão prontamente disponíveis através da observação (em pessoa ou numa fita) de alguém que exemplifique as habilidades a serem aprendidas. Assim, a relação entre o posicionamento do pé, a inclinação do joelho, a posição do polegar e do cotovelo, etc., pode ser modelada, observada, copiada e aprendida. Até há pouco tempo as habilidades esportivas eram adquiridas através da prática e por osmose, com aqueles que tinham "talento". Agora as habilidades estão disponíveis para praticamente qualquer pessoa disposta a aprender e a treinar. O que a Padronização da Aptidão Mental faz é mover-se *para dentro*, para a arena da mente, trazendo para aptidões antes impossíveis de se adquirir aquilo que se tornou a prática-padrão na aquisição de habilidades atléticas.

Como abordagem, a Padronização da Aptidão Mental (e os métodos e procedimentos a partir daí gerados) parece ser, na nossa opinião, um grande aperfeiçoamento do modo como a maioria das capacidades são passadas para os outros, o que ocorre geralmente através de um processo de aconselhamento. Isto é, quando uma pessoa quer se tornar perita em algo (seja álgebra, tênis ou automotivação), geralmente procura um "estágio" com um mentor, alguém já apto para a habilidade desejada. Essa aprendizagem pode ser explícita ou implícita, e se desenvolver através do contato pessoal, da mídia, de livros, seminários ou aulas. Entretanto, a despeito do método a ser seguido, o processo de aprendizagem para pensar como o mentor é quase sempre o resultado de um longo período de exposição íntima ao modelo de mundo do mentor. Mesmo assim, as aptidões do mentor são raramente transmitidas, e o aprendiz deve se contentar em copiar os comportamentos e as técnicas do mentor.

Nossa abordagem é um avanço em relação a esse tipo de aconselhamento, na medida em que dá a qualquer pessoa interessada acesso a compilações dos padrões de pensamento que compõem as aptidões de pessoas talentosas. Isso é mais eficaz em termos de tempo, esforço e resultados, dando, além disso, uma enorme independência.

O que significa tudo isso? O talento que um indivíduo manifesta naturalmente pode ser codificadó e transformado em procedimentos para que possa ser, deliberada e eficazmente, adquirido por outras pessoas. A implicação é que uma pessoa pode ser boa em qualquer coisa que escolher (quer dizer, qualquer coisa que tenha sido codificada e para a qual uma seqüência de experiências instrutivas tenha sido gerada). Entretanto, para nós isso é mais do que uma implicação — é uma afirmação e um objetivo.

Acreditamos que a compreensão desse objetivo propiciará um meio de acelerar a evolução pessoal, cultural e social, tornando o conjunto de aptidões humanas disponível para *qualquer pessoa*. Parece-nos que esse é o modo mais viável de possibilitar à mente e à experiência humana acompanhar o desenvolvimento tecnológico.

Além disso, talvez a coisa mais importante seja o potencial da Padronização da Aptidão Mental de criar para todos os indíviduos possibilidades que de outro modo não existiriam. Todo indivíduo anseia por certas habilidades, características, capacidades e atributos para os quais aparentemente não tem talento. Esse anseio fica insatisfeito com freqüência excessiva, e desnecessariamente. O conjunto da experiência humana disponível para ser penetrado é mais vasto e mais profundo do que podemos imaginar atualmente. A descoberta desse conjunto depende em primeiro lugar de reconhecermos sua existência e em seguida de desenvolvermos um processo capaz de descrever e transferir nossas experiências para outras pessoas. Este livro pretende ao mesmo tempo convencê-lo de que esse conjunto existe e apresentar-lhe o método EMPRINT — um processo acelerado de aquisição de habilidades que lhe permitirá desvendar esse universo incrivelmente rico do talento humano.

San Rafael, Califórnia
7 de julho de 1985

Assim como um compositor criativo, algumas pessoas têm mais talento para a vida do que outras. Elas de fato exercem influência sobre os indivíduos que as cercam, mas o processo termina aí, pois não há como descrever em termos técnicos o que é precisamente que elas fazem, em sua maior parte, inconscientemente. Em um futuro distante, quando a cultura estiver mais bem explorada, haverá o equivalente a partituras musicais, possíveis de serem aprendidas, uma para cada tipo diferente de homem ou mulher, em tipos diferentes de trabalhos e relacionamentos, para o tempo, o espaço, o trabalho ou o jogo. Vemos pessoas bem-sucedidas e felizes, que têm empregos produtivos e gratificantes. Quais são os conjuntos e padrões que diferenciam suas vidas daquelas das pessoas menos afortunadas? Precisamos encontrar um meio de tornar a vida mais agradável e de deixá-la um pouco menos ao sabor do acaso.

Edward T. Hall
The Silent Language

PARTE I

Introdução

1 Com a câmera na mão

No início do século XV o imperador chinês Yung Lo lançou ao mar a maior armada já vista no planeta naquela época. A histórica expedição marítima de Yung Lo empregou uma tripulação de 37 mil homens, numa frota de mais de trezentos navios. O maior deles, o Navio Tesouro, tinha 133 metros de comprimento, uma largura máxima de 54 metros, e nove mastros. Era muito maior do que qualquer navio já visto no Ocidente. Europeus ficaram assombrados diante da dimensão da armada e simplesmente embasbacados com a enormidade do Navio Tesouro. Nenhuma teoria ou método ocidental de construção podia explicar a realidade aparentemente impossível com que o Ocidente se deparava.

Igualmente notável para os observadores ocidentais era a engenhosidade da construção, que impedia que a água de uma parte da quilha inundasse todo o navio. Embora constituíssem novidade na Europa como forma de impedir que a água ou o fogo se espalhassem, os anteparos eram largamente empregados na China. Os chineses vinham construindo navios com vigas transversas como anteparos havia séculos. O material que lhes inspirara era parte integrante de sua vida, empregado em inúmeras atividades: cultural, religiosa, decorativa e de construção. Esse material era o bambu. O desenho inspirado pelo bambu proporcionou a força e a flexibilidade que possibilitaram a construção desses navios tão altos.

Não demorou e os europeus adaptaram aquele desenho à construção de seus navios. Logo estavam navegando com seus colossais navios para novos e antigos destinos, com mais segurança, estilo, conforto e economia. Ainda hoje construímos navios — bem como esquis, aeronaves, naves espaciais e centenas de outros produtos modernos — que incorporam o desenho elegante sugerido aos antigos chineses pelo bambu.

No início dos anos 80, uma outra expedição foi lançada. Era pequena em comparação com a armada de Yung Lo. Era formada por apenas três pessoas: os autores deste livro. Os veículos que usamos para alcançar nosso destino eram mundanos: automóveis e telefones. Mas as pessoas a quem visávamos com freqüência se encontravam bem ao nosso lado. Estavam presentes nas nossas palestras e seminários, no almoço das terças-feiras das mulheres de negócios no Holiday Inn e no churrasco semanal no jardim dos nossos amigos. Como co-participantes da mesma cultura nacional e local, eram semelhantes a nós; mas em virtude de a carga que lhes trazíamos ser desconhecida, só podiam achá-la estranha de início. Nossa carga consistia em uma *idéia* e em uma *ferramenta*. A idéia era a de que o conjunto de talentos humanos é um reservatório de recursos passível de ser desvendado por qualquer pessoa; não precisamos ficar limitados pelas capacidades que nos foram dadas pela hereditariedade e pelo ambiente da infância. Esses talentos são a incrível gama de aptidões, tendências, predileções e capacidades aparentemente naturais que existem nos seres humanos. Além disso, sugerimos que existe o equivalente a uma *linguagem do cérebro* que pode ser aprendida e usada para codificar a competência ou o brilhantismo de uma pessoa de modo a torná-los disponíveis a outras pessoas.

A ferramenta é um método que usamos para demonstrar que nossa idéia é perfeita. Aplicamos nosso método a um homem de cerca de 35 anos cuja vida não tinha qualquer objetivo ou sentido. Ele mudou, e se tornou economicamente independente dos outros, capaz de definir objetivos válidos e criativo ao gerar oportunidades profissionais lucrativas. Uma mulher de quarenta anos, dolorosamente tímida, ficava tão preocupada com as opiniões dos outros que era quase incapaz de falar ou agir. Com o nosso método, ela reorientou rapidamente seus pensamentos, de modo a que sua auto-estima dependesse de sua própria opinião, o que lhe possibilitou expressar suas melhores qualidades pessoais com confiança, mesmo em situações outrora tensas. Uma outra mulher estava convencida de que seu destino era ficar financeiramente desamparada na velhice, embora ainda fosse jovem e competente. Ela sempre gastara seu dinheiro assim que o ganhava, e agora se imaginava terminando sem um tostão e incapaz de cuidar de si mesma. Com a ajuda da nossa ferramenta, ela assumiu o controle de seu futuro, procurando e adotando a aptidão para o planejamento financeiro a longo prazo e o investimento. Um homem de meia-idade, frustrado e desanimado por cair sempre nas mesmas armadilhas, finalmente aprendeu a evitar a repetição dos seus erros — e descobriu como outras pessoas são capazes de reconhecer, avaliar e aprender com eles.

Ao longo do tempo, as pessoas que encontramos se familiarizaram com a nossa mensagem e o nosso método. Observaram seus amigos e colegas demonstrarem novas habilidades e vivenciaram suas próprias novas capacidades de obter sucesso em áreas anteriormente frustrantes. Logo muitos deles passaram a adotar nossa idéia e nossa ferramenta, e começaram a usar sua colheita de novos recursos para construir futuros mais brilhantes e gratificantes.

O objetivo deste livro é familiarizá-lo com o método de reconhecer e usar para si mesmo esse grande e inexplorado recurso: as capacidades, talentos e atributos dos outros. Nossa ferramenta, o método EMPRINT, se baseia em um conjunto de distinções que lança a luz do entendimento sobre as percepções e os processos de pensamento subjacentes à experiência e ao comportamento. A organização desse conjunto de distinções no método EMPRINT fornece *a base para transferir a competência e a excelência* de uma pessoa para outra.

Edward T. Hall definiu nossa tarefa de modo eloqüente há 26 anos, quando profetizou "o equivalente a partituras musicais que possam ser aprendidas, uma para cada tipo de homem ou mulher em tipos diferentes de empregos e relacionamentos, no tempo, espaço, trabalho e jogo". O método EMPRINT é uma ferramenta para a criação do equivalente àquelas partituras musicais. É um método para criar mapas claros e simples de sucesso e realização, e abre a porta para um mundo de *escolhas* que aguarda aqueles que se comprometem a seguir os mapas particulares para os destinos que projetam.

Antes de explicar o uso do método EMPRINT, apresentaremos as distinções e princípios de orientação em que ele se baseia. Talvez o modo mais fácil de entender as distinções e princípios de orientação seja encará-los como um *modelo* para a compreensão do pensamento e comportamento humanos. O que é exatamente um modelo? Um modelo é uma descrição de algo que corresponde estritamente à estrutura da coisa descrita. Essa descrição pode ser física, como no caso de uma maquete de cidade usada por planejadores urbanos, as bolas coloridas de madeira amarradas para mostrar a configuração do ADN ou circuitos de computador que demonstram aspectos do funcionamento neural. A descrição também pode ser conceitual, como no caso da matemática que descreve buracos negros, dos padrões de interações sociais pelos quais um antropólogo caracteriza uma cultura em particular ou da teoria psicológica que um terapeuta usa para avaliar o desenvolvimento da personalidade de um cliente. Sejam físicas ou conceituais, o que faz com que essas descrições sejam modelos é que elas correspondem funcional e estruturalmente ao sistema que representam.

O conjunto de distinções — ou modelo — de cada um atua como filtro e organizador da experiência. No campo da percepção, por exemplo, os esquimós têm dúzias de distinções quanto à neve. Devido ao papel crucial da neve em todos os aspectos de sua vida — do caminhar ao caçar, passando pela construção de abrigos —, eles aprenderam a fazer distinções diversas das de outras culturas. Ao olhar para um campo de neve, um ocidental e um esquimó têm noções diferentes não apenas *daquilo* que notam, mas também do seu significado. A diferença nas distinções perceptuais se reflete no fato de que a língua esquimó tem cerca de doze palavras simples para definir "neve": neve que cai, neve no chão, neve flutuante, mole, solta, compacta, congelada, coberta de gelo, derretendo, etc. Os esquimós também diferem dos membros da nossa cultura pelo fato de não comerem pão. Para o esquimó, o pão não é uma das distinções — não pertence ao modelo esquimó — de comida. Assim, os esquimós católicos têm uma variação interessante do pai-nosso, que diz "o peixe nosso de cada dia nos dai hoje". (Pei, 1965, p. 222.)

Outro fato que exemplifica como os modelos que usamos atuam como filtros e organizadores da experiência foi fornecido por um conhecido cuja avó foi trazida jovem da aldeia russa da sua infância, iluminada por velas, para a cidade eletricamente iluminada de Nova York. Durante anos ela não soube nada acerca do mistério da energia elétrica e se contentava com o fato de que se acendia a lâmpada "ligando o interruptor". Um dia, seu jovem sobrinho decidiu explicar-lhe o mistério da energia elétrica, usando um modelo hidráulico ("O fio é como uma mangueira com água correndo dentro..."). Ela ouviu atentamente a explicação, e pelo resto da vida se preocupou em manter lâmpadas em terminais não utilizados de luz e tapar tomadas não utilizadas, "para não deixar a energia elétrica escorrer pelo chão". Esse exemplo não deve ser encarado como ingenuidade de uma imigrante simples. A situação não é diferente entre indivíduos educados e instruídos que, embora o conteúdo possa estar além do modelo "mangueira de jardim" de energia elétrica, ainda estão sujeitos à influência difusa de modelos.

Um pesquisador que queria saber um pouco sobre o que os cientistas pensavam ser a teoria atômica perguntou a um renomado físico e a um conceituado químico se um único átomo de hélio era ou não uma molécula. Ambos responderam sem hesitação, mas com explicações diferentes. Para o químico, o átomo de hélio era uma molécula porque se comportava como tal no que dizia respeito à teoria cinética dos gases. Para o físico, por sua vez, o átomo de hélio não era uma molécula porque não apresentava espectro molecular. Ambos falavam presumivelmente da mesma partícula, mas a estavam vendo através do seu próprio treinamento e prática de pesquisa. (Kuhn, 1970, p. 50.)

Não se trata do fato de que um dos cientistas do exemplo de Kuhn esteja equivocado quanto à natureza dos átomos de hélio. O químico e o físico trabalham a partir de diferentes modelos de mundo — diferentes conjuntos de distinções — e, portanto, percebem e reagem diversamente a átomos de hélio. Nenhum dos modelos é uma representação da verdade acerca dos átomos de hélio; ao contrário, cada um deles é uma representação que está de acordo e é útil a esforços distintos da química e da física. As percepções e comportamentos que cada um de nós usa para impor uma ordem ao caos do mundo, e a nossa capacidade de controlar ou influenciar essas percepções e comportamentos, são um resultado direto das distinções que usamos.

Os modelos úteis são feitos de distinções que descrevem as relações funcionais ou estruturais de um determinado sistema. A compreensão das relações funcionais que operam em um contexto particular propicia um conjunto de filtros perceptuais e conceituais que possibilitam extrair sentido das experiências. Por exemplo, depois de anos de coleta e análise de informações relativas a padrões de tempo, os meteorologistas construíram alguns modelos muito bem definidos que descreviam esses padrões de tempo. O conhecimento do modelo subjacente à formação de nuvens de chuva poupa o trabalho de realizar uma nova investigação sempre que uma nuvem aparece no horizonte. Em vez disso, o meteorologista pode buscar no modelo uma descrição de sistemas de pressão alta e baixa que produzem essas nuvens[1].

Além disso, a compreensão das relações funcionais e estruturais que operam dentro de um sistema pode permitir à pessoa reproduzir os efeitos daquele sistema. Edward Hall oferece um ótimo exemplo desse tipo de uso para um modelo.

Há alguns anos, na cidade de Grand Lake, Colorado, situada num declive coberto de neve do lado oeste das montanhas Rochosas, havia uma tradição de que, no inverno, todos os habitantes tinham que usar esquis para se locomoverem. Professores transferidos para a escola da região tinham que aprender a esquiar, e até o diretor e a banda da escola usavam esquis. As crianças aprendiam a esquiar tão logo começavam a andar. Quem observasse aquelas pessoas movendo-se de um lado para outro pensaria que os esquis na verdade eram uma extensão dos pés, um órgão de locomoção altamente adaptado. Cada pessoa havia desenvolvido seu estilo, altamente individualizado, assim como cada um tem uma maneira particular de andar. Quando eram promovidas competições de esqui, alguns dos habitantes se revelavam melhores do que outros, enquanto muitos sequer competiam.

(...) Ao mesmo tempo, havia em Denver e em outras cidades vizinhas algumas pessoas ousadas que costumavam andar de esquis por diversão, como uma atividade recreativa. (...) Algumas delas tinham realmente muito talento, outras não eram habilidosas. (...) Elas não tinham muita consciência do seu estilo, de sua técnica, ou do aperfeiçoamento da técnica de esquiar. Diziam: "Olhe para mim", ou: "Faça assim", e isso era o máximo a que chegavam. Eu nunca vou esquecer o dia em que um de meus amigos, que estivera observando aquelas caminhadas semanais às montanhas, decidiu finalmente me acompanhar. Ele era um excelente atleta, e fora campeão do torneio de boxe Golden Gloves; portanto, não lhe faltavam coordenação e autocontrole naturais. No entanto, quando ele calçou os esquis pela primeira vez, o resultado foi cô-

mico e desastroso. Tão logo tentou dar um passo, caiu. Embaraçado pelos próprios esquis, mal conseguia levantar-se. O recém-chegado foi acossado por toda sorte de problemas que, para serem resolvidos rapidamente, exigiam perícia e análise técnica. Infelizmente, o melhor que esses esquiadores de domingo puderam fazer foi algo como: "Dobre o joelho e vá em frente. Você vai ver como consegue pegar o jeito da coisa".

(...) Ao mesmo tempo (...) milhares de metros de filme eram rodados nos Alpes, registrando esquiadores magnificamente hábeis, descendo ladeiras, fazendo curvas, subindo e parando. Os filmes foram analisados, e todos os movimentos divididos em cada uma de suas partes componentes. Também os padrões gerais foram analisados. Depois de algum tempo, concluiu-se que esquiar não era uma arte restrita aos talentosos. Qualquer pessoa paciente e com um pouco de autocontrole pode aprender a esquiar, pois as partes componentes foram tão bem identificadas que podiam ser explicadas e descritas tecnicamente. Além disso, o padrão de habilidade conquistado por esses novos esquiadores tecnicamente treinados foi tão impressionante que tornou possível a tremenda popularidade do esporte. (Hall, 1959, p. 64.)

Como esse exemplo deixa claro, uma pessoa pode ter uma habilidade e ainda assim não entender os elementos subjacentes à manifestação dessa habilidade. Aqueles que haviam aprendido a esquiar sabiam *implicitamente* como fazê-lo, mas não *explicitamente*. Pessoas equipadas com câmeras de alta velocidade filmaram esquiadores habilidosos para observar os movimentos do corpo durante a esquiação. Juntas, as descrições dos investigadores dos elementos funcionais subjacentes à habilidade no esporte constituíam um *modelo* para o esqui. Como observava Hall, as duas grandes virtudes desse modelo particular são a mostra dos elementos necessários e suficientes para se esquiar bem e a descrição desses elementos a um nível de movimentos corporais que a maioria das pessoas consegue prontamente repetir. Por exemplo, há uma enorme diferença entre dizer "Vire à esquerda" e a instrução "Mantendo ambos os joelhos dobrados, pressione gradualmente o joelho direito para a frente, para que o seu peso fique mais sobre o seu esqui direito; enquanto transfere o peso para o esqui direito, mova o joelho direito levemente para a esquerda, para que o peso recaia mais do lado esquerdo do esqui direito; continue a pressionar para a frente até que tenha completado a curva; então alinhe o joelho direito até que o seu peso esteja novamente distribuído igualmente entre os esquis esquerdo e direito".

Modelos precisos permitem a compreensão de um assunto com relação às distinções usadas no modelo. As distinções contidas no modelo irão, portanto, orientar a experiência de acordo com certas linhas (como foi ilustrado acima com as distinções de neve dos esquimós, a avó imigrante e os cientistas, e por muitos outros exemplos a seguir). Assim, podemos usar um mapa suficientemente isomórfico de Yosemite

22

que mostra caminhos, trilhas e pontos de interesse para ter uma idéia do desenho do parque. E, se estivermos no parque, podemos usar o mapa para nos orientar. Um mapa de Yosemite que não identifique caminhos, trilhas ou marcos e que mostra apenas tipos e densidades de vegetação será menos útil do que o mapa de caminhos para se orientar no parque, mas será muito mais útil para entender a ecologia de Yosemite. Entretanto, a utilidade de um modelo com freqüência ultrapassa seu valor como simples explicação de uma coisa ou de um fenômeno.

Modelos como extensões

Talvez os únicos organismos que evoluam tão rapidamente quanto os insetos (obrigados a isso para manter-se um passo à frente das companhias de produtos químicos) sejam os seres humanos. Enquanto a rapidez da evolução dos insetos se deve ao seu rápido movimento geracional, que propicia oportunidades freqüentes e profundas para a recodificação genética, o ritmo rápido da evolução humana se deve à nossa capacidade de realizar mudanças freqüentes, como espécie, nos nossos mundos técnico e conceitual. A nossa evolução pessoal — nossa capacidade como indivíduo de entender e influenciar a nós mesmos, bem como de afetar o mundo à nossa volta — cresce sempre que nós, como espécie, expandimos nossa compreensão e alteramos nossa visão de mundo. Desse modo, podemos mudar sem recorrer à reorganização genética.

A base para uma evolução extragenética desse tipo é a nossa propensão para expandir nossas capacidades sensoriais, perceptuais, cognitivas e físicas para além dos limites do corpo. Por exemplo, usamos telescópios e microscópios para expandir nossos olhos, raios X e detectores infravermelhos para ampliar o alcance da nossa percepção visual. Do mesmo modo, os livros expandem a nossa memória; os computadores, a nossa capacidade de manipular informações; as facas, o poder de corte dos nossos dentes; as chaves de apertar, o poder de segurar dos nossos dedos, e os automóveis, a força de locomoção das nossas pernas. Ao descrever esse processo de externalização, Edward Hall usou o termo "extensões". Embora haja outros animais que usem extensões, como pássaros machos que usam alamedas de galhos arrumados em guirlandas com frutas e flores brilhantemente coloridas para aumentar sua atratividade para as fêmeas, ou chimpanzés que usam galhos para desentocar cupins para o "lanche", nenhum deles elevou o processo extensional ao nível de destreza — e obsessão — mostrado pelos seres humanos. Os pássaros não se comparam a nós quando começamos a usar nossos *jeans* de *griffe*, nossos chapéus e gravatas, anéis, brincos, pulseiras, colares, perfumes e maquiagem.

Para os nossos objetivos, a importância das extensões se resume ao fato de elas serem relativamente livres de restrições genéticas. Na sua maior parte, o olho é como é, e não pode ser mudado funcional ou estruturalmente. Mas, uma vez que o olho seja expandido (na forma de um telescópio, por exemplo), ele entra no domínio da tecnologia, que *é manipulável.* Enquanto o olho não pode ser alterado, um telescópio pode ser feito de modo a captar mais luz, ou apenas a luz de certos comprimentos de ondas, ou entregue a outros para ser usado, ou mandado ao espaço. Leve aos olhos um telescópio e a sua capacidade de discernir objetos distantes aumentará imediatamente, a um nível que os seus fios espiralados de ADN levariam milhões de anos para repetir, presumindo-se que isso pudesse ser feito. Nossas extensões nos permitem evoluir tecnologicamente a uma velocidade espantosa[2].

Mas não é só a nossa tecnologia expansional que evolui. Conceitos e abstrações também podem se tornar extensões, e estão, portanto, sujeitos a essa evolução externa. Por exemplo, os conceitos de certo e errado empregaram a forma extensional do código legal. Uma vez expandidas como um conjunto de códigos, as leis que são aceitas por um grande número de pessoas como parte do mundo real podem ser mudadas para se adaptarem às necessidades legislativas ou populares. Desse modo, pode-se alterar rapidamente os mundos legais das pessoas que estão sob a sua influência.

Assim como os telescópios, as calculadoras, os livros e as leis, os modelos também são exemplos de extensões. Os telescópios não são olhos e as calculadoras não são cérebros, mas as duas extensões desempenham algumas funções semelhantes às do olho e do cérebro. Do mesmo modo, os modelos psicológico, behaviorista, cibernético e holográfico da psicologia humana não são o cérebro e os comportamentos que retratam, mas compartilham de fato, em graus variados, algumas das relações funcionais e estruturais que podem ser encontradas em nossos cérebros e comportamentos. E assim como os telescópios e as leis, uma vez libertos dos limites do corpo tais modelos se transformam em ferramentas que podem ser usadas para influenciar o mundo e a si mesmo, que podem ser mudadas, desenvolvidas e também estimular a evolução da pessoa que as usa. A descrição de Darwin de evolução através da seleção natural, a teoria de Freud sobre a mente inconsciente e a noção de Einstein da relatividade do espaço e do tempo são exemplos marcantes de modelos que afetaram profundamente não apenas o pensamento científico e filosófico, mas que agora permeiam e são amplamente aceitos pelo pensamento de praticamente todo mundo.

Assim, enquanto extensão, um modelo — e, portanto, o conjunto de distinções que compõem o modelo — também se torna disponível para outras pessoas e se torna então parte de sua evolução pessoal. No entanto, é raro que as capacidades que queremos imitar ou com que nos identificamos em outra pessoa tenham sido modeladas (por qualquer pessoa, inclusive por quem as apresenta). Em geral, devemos confiar em um tipo de aprendizado para aprender a agir como a pessoa que nos inspira. Esta pode se tornar nosso mentor de forma impessoal (como quando lemos livros sobre ou de alguém e tentamos reajustar nosso mundo para encaixá-lo naquele revelado nos textos), ou a relação pode ser pessoal (como quando interagimos com nosso mentor e lhe fazemos perguntas num esforço para descobrir como remodelar nossos próprios modelos para acompanhar o modelo dele). Em qualquer dos dois casos, aprender o modelo de mundo do mentor é um processo lento e incerto, pois sua transferência se dá de modo *implícito*. Isto é, ao operar nos mesmos contextos do seu mentor, ao ler e dizer as mesmas coisas que ele lê e diz, e ao prestar-lhe atenção e tentar entender seu ponto de vista, você *talvez* tenha essas experiências essenciais para perceber o mundo de modo semelhante às percepções do seu mentor.

Um método que admitisse criar um modelo *explícito* suficientemente fiel permitiria adquirir rapidamente essas perspectivas subjacentes ao modelo de mundo da pessoa tomada como exemplo, tornando possível assim evoluir como indivíduo de modo muito mais eficiente e eficaz do que seria provável através do aprendizado implícito durante uma longa associação. Se você dispuser de um meio para discernir eficazmente e reproduzir os modelos comportamental e experimental dos outros, então *qualquer pessoa pode ser seu mentor*. Esse é o objetivo do método EMPRINT[3].

Assim como os pesquisadores equipados com câmera no exemplo do esqui de Hall, estudamos um amplo material sobre a experiência humana, extraindo alguns padrões que parecem estar sempre subjacentes ao comportamento. E, assim como aqueles modeladores da excelência no esqui, podemos descrever as distinções resultantes em termos que você pode usar para entender seu próprio comportamento e o dos outros.

Entretanto, ao contrário dos modeladores do esqui, estamos lhe dando também a câmera. Isto é, colocaremos em suas mãos um método — o método EMPRINT — que você pode usar para modelar seus comportamentos e os de outras pessoas de forma a torná-los transferíveis. Para onde vamos apontar a câmera primeiro? O que vamos modelar?

Habilidades

A revelação mais surpreendente que temos enquanto o primeiro raio de luz passa pelas lentes da câmera de modelar é que o nosso maior recurso constantemente nos escapa, desvanecendo-se antes mesmo que possamos reconhecê-lo. E mesmo quando nos deparamos com um exemplo de tal qualidade luminosa a ponto de reconhecê-lo, não temos como preservá-lo ou propagá-lo, e devemos nos contentar com o calor e a luz que ele nos traz antes de desaparecer. O recurso de que estamos falando é você, seus amigos, vizinhos, associados, poetas, empresários, professores, místicos, engenheiros, dançarinos, trapaceiros das cartas — ou seja, todo ser humano.

Exemplos de seres humanos brilhantes nos vêm facilmente à mente. Einstein, Shakespeare, Barishnikov, Galileu, Newton, Mozart, Hawking, Faulkner, Streep, Curie, King e Erickson se sobressaem em suas áreas específicas. Somos eternamente gratos aos esforços deles, que contribuíram para a qualidade da nossa vida. Nós os admiramos, e com freqüência tentamos imitá-los. Essas pessoas são como picos muito altos — intimidam, mas compensam a escalada. Infelizmente, a trilha sempre parece desaparecer no meio do caminho, deixando o viajante a perambular pelas rochas de granito e sopé das escarpas, à procura de um modo de continuar até o topo.

Dramáticas e arrojadas como são as escaladas às alturas da realização humana, a maior parte das pessoas encara o desafio diário de escalar montanhas, que, embora sejam simples colinas em comparação, não são menos importantes e podem ser tão frustrantes e difíceis como os picos mais altos. Em vez de seguir e tentar alcançar Einstein, muitos de nós nos contentaríamos simplesmente de entender a matemática básica. Alguns de nós gostaríamos de ser eficientes no nosso trabalho, compreensivos com os filhos, capazes de tocar um instrumento ou pintar um quadro agradável, planejar bem o dia, as férias ou a carreira, comer adequadamente, exercitar-nos regularmente, negociar um aumento, fazer amor, cumprir compromissos, esquecê-los durante as férias, poupar dinheiro, investir bem, dar uma palestra, etc. A grande maioria dos milhares de objetivos que as pessoas perseguem não estão nas montanhas einsteinianas, mas nas colinas mais próximas da vida cotidiana. Procure entre as suas fraquezas e anseios, e descobrirá rapidamente que há muitos resultados que você deseja e luta por alcançar que são (ou foram) de grande importância pessoal, mas que parecem ilusórios ou mesmo inatingíveis.

Não importa o quanto um objetivo pareça inalcançável; isso não muda o fato de que algumas pessoas o alcançaram. A que atribuir esse êxito? A explicação mais comum é que "ele é o tipo certo de pessoa, e eu não". Podemos pedir conselhos a essa pessoa, ou imitá-la; mas obviamente isso nem sempre dá resultados, e acaba na resignação por não ser "o tipo certo de pessoa". Somos como aprendizes de marceneiro que, apesar de terem as mesmas ferramentas do mestre marceneiro, parecem incapazes de fazer uma cadeira em que se possa sentar com segurança.

E ainda assim não podemos negar a existência de pessoas que usufruem dos mesmos tipos de situações e experiências que desejamos ter. A capacidade dos nossos vizinhos de exercitar-se ou de comer adequadamente, escrever bem, entender matemática ou os problemas mecânicos de um carro, considerar os obstáculos como desafios bem-vindos, tratar seus cônjuges com gentileza, etc., não é entendida *inicialmente* pela maioria de nós como devida aos dotes genéticos. Após anos em busca de tais experiências e contínuas frustrações, costumamos nos refugiar atrás da cortina da genética, atribuindo os sucessos e as qualidades dos outros a algum "dom" inato. Talvez você pense: "É o jeito como eles são, e eu não sou assim". Você talvez até sinta que não estava lá quando o pessoal lá em cima distribuiu esses atributos.

Contudo, ao se fechar, a cortina genética faz mais do que ajudar a cortar o brilho da luta e da responsabilidade pessoal — destrói também o calor da esperança. A sombra que cai então é do tipo que nós, no nosso trabalho, descobrimos seguidamente não ser necessária e que tentamos continuamente dissipar. É verdade que há diferenças marcantes entre as pessoas quanto a capacidades, comportamentos e reações a situações da vida. Entretanto, como demonstraremos, *não* é verdade que essas diferenças sejam necessariamente inatas. A maioria delas consiste na manifestação de certos modos de pensar e perceber da parte do indivíduo, e foram *aprendidas* — embora não necessariamente de forma intencional.

Deixemos de lado por um momento os fatores genéticos e examinemos um exemplo. Digamos que seu vizinho seja capaz de negociar bem, enquanto você é sempre enganado. Esse fato só pode ser atribuído a diferenças de suas histórias pessoais e do que cada um aprendeu durante a vida. Em outras palavras, se você tivesse tido algumas dessas experiências formativas importantes do vizinho, você teria aprendido lições semelhantes sobre negócios e seria mais habilidoso nesse campo. Mas você não tem a história pessoal do vizinho e nunca poderá tê-la. Agora suponha que você precise aprender a negociar. O que é exatamente que ele sabe que vale a pena para *você* aprender?

Seu vizinho aprendeu, como resultado de suas experiências, um modo de perceber e pensar — isto é, um conjunto de processos internos — no contexto de negociações. Por exemplo, não apenas lhe ocorre sempre criar um poder de barganha (um objetivo pelo qual qualquer negociante iniciante sabe lutar), mas ele sempre descobre *como* criar esse poder. Como você pode aprender a fazer negócios (e assim realizar as mudanças necessárias)?

Em geral, entende-se como "capacidade" algo que alguém adquiriu, intencionalmente ou não, e que está, portanto, disponível também para outras pessoas que desejem gastar o tempo e a energia necessários para adquiri-lo. Prontamente reconhecemos como capacidades a habilidade de esquiar, ler, dirigir carros, cozinhar, etc. Parece óbvio para a maioria de nós que tornar-se competente em tais capacidades é uma questão de descobrir ao que prestar atenção, o que fazer e quando, e então treinar até que os comportamentos requeridos se tornem automáticos. Nossa experiência e crença coletivas dizem que simplesmente qualquer pessoa pode se tornar competente nessas capacidades, se tiver as informações necessárias e trabalhar nelas. Esse ponto foi exemplificado pelo exemplo de Hall sobre o esqui.

Ter letra bonita, ser bom em matemática, fazer um bom casamento e criar filhos são atributos localizados numa área nebulosa entre a capacidade e o dom. Inicialmente, são tratadas como capacidades; as-

27

sim, impõem-se exercícios de caligrafia e matemática às crianças, e livros de auto-ajuda, artigos de revistas e psicoterapia aos adultos, visando ensinar a escrever corretamente, fazer contas, a relacionar-se e a ser pai. O fracasso na aquisição dessas habilidades leva com freqüência, e rapidamente, à explicação desanimadora e fatalista de que a pessoa simplesmente não "tem boa letra" ou não "tem jeito para o casamento", etc. Entretanto, o fato é que existem livros, cursos e terapeutas capazes de ensinar as distinções e comportamentos necessários e de motivar seu uso por um período suficiente. Eles podem ser muito bem sucedidos na ajuda a alguém para tornar-se bom em caligrafia, um craque na matemática, um companheiro amoroso, etc. Em outras palavras, esses esforços, uma vez funcionalmente explícitos, transformam-se em habilidades *passíveis de aprendizagem*[4].

Avançando rumo aos limites do que se pode aprender, os aspectos dos seres humanos que aparentemente têm menos a ver com capacidades são as qualidades geralmente chamadas de "características de personalidade". As pessoas simplesmente são otimistas, generosas, asseadas, afetuosas, frugais, pacientes, dignas de confiança, etc.; ou não são. Você talvez esteja insatisfeito com seu pessimismo e queira ser otimista, mas o caminho para esse final feliz raramente vai além da tática bruta de simplesmente *tentar* ser otimista. Ao contrário das capacidades, presume-se que as características de personalidade sejam *dons* em vez de *conquistas*, e assim não se faz nenhum esforço para descobrir as distinções e comportamentos necessários que tornam possível ser otimista.

Mesmo assim, todos nós conhecemos pessoas que mudaram algum aspecto de suas personalidades. Se você procurar em sua história pessoal, provavelmente encontrará um exemplo de mudança em sua personalidade. Assim, ao menos alguns aspectos da personalidade não foram delegados ao bater do martelo genético.

Todos os nossos traços de caráter são a codificação de *comportamentos* que temos, cuja manifestação corresponde às nossas noções (ou às da sociedade) do comportamento que indica aquele traço. Por exemplo, se você chega constantemente atrasado aos compromissos, não devolve livros emprestados e promete fazer coisas para os outros e não cumpre as promessas, talvez venha a pensar em si mesmo como uma pessoa "sem consideração". Se você, em vez disso, cumprisse seus compromissos, talvez concluísse que é uma pessoa que "tem consideração". Em qualquer dos dois casos, você está determinando para si mesmo um atributo de caráter que, como atributo, é geralmente encarado como inerente ao seu "eu" e deve, portanto, ser simplesmente "tolerado"[5].

Ao recorrer ao procedimento de caracterizar a nós mesmos e aos outros em relação aos traços, devemos nos lembrar de que estamos caracterizando *comportamentos*. Como o utilizamos ao longo deste livro, o termo "comportamento" inclui o que as pessoas fazem tanto do lado de fora (externamente) quanto de dentro (internamente). Os comportamentos externos são aqueles que podem ser observados pelos outros, como sorrir, jogar tênis, arrumar uma escrivaninha, discutir, etc. Comportamentos internos incluem emoções e processos de pensamento. Sentir-se apavorado quando lhe entregam uma prova é uma reação comportamental interna. Do mesmo modo, reagir com curiosidade a uma situação nova, ou com confiança durante uma entrevista, são comportamentos internos (comportamentos internos que provavelmente se manifestam também externamente). Processos cognitivos como calcular o produto de duas frações também constituem um comportamento. Decidir o que fazer amanhã, julgar o tratamento que um amigo lhe deu e pensar no significado da vida são todos comportamentos cognitivos (internos)[6]. Assim, tudo o que *fazemos* como seres humanos é um comportamento.

Não se pode saber que uma pessoa possui um traço particular, a não ser que ela exiba um comportamento considerado como manifestação desse traço. Traços, assim, são nomes para *padrões* de comportamento, como andar de patins e soletrar, e como tal podem ser considerados capacidades passíveis de aprendizado, desde que tenhamos um método suficientemente completo para especificar os processos subjacentes à sua manifestação.

Todas as capacidades, inclusive traços de caráter, são compostas de padrões de comportamentos internos e externos. Para fazer de qualquer capacidade uma capacidade *passível de aprendizado*, precisamos apontar nossa câmera de modelar para comportamentos, de um modo que ela capte e coloque em foco os processos internos específicos que interagem para produzir esses comportamentos. Se pudermos reconhecer e entender o conjunto de componentes (ou, como os chamamos, "processos internos") que são os blocos de construção do comportamento, poderemos organizá-los em um modelo e usá-los para criar os tipos de comportamentos — e, portanto, os tipos de capacidade e traços — que desejamos. O que queremos descobrir e modelar é o conjunto de processos internos subjacente a qualquer comportamento.

Experiência, estrutura e transmissibilidade

Durante a pesquisa dos processos internos de indivíduos em uma ampla variedade de contextos, descobrimos que:

■ entre indivíduos que manifestam os mesmos comportamentos em um contexto particular, há uma notável semelhança nos padrões de processamento interno; e
■ a descrição *útil* desses processos internos envolve conseqüentemente um certo conjunto de variáveis.

A descoberta de que pessoas diferentes que manifestam o mesmo comportamento apresentam processos internos subjacentes semelhantes é importante por duas razões. Em primeiro lugar, certos padrões de processamento interno são largamente *responsáveis* pela manifestação de certos comportamentos. Em segundo, os comportamentos podem, portanto, ser aprendidos através da mudança apropriada dos processos internos de uma pessoa — isto é, regulando-se a constelação de processos internos subjacente a um comportamento particular.

A outra descoberta — de que um conjunto consistente de variáveis do processo interno subjaz a todas as nossas reações comportamentais — significa que se pode gerar um método útil para a aquisição de capacidades. A "utilidade" a que nos referimos é a capacidade do nosso método de iluminar as origens do comportamento de um indivíduo e de fornecer as informações necessárias para transmitir esse comportamento para outra pessoa.

Nossa experiência mostra que praticamente qualquer comportamento pode ser transmitido de uma pessoa que já o manifesta para uma pessoa que não o tem, mas gostaria de tê-lo — *desde que* os processos internos subjacentes àquele comportamento sejam explicitados e apresentados numa forma que possa ser acompanhada pelo "aprendiz". Antes de prosseguir, queremos dar-lhe uma experiência pessoal daquilo sobre o que estamos falando. O exercício a seguir será mais eficaz se você fizer de fato cada etapa *como está descrita*.

1   Procure entre as suas experiências e encontre um acontecimento ou sentimento que você não queira jamais experimentar novamente. Por exemplo, talvez você não queira nunca mais ser rejeitado, ou explorado, ou ficar sem dinheiro; ou não queira nunca mais sentir raiva, mágoa ou incompetência.

2   Dedique alguns momentos a *desejar* que isso nunca mais ocorra.

3   Agora respire fundo e fique alguns momentos prevendo que isso nunca mais ocorrerá. Se você racionalmente rejeita essa possibilidade, simplesmente finja por um momento que é possível que essa previsão se concretize.

Qual foi a diferença entre *desejar* e *prever* que *isto* nunca aconteceria novamente? Comparando os dois, você provavelmente notará que ao prever você se sentiu *certo* de estar livre de futuras ocorrências dessa experiência desagradável, ao passo que o desejo fez parecer *incerto* que você pudesse evitá-la. Assim, a experiência subjetiva de desejar nunca mais ser rejeitado é uma mistura indeterminada de querer aceitação e de reconhecer a possibilidade de, de qualquer forma, ser rejeitado, enquanto prever não ser rejeitado é o estado agradável de *saber* que nunca mais será rejeitado. O processo interno subjacente às diferenças subjetivas entre desejar e prever é que, quando desejamos, *simultaneamente* mantemos imagens internas tanto de conseguir o que queremos quanto de não consegui-lo. (Você pode verificar isso evocando algumas de suas próprias esperanças e observando exatamente o que você imagina enquanto deseja.) Entretanto, quando prevemos mantemos uma imagem interna de apenas *uma* possibilidade. (Se outras possibilidades são imaginadas, não o são simultaneamente com aquela prevista. Novamente, encorajamos você a explorar isso, observando o conteúdo de suas imaginações enquanto examina algumas das experiências, eventos e atividades que está antecipando.) Agora vamos dar mais um passo no nosso experimento.

1 Escolha um dos desejos que você tenha atualmente. (Por exemplo, ficar junto com alguém, ganhar muito dinheiro, viajar, ser bom num esporte ou num instrumento musical, etc.)
2 Apague todas as possibilidades quanto às quais você tinha esperança, à exceção de uma, imaginando um quadro desta única possibilidade remanescente, e observe como a sua experiência subjetiva muda. (Por exemplo, imagine *somente* que você ganhará muito dinheiro ou *somente* que você não ganhará muito dinheiro.)

Você provavelmente notou que, quando ficou com apenas uma possibilidade imaginada, a sua experiência imediatamente mudou para uma previsão daquele futuro. (Se ela será, temível ou agradável, depende de você estar imaginando apenas a possibilidade indesejada ou apenas a desejada.) Esse padrão sintetiza ambos os modos.

1 Selecione um acontecimento decididamente desagradável que você esteja prevendo atualmente (fazer papel de bobo num encontro, um imposto alto a pagar, adiar sempre as coisas pelo resto da vida, etc.) e anteveja-a.
2 Faça uma imagem dessas coisas acontecendo de outro modo (ser charmoso num encontro, um imposto baixo a pagar, acabar cedo seu trabalho pelo resto da vida, etc.) e mantenha ambas as imagens diante de você ao mesmo tempo. Observe como a sua experiência subjetiva muda.

Nesse caso você provavelmente se surpreendeu desejando. Enquanto antes você estava prevendo, digamos, fazer papel de bobo num encontro, agora (mantendo ao lado da primeira imagem a possibilidade imaginada de ser charmoso) você *deseja* não fazer papel de bobo (ou deseja ser charmoso). Uma diferença substancial na experiência subjetiva ocorre com a passagem da previsão para o desejo, como você pode verificar por si mesmo experimentando esse padrão. *Esta diferença se manifestará no comportamento.* A pessoa que prevê que fará papel de bobo num encontro reagirá à possibilidade de sair de modo muito diferente do da pessoa que *espera* não fazer papel de bobo (ou ser charmoso)[7].

A distinção entre esperança e previsão com a qual você acabou de fazer experiências é uma das muitas que descobrimos ao modelar os processos internos de muitos indivíduos que estavam esperando ou prevendo alguma coisa.

Uma vez tendo compreendido o padrão subjacente, foi possível intencionalmente (e com freqüência profundamente) nossas próprias experiências e as de outras pessoas usando esse padrão. Isto é, representamos os processos internos subjacentes a "esperar" e "prever", de modo que pudessem ser *transmitidos* como uma capacidade para qualquer pessoa que a queira ou dela precise. Assim, um conhecido nosso de meia-idade que tivera uma vida infeliz de reclusão quase monástica se tornou mais sociável quando o fizemos acrescentar a imagem de um casamento feliz à sua expectativa de morrer solteiro. Assim que acrescentou essa imagem, sentiu-se mais esperançoso de encontrar um amor — uma mudança de perspectiva que se manifestou através de um comportamento mais sociável. Do mesmo modo, havia uma mulher que tinha esperanças de conseguir muitas coisas, mas que, temerosa da metade indesejada da esperança, raramente fazia qualquer coisa que ajudasse a realizá-las. Ela aprendeu a apagar as imagens internas de medo. Apenas com o objetivo desejado diante de si, sua experiência passou a ser de expectativa. No caso dela, a manifestação comportamental dessa experiência induziu-a a fazer tudo o que era possível para ajudar a concretizar esse futuro.

Exemplos como esses (retirados não apenas do nosso trabalho) levaram à formulação de uma suposição, que é a base de todas as nossas pesquisas e que subjaz ao desenvolvimento do método EMPRINT. Em sua forma mais geral, a suposição é de que, *se é possível para alguém, é possível para qualquer um.* Mais especificamente, o fato de que alguém (a pessoa que serve de exemplo) seja capaz de manifestar um comportamento particular significa que os seus processos internos são organizados de um modo tal que possibilita esse comportamento; portanto, se outros indivíduos organizarem seus processos internos de forma semelhante àquela pessoa, também manifestarão esse comportamento. Não estamos dizendo que você pode se tornar um Einstein (você não tem, nem pode ter a história pessoal dele), mas *pode* aprender a gostar e a entender de física[8].

A abordagem

A pressuposição subjacente a tudo o que venho discutindo é que o comportamento de uma pessoa é uma manifestação dos seus processos internos. As reações pessimistas de Joe são a manifestação natural de se pensar como Joe, e o otimismo de Sam é a manifestação natural de se pensar como Sam. O desejo de Joe de manifestar otimismo justifica o interesse em descobrir o modo como cada um pensa (assim como o faria o desejo de Sam de manifestar pessimismo). Em resumo, Sam tem o que Joe precisa em termos de processos internos para ser capaz de reagir *naturalmente* com otimismo. Sem dúvida, no esforço de ser como Sam, Joe poderia simplesmente imitar as palavras e reações otimistas de Sam; mas, se as palavras não forem congruentes com a *experiência* de Joe, nunca virão naturalmente, e, o que é mais importante, Joe ainda não terá o que realmente quer, ou seja, *ser* otimista. É claro que é possível se motivar a uma atitude desejada, tentando modificar-se através de experiências aleatórias, e procurando o que fazer, e da força de vontade para fazê-lo; ou, quando essa abordagem se tornar desapontadora, é possível "perceber" que simplesmente não se é "aquele tipo de pessoa". Mas achamos que é melhor descobrir os processos internos particulares que levam naturalmente à manifestação do comportamento desejado naqueles que já o possuem.

Essas variáveis *podem* ser conhecidas, e o instrumento básico desse conhecimento é a linguagem. Como Korzybski, Whorf, Sapir e outros descreveram, não há nenhuma maneira clara de separar a linguagem de uma cultura dos mundos perceptuais vivenciados pelo membros dessa cultura. A linguagem não é um meio indiferente e inanimado para a comunicação da experiência interna.

Dissecamos a natureza de acordo com diretrizes estabelecidas por nossas línguas nativas. As categorias e tipos que isolamos do mundo dos fenômenos não são encontrados porque saltam aos olhos dos observadores; ao contrário, o mundo é apresentado em um fluxo caleidoscópico de impressões que precisa ser organizado por nossas mentes — e isso significa ser organizado em larga medida pelos sistemas lingüísticos em nossas mentes. Dividimos a natureza, organizamo-la em conceitos e atribuímos-lhe significados como fazemos em grande parte porque somos comprometidos com um acordo para organizá-la desse modo — um acordo que persiste em nossa comunidade lingüística e que é codificado nos padrões da nossa linguagem. (Whorf, 1956, p. 213).

Todas as línguas têm algum tipo de estrutura, e cada língua reflete em si mesma a estrutura de um mundo, como o concebem todos aqueles que desenvolveram essa língua. Reciprocamente, lemos o mundo, de modo quase inconsciente, de acordo com a estrutura da língua que usamos. Por não supormos outra senão a estrutura da nossa própria língua habitual, particularmente se nascemos nela, às vezes é difícil compreender como é diferente a visão de mundo de povos com outras estruturas de linguagem. (Korzybski, 1951, p. 22.)

Assim, as palavras que uma pessoa usa são representações de sua experiência interna, e compreensíveis por indivíduos que organizam seu pensamento de acordo com os mesmos padrões lingüísticos. (Em geral, esses indivíduos serão da mesma cultura — um estranho não precisa necessariamente pensar em uma outra língua para falá-la e decifrá-la. Ver Whorf, 1956, pp. 134-159, 207-219.) As variáveis usadas no método EMPRINT são distinções características dos processos internos de todas as pessoas criadas nessa cultura. Além disso, todas as variáveis de processo interno estão implícita ou explicitamente representadas na gramática, na sintaxe e no léxico compartilhados por aqueles que foram criados nessa cultura.

Por exemplo, em nossa cultura percebemos um mundo que é organizado de um modo particular com respeito ao passado, presente e futuro. Para nós que passamos a vida organizando nossas percepções e entendimento com respeito a essas divisões do tempo, elas parecem tão evidentes em si mesmas que dispensam qualquer justificativa ou prova, assim como a observação de que há montanhas no mundo. Entretanto, embora *nós* possamos dar como certas as distinções entre passado, presente e futuro, a nossa *língua* não o faz, nunca deixando de atribuir tempos verbais às várias experiências que expressamos ao falar ou pensar ("corri", "corro", "correrei"). Para demarcar o contraste, Whorf cita o exemplo dos Hopi, que não percebem seu mundo em termos de passado, presente e futuro (e, portanto, não têm essas distinções de tempo verbal em sua língua), e em vez disso organizam a experiência de acordo com a *duração*. Para um Hopi, dois homens diferentes podem envelhecer segundo ritmos muito diferentes — um como "milho", outro como "luminosidade". Na verdade, para um Hopi não seria realmente "ritmo", mas algo como *intensidade*[9]. (Ver Whorf, 1956.)

As palavras e a sintaxe que cada um de nós utiliza para descrever sua experiência não são nem aleatórias nem arbitrárias. Ao contrário, são analogias verbais de nossas experiências atuais, e como tal revelam a natureza dessa experiência, contanto que saibamos decifrar precisamente o que está sendo dito e nos identificar com as percepções decodificadas. (Por "identificar" nos referimos à capacidade de compreender as percepções de uma outra pessoa do mesmo modo que ela as compreende. Novamente, conhecer o léxico de uma outra língua não significa ser capaz de se identificar com as experiências de alguém que tenha crescido naquela cultura lingüística.) O método descrito aqui especifica essas variáveis que o nosso trabalho mostrou serem significativas na manifestação do comportamento e que merecem, portanto, ser decifradas. A decifração em si mesma é em sua maior parte possibilitada pelos padrões da nossa linguagem através dos quais expressamos nossas experiências. Como veremos nos capítulos seguintes, através do uso consciente dos nossos anéis de decodificação cultural (uma herança da caixa de cereais da infância) podemos começar a destrancar alguns dos segredos funcionais dos nossos processos internos — processos que normal e naturalmente tomamos como certos.

Resumindo, conseguimos as seguintes suposições e observações nas quais se baseia o método EMPRINT:

■ Muitas das capacidades e qualidades que se acredita comumente serem características inatas são de fato simplesmente uma função

34

do comportamento, e devem, portanto, ser capacidades passíveis de aprendizado.

■ O comportamento de um indivíduo é uma manifestação de processos internos.

■ Processos internos podem ser definidos como um conjunto de variáveis funcionais compartilhadas por todos os que crescemos nessa cultura.

■ O modo que cada um de nós atende a essas variáveis pode ser conhecido através das distinções lingüísticas que usamos para descrever nossas experiências.

■ Já que as variáveis são as mesmas para todos, e que as diferenças entre nós estão nas distinções que fazemos em cada uma dessas variáveis, uma pessoa pode mudar seus processos internos para acompanhar realmente os da pessoa que serve de exemplo em um contexto particular, e através disso aumentar sensivelmente sua capacidade de manifestar as mesmas capacidades comportamentais expressas pelo seu exemplo.

Essa abordagem e o método dela derivado fornecem um meio de ao menos começar a cumprir a profecia de Hall, de que "algum dia no futuro, daqui a muito, muito tempo, quando a cultura tiver sido mais completamente investigada, haverá o equivalente a partituras musicais que possam ser aprendidas, uma para cada tipo de homem ou mulher em tipos diferentes de empregos e relações, no tempo, espaço, trabalho e diversão".

2 O princípio organizador

A sua capacidade de controlar ou influenciar sua experiência pessoal (e, como algumas pessoas acreditam, o próprio mundo) é o resultado direto tanto da distinções que você faz quanto do modelo que você usa para organizar essas distinções. Uma "distinção" é a discriminação perceptual ou conceitual — qualquer reconhecimento de diferenças. Qualquer coisa a que você preste atenção em seus ambientes interno e externo pode ser encarada como distinção. Em termos de percepção, por exemplo, a língua dos índios Maidu americanos faz apenas três distinções desse tipo: *lak* — vermelho; *tit* — verde/azul; *tulak* — amarelo/laranja/marrom. O índio Maidu e a pessoa de língua inglesa terão sensações diferentes ao observar, por exemplo, as folhas de um plátano e um céu claro de meio-dia. Para a pessoa de língua inglesa, as folhas e o céu são duas cores diferentes (verde e azul), ao passo que o índio Maidu notará que são duas tonalidades diferentes da mesma cor (*tit*). As diferenças residem no modo como as duas culturas delimitam as fronteiras que distinguem uma cor da outra.

Da mesma forma, há diferenças culturais relativas às distinções feitas quanto ao "tempo". As culturas ocidentais distinguem entre o passado, o presente e o futuro, e os criados na cultura ocidental percebem o mundo como um exemplo dessas três estruturas temporais. De fato, é difícil para nós imaginar um mundo sem as distinções de passado, presente e futuro. Não consideramos o tempo como alguma coisa tangível, algo que fizemos ou que podemos mudar. O tempo na forma do passado, presente e futuro simplesmente *é*, assim como o universo simplesmente *é*.

Entretanto, se você tivesse sido criado como um índio Hopi antes da virada deste século, você teria falado uma língua com apenas o tempo presente. Como descobrimos no capítulo anterior, o tempo para os

Hopi não foi dividido em instantes separados pertencentes ao passado, presente ou futuro, e portanto não estava em movimento. Em vez disso, os Hopi fizeram distinções quanto à duração, como "relâmpago" (curta duração), "a vida de uma espiga de milho" (duração mais longa) e "a vida de um homem" (longa duração). *As distinções são o reconhecimento, ou a criação, de diferenças.* Além das distinções de passado, presente e futuro, há a importância e a utilização de cada um desses diferentes tempos. Se ensinarmos a um Hopi a perceber o futuro como distinto do presente ou do passado, ele não necessariamente aprenderá a *usar* essa distinção. Um ocidental encorajaria o Hopi a especular sobre o futuro, enquanto um árabe o avisaria de que *não* se deve especular sobre o futuro. Um Hopi que especulasse sobre o futuro seria elogiado pelo seu senso prático pelo ocidental, ao passo que o árabe suspeitaria da sanidade mental do mesmo Hopi. Para o árabe, só Deus conhece o futuro, e o fato de um homem pensar que pode predizer o que só Deus sabe é sinal de profunda perturbação mental. O conjunto de regras tácitas e explícitas que governam o modo como o indivíduo usa e extrai sentido destes tempos diferentes constitui uma estrutura — ou princípio organizador — dessas distinções. É o princípio organizador que arranja as distinções de tal modo que elas se tornam relevantes para o comportamento e a experiência de um indivíduo. Fazendo uma analogia com a nossa língua, o *vocabulário* constitui um conjunto de distinções, organizadas em relação a uma sintaxe (o princípio organizador). Sem o princípio organizador da *sintaxe* para dar seqüência e atribuir significação relacional ao vocabulário (as distinções), o vocabulário é apenas uma lista de nomes de "coisas".

Talvez você se lembre de um exemplo praticamente universal do que estamos falando: o primeiro ano do segundo grau. Para a maioria das pessoas, entrar no segundo grau é como mudar-se para um país estranho e desconcertante. No início, a escola de segundo grau era uma cultura alienígena, com suas novas distinções e interações. Foi preciso aprender a distinguir entre o professor, o chefe de departamento, o secretário de atendimento, o vice-diretor e o diretor. Então vieram as torcidas organizadas, os mascotes, as bebidas, os capitães das equipes, as suspensões, os bailes de formatura, a volta para casa, os períodos (os dois tipos), os semestres, as aulas fáceis e as difíceis, os professores ruins, os uniformes, as provas finais, as aulas enforcadas, os suportes, o livro da turma, o namoro, as transas, os grêmios, os grupos de estudo, a farra, a associação de alunos, a expulsão, as compras, os sarros, os beijinhos, as revistas, a primeira menstruação, o diretor da escola, as cervejas, os puxa-sacos, os surfistas, os gostosões, os homossexuais, os CDFs e os maricas.

Essa quantidade de distinções estava a serviço das interações sociais características do segundo grau. Assim, não bastava ser capaz de reconhecer a diferença entre um clube de carros e um clube de serviço. Foi preciso também aprender os comportamentos, as seqüências de comportamentos e as expectativas que constituíam a sintaxe *interacional* dessas distinções. Por exemplo, o modo que você age quando está com um diretor, em oposição à maneira como se comporta ao lado de um CDF, em oposição a um bocó, dependerá do "tipo" que eles consideram ser o seu, do tipo que você se considera ser, se você está sozinho com eles ou num grupo, etc. Assim, saber a que passeios, clubes e bailes você é bem-vindo, e quando, são informações vitais. E, quando a garota a quem você quiser convidar para sair estiver usando um anel grande demais para o dedo, é melhor saber o que isso significa. O fio distintivo que alinhava todo esse bordado social é "ano". Estar num baile, praticar um esporte, conversar com uma menina, matar uma aula, matricular-se numa matéria ou apenas passear pelos corredores não são as mesmas experiências para um calouro, um aluno do segundo ou do terceiro ano ou um veterano. Quando você está no segundo ano, esbarrar em alguém num corredor e derrubar seus livros é um incidente menor se o outro for um calouro, mas é uma boa hora para estrear suas joelheiras para rastejar se a vítima tiver sido um veterano. É claro que o veterano empurrado pode ser um maricas, enquanto você é um gostosão, e assim você pode ignorá-lo em vez de rastejar. Mesmo assim, o fato de que você é um aluno do primeiro ano e a sua vítima, um veterano, merece ser levado em consideração, e torna-se significativo em termos das suas percepções e comportamento (afinal, você ignorou um *veterano*). Quase tudo o que acontece numa escola de segundo grau está organizado quanto ao "ano". No contexto do segundo grau, portanto, "ano" é um princípio organizador.

Princípio organizador é uma distinção importante para todas as operações de um sistema. No exemplo acima, a consideração do "ano" desempenha um papel importante em todas as interações sociais (operações) que ocorrem no segundo grau. De modo análogo, o sistema de castas na Índia fornece um princípio organizador que influencia significativamente a maioria das interações sociais. Um outro exemplo de princípio organizador é a pressuposição de inocência até que a culpa seja provada no contexto do nosso sistema judicial, o que afeta as operações de prisão de suspeitos, de obtenção de evidências, promotoria, escolha do júri, etc. Até relativamente pouco tempo, os físicos operavam em um universo newtoniano parcialmente baseado no princípio organizador de que os fenômenos podiam ser medidos, definidos e previstos, desde que se houvesse identificado as variáveis relevantes. Com seus esforços organizados com respeito a essa visão clássica da matéria, os físicos fizeram algumas descobertas acerca da natureza da matéria e de suas possíveis manifestações e interações. Quando algumas evidências experimentais pareceram irreconciliáveis com essa visão da matéria como sendo rígida e com limites claramente definidos, muitos físicos se reagruparam em torno de outro princípio organizador — *o princípio da incerte-*

za —, que afirma que não é possível fazer observações precisas de todas as variáveis subjacentes às manifestações e interações da matéria. A organização de suas investigações e entendimento com relação ao princípio da incerteza conduziu os físicos a territórios antes desconhecidos, como os "túneis" dos buracos negros.

Muitos princípios organizadores diferentes foram usados na criação de modelos e teorias da experiência e do comportamento humanos. Confrontados com as espantosas complexidades, bem como com a tarefa apavorante de compreender e mudar essas experiências e comportamentos, aqueles que pretendem criar modelos coerentes de psicologia humana buscaram fios conceituais que percebiam estar perpassando a experiência humana. O modelo psicanalítico freudiano é organizado com respeito ao id, ego e superego. Na psicologia gestáltica, o princípio organizador é a distinção entre figura e fundo. Entre os behavioristas, o princípio que organiza a experiência e o comportamento é aquele do estímulo-reação. A análise transacional utiliza como princípio organizador as distinções entre criança, pai e adulto. Miller, Galanter e Pribram (1960) construíram seu modelo em torno do princípio organizador do comportamento como estando sujeito, em todos os níveis, a um "TOTE" (Test-Operate-Test-Exit). Como princípios organizadores, cada um desses fios tece para nós seu próprio e singular conjunto de padrões em termos da experiência e do comportamento humanos.

Entretanto, há um fio cuja influência sobre nós é muito difundida. Nenhum outro aspecto da nossa experiência é mais fácil ou mais freqüentemente manipulado por nós; nenhum outro aspecto da nossa experiência nos mantém tão presos a seu serviço. Além disso, como você logo descobrirá, esse aspecto é um dos mais fáceis de identificar e entender. Esse fio, que escolhemos como o princípio organizador para o método EMPRINT, é o princípio das estruturas temporais do passado, do presente e do futuro.

Precisamente ou não, felizmente ou não, somos seres cuja consciência reconhece o *tempo* como uma dimensão da experiência. Uma vez que tenhamos nosso primeiro contato com os espaços de tempo (em geral, quando somos muito jovens), levamo-los conosco, criando o passado, o presente e o futuro à medida que avançamos. A experiência dessas estruturas temporais é tão motivadora, que a sua importância permeia rápida e virtualmente todas as operações psicológicas que compõem nossas experiências atuais e que dirigem nosso comportamento.

Os modos nos quais as estruturas temporais são usadas desempenham um papel influente e mesmo decisivo na criação de nossas experiências pessoais e na determinação de nossas reações comportamentais. Isso se tornará evidente se você parar por um momento para considerar uma decisão que tenha tomado — qualquer decisão — e observar que estruturas temporais você considerou e como as usou. Como exemplo, dedique alguns minutos a decidir onde almoçará amanhã.

Baseado em que você tomou essa decisão? Baseado no tempo e nas prováveis atividades de amanhã (isto é, no futuro)? Com base nas comidas que o tentam enquanto pensa sobre os lugares para comer (isto é, no presente)? Ou com base no que você está acostumado a comer (isto é, no passado)? Não importa que outras considerações específicas faça sobre onde almoçar amanhã, você descobrirá que essas considerações o levam a vários momentos e de várias formas ao passado, presente e/ou futuro. A importância das estruturas temporais para nós foi originalmente heurística. Enquanto aplicávamos e testávamos outros métodos com o propósito de entender e transmitir comportamentos, descobrimos que nossos clientes e objetos de estudo não apenas representavam *sempre* sua experiência em relação ao passado, presente ou futuro, mas o faziam de um modo *característico* a cada um deles em um contexto particular. Essa representação influente e individualmente característica das estruturas temporais tornou-se uma consideração prática — e o princípio organizador do método EMPRINT — à medida que descobrimos gradualmente que a representação da estrutura temporal era importante para se determinar a experiência subjetiva, para direcionar o comportamento e para ser capaz de transmitir comportamentos úteis de uma pessoa para outra[1].

Antes de embarcarmos numa descrição do método em si, precisamos apresentar o princípio organizador do método — as estruturas temporais de passado, presente e futuro[2].

Estruturas temporais

Embora obviamente ninguém possa afirmar com certeza, os seres humanos provavelmente criaram o conceito de tempo em conseqüência da aquisição da capacidade cognitiva de reconhecer conscientemente que, já que HOJE sempre se seguiu a ONTEM, haverá um AMANHÃ. Ao reconhecer a confiabilidade dessas relações, fomos libertados das amarras que nos obrigavam a reagir apenas aos nossos ambientes externo e interno atuais. A existência de um passado a considerar e eventualmente de um futuro previsível criou seqüência e continuidade, e essas duas percepções, por sua vez, geraram o *planejamento*. Em vez de se atolarem em percepções do tipo "estou com frio", "estou com calor", "alguma coisa está crescendo ali", nossos progenitores tiveram estações e outros eventos periódicos que podiam ser medidos e antecipados. Enquanto antes disso podiam apenas reagir às exigências do ambiente, agora tinham acesso ao passado e ao futuro como fontes de informação. Podiam, portanto, definir prioridades de comportamento de acordo com o que podia ser esperado num futuro próximo ou distante (por exemplo, as condições do tempo hoje à noite ou a preparação para o nascimento de uma criança). As pessoas podiam reagir ao que *ocorrera* e ao que *poderia* ou *iria acontecer*.

O passado, o presente e o futuro, influentes e fundamentais como parecem ser, são, como mencionamos antes, influenciados por diferenças interculturais subjetivas[3]. Nenhuma contribuição para o esclarecimento dessas diferenças foi maior do que a de Edward T. Hall. Através dos muitos livros em que descreve os contrastes experienciais e comportamentais entre as culturas, Hall revelou a enorme diversidade e influência de percepções do tempo culturalmente diferentes.

No mundo social (dos Estados Unidos) uma menina sente-se insultada se for convidada para um programa na última hora por alguém a quem não conhece muito bem, e a pessoa que adia um convite para jantar apenas três ou quatro dias antes, tem que se desculpar. Quanta diferença dos povos do Oriente Médio (árabes), com os quais é inútil marcar um compromisso com muita antecedência, pois a estrutura informal de seu sistema de tempo coloca tudo o que está além de uma semana na categoria única de "futuro", em que os planos tendem a "escapulir da mente". (Hall, 1959, p. 3)

Entretanto, a visão de longo alcance dos americanos é míope se comparada à visão do futuro de alguns asiáticos, que olham para futuros a *séculos* de distância. Para os Navajo o futuro não tem nenhuma realidade; para eles, só existe o presente, que se desdobra eternamente. Uma oferta de grande recompensa futura será totalmente ignorada pelos Navajo, em favor de algo que possa ser obtido imediatamente. O passado nunca desaparece para os Trukese, do sudoeste do Pacífico. Ao recordar um erro cometido há cinco, dez, vinte anos, um ilhéu Trukese vivenciará e reagirá a essa lembrança como se ela tivesse acabado de ocorrer. Hall também descreve a ausência de tempos verbais dos Hopi. Para os Hopi, o tempo não é uma série de momentos distintos, mas o mesmo tempo que "envelhece", um tempo em que acontecimentos se acumulam. Assim, o nascer do sol é o ontem que retorna sob outra forma. O nativo da ilha Trobriand suprime inteiramente a seqüência, preferindo uma história episódica e sem cronologia, em que os eventos trocam de lugar na seqüência do tempo conforme a vontade do indivíduo[4].

Todas essas formas são muito diferentes da percepção ocidental do tempo como seqüencial, unidirecional, inexorável e que abarca um passado, um presente e um futuro distintos. As diversas distinções que várias culturas fazem quanto ao tempo não são frívolas nem arbitrárias, ou mesmo supérfluas. As distinções feitas pelos seres humanos são as extensões das nossas experiências perceptuais e cognitivas do mundo, e assim *refletem* nossas experiências individuais e culturais (nossos modelos de mundo), além de *guiarem* as experiências (como os exemplos de Hall a respeito dos sistemas de compromisso nos Estados Unidos e no Oriente Médio). As percepções culturais do tempo também influenciam os valores, as capacidades e os atributos respeitados e desejados em cada cultura.

Na cultura do mundo de negócios americano, por exemplo, um tema quente nas conversas nas salas da Bolsa, apreciado pelos investigadores e que gera reações na Wall Streat, é o dos lucros dos *últimos quinze minutos*. Com o foco nos resultados do presente (ou de curtíssimo prazo), é natural que as capacidades e atributos altamente valorizados sejam aqueles relativos à capacidade de conseguir resultados imediatos. Isso cria um contraste agudo com a comunidade de negócios japonesa, em que os lucros atuais ou de curto prazo não têm a mesma importância que se dá ao crescimento futuro e à estabilidade. Nos Estados Unidos temos um *best-seller* que sugere que um gerente eficiente pode instruir, criticar ou elogiar suficientemente seus subordinados em *um minuto*. O respeito e admiração tremendos que geralmente se tem por Lee Iaccoca nos Estados Unidos se devem, em larga medida, não apenas à sua capacidade de desafiar chances aparentemente ínfimas de salvar a Chrysler Corporation das garras da falência e de torná-la uma companhia viável, mas também ao fato de que ele o fez *em um período muito curto de tempo*.

Sendo assim tão motivadoras quanto as comparações culturais dos efeitos da percepção do tempo, basta você se voltar para as suas lembranças e experiências para encontrar alguns exemplos eloqüentes do impacto subjetivo e comportamental do tempo. Soldados em guerra e civis sitiados, por exemplo, confrontam-se freqüentemente com uma pequena ou nula possibilidade de futuro. O resultado é uma preocupação repentina com a satisfação de necessidades e desejos atuais, sem preocupação com o depois ou com a condenação social. Homens e mulheres que antes cumpriam as leis, tinham consideração pelos outros e respeitavam normas de comportamento (fosse por medo das conseqüências ou em consideração ao modo como as coisas devem ser) se vêem de repente envolvidos em estupros, saques, roubos e vandalismo. O fato de que essa gratificação pessoal com freqüência assuma tais formas violentas e destrutivas durante guerras deve-se em larga medida ao contexto em que ela ocorre, pois pessoas que sabem ter pouco tempo de vida devido a uma doença terminal não costumam sair e estuprar, roubar e destruir. Mas os doentes terminais com freqüência se tornam hedonistas no sentido de que se afastam de suas rotinas normais e devotam os dias restantes a aproveitar a vida, satisfazer caprichos e desejos, etc.

Você pode encontrar seus próprios exemplos para a influência das estruturas temporais. Assim como a maioria das pessoas, você tem esperanças e planos para o futuro. Há coisas que você quer fazer, experimentar, ser algum dia. Imagine o que você faria com o seu tempo se só tivesse um mês de vida. Que considerações se tornam subitamente triviais, e quais ganham importância?

Agora imagine que você tenha descoberto ter ainda cem anos de vida. Como essa perspectiva altera suas esperanças e planos? Alguns indivíduos têm uma visão muito ampla de suas vidas, uma visão que vai além da morte. Artistas, escritores e cientistas, por exemplo, tendem a encarar suas obras como extensões de si mesmos — extensões que sobreviverão à morte do criador. Pessoas com uma perspectiva desse tipo provavelmente continuarão a desempenhar suas atividades normais até morrerem.

Um exemplo do que acontece quando uma pessoa não tem passado é fornecido pelas práticas doutrinárias de muitos dos cultos sociais e religiosos que estão surgindo nos Estados Unidos. Os cultos minam as crenças do novato referentes às suas próprias motivações e princípios morais, bem como às de suas famílias e da sociedade em geral, alterando as percepções do novato quanto ao passado. Para alguns grupos, o repúdio ao passado como sendo uma mentira e uma alucinação é simbolizado e reforçado pela atribuição de um novo nome ao iniciado. O passado é em larga medida necessário para a manutenção da identidade individual. Privando o indivíduo do passado, torna-se bem mais fácil moldar o novo membro aos objetivos e percepções do culto. Ao relatar sua luta contra a doutrinação dos cultos, um homem descreveu a questão desse modo: "Você começa a duvidar de si mesmo. Você começa a questionar tudo aquilo em que acredita. Aí você se vê dizendo e fazendo as mesmas coisas que eles".

Crianças pequenas (até dois anos) são exemplos familiares de indivíduos que ainda não tiveram muito acesso ao passado *ou* ao futuro. Para uma criança pequena, qualquer coisa que aconteceu ontem ou até no mesmo dia ocorreu "há muito tempo", se ela chegar a refletir sobre isso. Não queremos dizer com isso que crianças pequenas não tenham lembranças ou informações armazenadas, mas apenas que elas tendem a não ir ao passado para avaliar conscientemente sua situação atual. É preciso repetir as regras muitas vezes até que elas as absorvam. O futuro é ainda mais imperceptível para elas, e assim a espera para se conseguir algo torna-se uma tortura aparentemente interminável, e a gratificação imediata de desejos e necessidades tem prioridade absoluta.

Se você esqueceu como é ter dois anos, talvez ainda possa se lembrar da época da adolescência. Para a maioria de nós, aquele período de tirania hormonal entre a infância e a idade adulta foi caracterizado por um desinteresse escarnecedor pelo passado e por um descaso pelo futuro. Talvez as súbitas mudanças nos nossos corpos e nas nossas interações sociais tenham desconectado o passado daquilo em que nos tornamos. Talvez a sensação de que tínhamos todo o tempo do mundo pela frente tenha tornado o futuro irrelevante. Qualquer que seja a razão, a maioria dos adolescentes está imersa no presente. Queríamos o que queríamos *agora*, fizemos o que fizemos pela experiência do momento, e a entidade que condicionava nossos gostos em matéria de roupas, comida, diversão, valores e princípios morais era o nosso grupo.

Oferecemos esses exemplos de anulação e extensão da estrutura temporal como um meio para ilustrar a existência de diversos modos de per-

44

ceber o tempo, e para ilustrar o fato de que experiências de tempo culturalmente determinadas de outro modo podem ser contextualmente alteradas. Vamos agora trazer essas observações para mais perto e examinar as nossas experiências temporais.

Imagine que um amigo se aproxima de você e belisca seu braço com força — força suficiente para causar dor. Como você reage? Em vez de reagir prontamente com mágoa ou agressividade ao beliscão, você poderia aceder ao passado, rever rapidamente sua história com aquela pessoa, recordar experiências anteriores com beliscões e aonde reações diversas o conduziram antes. Você poderia também imaginar o futuro, examinando maneiras diversas de reagir ao beliscão, a reação subseqüente da pessoa que o beliscou, o que você espera de sua relação com ela após resolverem essa situação, etc.. Você poderia fazer todas essas coisas, mas você as *faz*? Você examina o futuro, o passado, o presente, ou todos eles? E como você usa as estruturas temporais a que presta atenção? De que modo sua reação seria diferente se você mudasse as estruturas temporais que estava usando para avaliar a situação? E, se você usa mais de uma estrutura temporal, o que mudaria em sua reação se você trocasse a ordem em que se refere a cada uma delas?

Alguns minutos de experiência com as várias possibilidades de anulação e extensão das estruturas temporais fornecerão a você exemplos pessoais do impacto significativo de estruturas temporais sobre sua experiência subjetiva. O fato de que não questionamos as estruturas temporais na vida cotidiana não anula de modo algum o fato de que elas sejam importantes para a determinação das nossas experiências e comportamentos. Certa ou erradamente, percebemos o tempo claramente como passado, presente e futuro, e cada uma dessas distinções está imbuída de certas características experienciais que precisamos definir se pretendemos ser capazes de usar coerentemente essas distinções como um princípio organizador do método EMPRINT. Voltamo-nos agora para a definição dessas características. Durante o caminho, discutiremos também alguns dos modos adequados e inadequados de usar o passado, o presente e o futuro.

Passado
Mas eu não falava apenas do futuro e do véu que caíra sobre ele [para os meus colegas prisioneiros do campo de concentração]. Eu também mencionava o passado; com todas as suas alegrias, e como a sua luz brilhava mesmo na escuridão atual. Novamente citei um poeta — para evitar soar como um pregador — que havia escrito: "Was Du erlebt, kann keine Macht der Welt Dir rauben". ("O que experimentaste, nenhum poder na Terra pode tirar-te".) Não apenas as nossas experiências, mas tudo o que fizemos, os grandes pensamentos que possamos ter tido, e tudo o que sofremos, tudo isso não está perdido, embora seja passado;

nós o troxemos à existência. Ter sido também é um modo de ser, quem sabe o mais seguro.

Viktor E. Frankl
Man's Search for Meaning

O passado é o depósito das lembranças. Embora cada um de nós esteja certo de ter tido um passado, e de que há um passado para se ter tido, o fato é que, além de coisas que podemos examinar agora, como uma fotografia, uma fita, ou algumas iniciais entalhadas numa árvore, as únicas evidências do passado são nossas lembranças. A notória imprecisão das lembranças da maioria das pessoas já foi suficientemente bem documentada, e não precisa ser repetida aqui. Mas apesar dessa documentação e das conclusões das intermináveis discussões de família em que tomamos parte para saber o que "realmente" aconteceu, todos nós tendemos a confiar em nossas lembranças como sendo representações daquilo que de fato ocorreu no passado.

A importância de se saber o que "realmente aconteceu" é que isso fornece a base para a *padronização* — o processo de discernir fenômenos seguramente recorrentes. ("Fenômenos" incluem qualquer coisa, desde aquilo que constitui uma cadeira até o comportamento de neutrinos, passando pela curiosidade de uma pessoa sobre relacionamentos). Uma criança que vê pela primeira vez um ovo sendo quebrado pode ficar surpresa de sair um glóbulo amarelo, mas não necessariamente saberá que pode esperar que outro glóbulo amarelo surja do próximo ovo que vir quebrar. Em vez disso, ela armazena a experiência como uma lembrança, uma informação. Depois de presenciar o surgimento do glóbulo amarelo de dentro do ovo quebrado mais algumas vezes, a criança terá um conjunto de lembranças semelhantes, em termos do que há dentro de um ovo. Isso fornece à criança a base para gerar a expectativa de que todos os ovos contenham glóbulos amarelos. Em outras palavras, a criança discerniu um padrão.

Se lhe parecer inacreditável que a criança talvez não consiga compreender imediatamente que o próximo ovo que se quebrar também soltará um glóbulo amarelo, isso se deve apenas ao fato de que você se esqueceu de que, em algum momento do próprio desenvolvimento, produziu um padrão de ordenação mais alto que afirma que "objetos que aparentemente sejam os mesmos provavelmente apresentarão as mesmas propriedades". Sem essa generalização, que possibilita a nós, adultos, prever tanto das nossas vidas, as crianças pequenas são capazes de se excitar infinitamente com um jogo de esconde-esconde. A capacidade de padronizar com base na experiência passada nos permite colocar os pés no chão sem nos preocuparmos se o chão irá ou não nos suportar, dirigir o carro, saber a melhor hora para falar com o amante, etc. De fato, usamos constantemente o passado como um bloco de informações que pode ser dividido e arrumado em padrões.

Embora todo mundo possa padronizar, e o faça, os indivíduos variam quanto à medida em que usam o passado para padronizar informações. Você sabe que a cadeira em que está sentado vai agüentar o seu peso — sempre *agüentou*. Você sabe que os livros das estantes não se movem por conta própria — nunca se *moveram*. Mas imagine por um momento que você não pudesse contar com o passado para estabelecer padrões. Como seria o seu mundo? Você poderia sentir-se seguro, sentado naquela cadeira? Como você pode ter certeza de que os seus livros vão ficar quietos na estante? Tivemos um cliente, Tom, que vivia num mundo assim. Enquanto estávamos sentados conversando com Tom sobre o que ele queria, que era ter controle sobre a sua vida, ele periodicamente ficava nervoso e começava a esquadrinhar o chão do consultório. Quando perguntamos o que estava procurando, ele disse que estava verificando se o pêlo do carpete mudara enquanto ele desviava os olhos dele. Sem dúvida, um fazendeiro cambodjano que deixou sua casa nas montanhas e foi para os Estados Unidos se encontra numa posição semelhante ao menos durante algum tempo, à medida que descobre que poucas coisas do seu passado ajudam a lidar com os interruptores das paredes, os engarrafamentos e as convenções sociais que entendemos (padronizamos) tão bem.

Ao contrário de Tom, que não confiava em seu passado, um outro cliente tinha a experiência de que não havia passado, mas apenas o presente — uma percepção que resistia a todos os testes que inventávamos. Num dado momento, abrimos a porta e pedimos-lhe que visse o que havia na outra sala. Fechamos a porta e perguntamos a ele o que haveria lá quando a abríssemos de novo. Ele afirmou que não tinha idéia do que veria. No que lhe dizia respeito, poderia ser qualquer coisa. Talvez nem mesmo houvesse uma sala. Como ele ia saber o que havia do outro lado da porta? Para nós, havia um aspecto no qual a experiência atual dele era deliciosa e mesmo invejável, pois, quando ele se levantava e o chão *suportava* seu peso, ele ficava agradavelmente surpreso. Ele era o epítome da criança feliz e indiferente — talvez um estado perfeito para se andar na floresta, mas obviamente inadequado para as tarefas mundanas da vida cotidiana e no relacionamento com os outros, que estão baseados no reconhecimento e observação de padrões.

Como tantas coisas, o passado pode ser usado tanto como arado quanto como espada. O passado se transforma numa espada quando é usado para inocentar ou para justificar, em vez de informar. O exemplo mais comum de um mau uso do passado ocorre quando um indivíduo diz, explícita ou implicitamente: "Não posso fazer isso porque nunca o fiz antes". Essa pessoa está afastando a possibilidade de tentar uma coisa pela primeira vez *porque* nunca a fez em sua história pessoal. Frieda é uma pessoa desse tipo. Se você lhe pedir para fazer um bolo, trocar um pneu, ajudar num problema de álgebra ou sentir-se feliz, a reação é sempre a mesma: ela procura em sua história pessoal informações que possam ser usadas para determinar se ela já tentou antes cumprir a tarefa pedida. Isso é apropriado. O passado serve precisamente para essas determinações.

Frieda se mete em apuros (no sentido de impor a si mesma limitações desnecessárias) quando sua busca revela que ela não tem em sua história pessoal um exemplo de já ter realizado antes essa tarefa, e utiliza essa lacuna como uma justificativa para não tentá-lo agora (o que, se ela tentasse, iria obviamente dar-lhe esse aspecto da história pessoal). Frieda age e se restringe exatamente com aquele tormento das pessoas em busca de emprego, quando o patrão diz que você precisa de experiência para ser empregado. Bem, como você vai conseguir experiência se não o deixarem trabalhar? Frieda não reconhece que ela agora consegue fazer inúmeras coisas, apesar do fato de que (se ela retroceder o suficiente em sua história pessoal) houve um tempo em que ela não tinha *nenhuma* experiência com nada.

Uma segunda e mais insidiosa má utilização do passado está presente na afirmação: "Não posso fazer isso porque não consegui quando o tentei". Essa má utilização é mais traiçoeira porque parece ser um uso adequado e razoável de padrões da história pessoal. Havia um cliente nosso, John, que costumava utilizar o passado desse modo. John havia se divorciado, e por isso estava certo de que não fora feito para a vida conjugal. Havia sido despedido de um emprego de vendedor, por isso não era bom em vendas. Tentara o paisagismo uma vez, seu professor escarnecera dele, e assim John compreendeu que não tinha talento artístico. Quando era criança, não acertava a cesta do basquetebol com uma roda, que dirá com uma bola, por isso obviamente não era bom em basquete. John tinha experiências em sua história pessoal cujos padrões pareciam demonstrar que ele não podia fazer "aquilo", o que quer que fosse "aquilo".

Esse uso aparentemente apropriado do passado se transforma numa armadilha quando se recorre a ele pressupondo-se que a tarefa atual ou futura *é* ou *será* igual às tarefas tentadas no passado. Por exemplo, John está apaixonado e gostaria de pedir a namorada em casamento, mas quando examina a possibilidade de casar-se recorda apenas exemplos de sua incompetência como marido. Ele poderia desistir do sonho de casar-se com a moça, justificando-se com base no padrão de não ser bom em manter casamentos.

Entretanto, parece-nos que a generalização a ser extraída de sua história pessoal não é que ele seja ruim como marido, mas que *ele FOI ruim como marido dados os contextos em que isso OCORREU* (a mulher que foi sua esposa, a situação específica de sua vida em comum, a idade, a artificialidade, etc.) *e o modo como ele encara o que é ser um marido* (isto é, seus comportamentos e sua compreensão da importância e do impacto desses comportamentos sobre ele mesmo, sobre as mulheres e sobre relacionamentos). A diferença está em que no primeiro exemplo John usa o passado como uma razão para não agir, enquanto no segundo exemplo ele estaria usando o passado como *informação* relativa aos possíveis fatores que tornaram as experiências anteriores insatisfatórias. Utilizar o passado para determinar o comportamento futuro pode levar à inércia e a sentimentos de inadequação e de incompetência. Usar o passado como fonte de informações, contudo, conduzirá mais provavelmente a uma avaliação produtiva referente às coisas que precisam ser mudadas — e *como* precisam ser mudadas — para corresponder a suas esperanças e necessidades.

Em geral, as pessoas repetem aquilo que funcionou no passado. Se, ao treinar o saque no tênis, você por acaso joga a bola ao alto um pouco mais para a frente do que o normal e a batida subseqüente é particularmente precisa, você provavelmente tentará colocar a bola novamente um pouquinho mais à frente. Se dobrar os joelhos e arquear as costas gerar mais alguns bons saques, você provavelmente incorporará esse artifício como parte do seu saque regular. Do mesmo modo, um rapaz cujo comportamento tristonho for recompensado pela conquista de uma namorada, provavelmente continuará a usar um ar de miséria enlanguescida para atrair mulheres quando estiver sozinho de novo — não porque estar triste seja divertido, ou o melhor dos atrativos, mas porque já funcionou antes.

Uma das maneiras pelas quais o passado é tratado como presente revela-se na freqüência com que reagimos a outras pessoas como se fossem iguais ao que eram no mês passado, no ano passado ou mesmo há dez anos. Aqueles dentre nós que tiveram maridos, filhos, filhas, irmãos e amigos voltando para casa de uma guerra tiveram que reconhecer, respeitar e reagir às mudanças ocorridas neles. Entretanto, não é preciso uma guerra para mudar as pessoas. Qualquer experiência profunda — ir para a universidade, viver sozinho, o primeiro amor, um emprego novo — exerce influência sobre nós, transformando-nos de modo que talvez não sejam apreciados por aqueles próximos a nós. Isso é especialmente marcante na reação de muitos pais aos filhos crescidos. Uma mulher que intervém na alimentação do filho de 36 anos e um metro e oitenta está provavelmente reagindo a ele como se ele ainda fosse o mesmo de trinta anos atrás.

A maioria das psicoterapias foram criadas em resposta a esse padrão que viemos discutindo. Psicanálise, análise transacional, gestalterapia, terapia primal e renascimento, bem como as psicoterapias *pop*, como Est, Lifespring e cientologia, foram delineadas para lidar com o passado como a fonte dos problemas. De acordo como os seus princípios, você é o produto do seu passado. Concordamos com isto até certo ponto. Não concordamos é com a pressuposição de que a pessoa está enredada pelo passado, uma pressuposição defendida explícita ou implicitamente por todas as abordagens relacionadas acima. Todas essas terapias têm como tecnologia/intervenção básica um tipo de alteração da história pessoal. Todas conduzem o cliente de volta a acontecimentos traumáticos ou insatisfatórios, num esforço para alterar de algum modo a história pessoal. Como exemplo, experimente o seguinte exercício.

1 Identifique um incidente de sua história pessoal que você acredite que tenha uma influência contínua e indesejável sobre a sua experiência e comportamento. Talvez tenha havido uma ocasião de fracasso ou de exposição ao ridículo numa atividade esportiva ou numa aula de matemática que ainda hoje o mantenha arredio aos esportes ou a tarefas relacionadas com a matemática. Ou talvez um parente próximo tenha partido inesperadamente, deixando-o com uma permanente desconfiança quanto à estabilidade das relações, ou com uma necessidade de ter provas freqüentes do afeto do amante. É preciso que seja um incidente cuja inexistência o teria feito diferente do que é hoje.

2 Uma vez encontrado o incidente, considere o recurso que você tem agora e que, se estivesse disponível na época, teria feito uma enorme diferença em sua experiência. Um recurso pode ser uma informação, uma compreensão sobre o mundo, uma crença, um comportamento, uma capacidade ou algo desse tipo.

3 Com esse recurso em mente (e também à mão), volte ao incidente passado e reviva-o, *com a única diferença de que você* agora tem à sua disposição o recurso encontrado no futuro. Observe de que modo sua experiência muda quando você faz isso. Usando o recurso, repasse a experiência mais algumas vezes, expandindo a cada repassada a sua representação do que está acontecendo. Então, "cresça" com essa nova memória — isto é, percorra novamente sua história pessoal com essa lembrança modificada de uma experiência intata.

4 Agora pense em uma situação futura relacionada a essa experiência em que você provavelmente se encontrará. Imagine-se nessa situação e observe como suas reações diferem daquelas que você teria normalmente.

Uma mudança pode ser efetuada através de uma alteração em sua história pessoal (como foi feito no exercício que você acabou de experimentar, e como é feito na terapia gestaltista e no renascimento), ou através da catarse (como na psicanálise e na terapia primal), ou através da criação de dissociações (como na análise transacional e na maioria das terapias *pop*). O problema é que todas essas terapias existem como uma reação ao fenômeno de indivíduos usarem suas experiências passadas como razões ou justificativas para suas limitações, em vez de usá-las como informação.

Lembre-se de que o passado que estamos descrevendo é o passado conforme é concebido na cultura americana. Parte da compreensão cultural americana do tempo é a pressuposição de que o passado acabou e não volta. Essa pressuposição transforma as nossas experiências contínuas em eventos, que podem terminar, ao contrário de processos, modos e práticas, que são experiências contínuas. O fato de que a nossa

50

sociedade opera em uma sintaxe que especifica uma pontuação entre o passado, o presente e o futuro se reflete na nossa percepção e tratamento do crescimento e do amadurecimento como divididos em etapas estanques, na nossa insistência em finais definitivos nos nossos filmes e *shows* televisivos, etc. (Novelas e seriados se aproveitam dessa nossa necessidade deixando-nos com situações que *não* estão resolvidas.)[5] Hall nos lembra, contudo, de que nossa perspectiva da continuidade das etapas temporais não é inerente ao tempo, mas sim um filtro cultural.

Também há ocasiões em que uma dada cultura desenvolve ritmos que vão além de uma única geração, e assim nenhuma pessoa viva ouve a sinfonia inteira. Isso é verdade para os Maori da Nova Zelândia, de acordo com um amigo, Karaa Pukatapu — um Maori que, quando isso foi escrito, era subsecretário de Assuntos Étnicos da Nova Zelândia. Ele descreveu extensamente como o aprimoramento de talentos humanos era um processo que exigia em qualquer lugar gerações ou mesmo séculos para se completar. Ele comentou: "O que sabemos leva séculos, vocês tentam fazer da noite para o dia!" As conseqüências dessa tentativa de comprimir ritmos longos em curtos períodos de tempo resulta na sensação de povos [americanos e europeus] de que fracassaram, a mesma sensação que os acomete quando seus filhos não são como queriam. Os Maori compreendem que pode levar gerações inteiras para se produzir uma personalidade realmente equilibrada. (Hall, 1983, p. 173).

Ao transformar nossas experiências em eventos que terminam e desaparecem no passado, criamos a possibilidade de avaliá-los como sucessos ou fracassos. Se deixadas como experiências contínuas, simplesmente não haveria ocasião para dizer: "OK, *isso* foi um fracasso (sucesso)!"

Ao apontar essas diferenças, não estamos inferindo que a ótica descontínua que a nossa cultura tem do passado e do presente seja menos valiosa ou válida do que uma ótica que perceba as transições entre o passado, o presente e o futuro como ininterruptas e contínuas. Por exemplo, a percepção do passado e do presente como domínios distintos é de fato importante para gerar os estados internos de "desapontamento" e "frustração". Reagimos com desapontamento quando acreditamos que não se pode mais obter o que queremos (isto é, a oportunidade *passou*.) Reagimos com frustração quando não estamos conseguindo o que queremos, mas ainda assim acreditamos que se pode consegui-lo (isto é, a busca ainda está ocorrendo no *presente*)[6]. Por outro lado, se uma coisa pertence realmente ao passado, então ela não é parte do presente. Isso torna mais fácil para nós, nesta cultura, deixar para trás coisas como tragédias, fracassos, erros, períodos difíceis, etc.

Presente

"Aqui", sussurrou Leo Auffmann, "a janela da frente. Quieto, e você verá."

...E lá, à luz de pequenos lampiões, você podia ver o que Leo Auffmann queria que você visse. Saul e Marshall estavam sentados, jogando xadrez na mesa de café. Na sala de jantar, Rebecca arrumava a prataria. Naomi cortava vestidos para bonecas de papel. Ruth pintava aquarelas. Joseph brincava com o trem elétrico. Através da porta da cozinha, via-se Lena Auffmann tirando uma travessa do forno fumegante. Todas as mãos, as cabeças e as bocas faziam grandes ou pequenos movimentos. Podia-se ouvir um canto doce e agudo. Podia-se também sentir o cheiro de pão assando, e sabia-se que era pão de verdade, que logo estaria coberto com manteiga de verdade. Tudo estava lá, e funcionava.

O avô, Douglas e Tom voltaram-se para olhar para Leo Auffmann, que espiava serenamente através da janela, com a luz rósea em suas bochechas.

"Claro", murmurou ele. "Aí está". E ele observava com uma leve tristeza e agora uma súbita apreciação, uma aceitação afinal tranqüila, enquanto todas as partes e cantos dessa casa misturavam-se, agitavam-se, acalmavam-se, estabilizavam-se e adquiriam vida de novo. "A Máquina da Felicidade", disse ele. "A Máquina da Felicidade."

Ray Bradbury
Dandelion Wine

O presente é a fonte da *experiência sensorial direta* e a estrutura temporal da ação. Você certamente está tendo experiências quando explora o passado ou imagina o futuro, mas as impressões sensoriais que você recebe quando o faz são secundárias, são o resultado de *representações* da experiência, e não da experiência primária, direta. Ao recordar suas memórias ou fantasias mais vívidas e relevantes, você talvez esteja ouvindo, vendo, cheirando e sentindo exatamente as mesmas coisas que vivenciou (ou teria vivenciado) naquele acontecimento. Ainda assim, essas experiências estão em função de experiências internamente geradas, em vez de virem das impressões sensoriais do seu ambiente atual. A experiência sensorial direta ocorre somente no presente. (Isso não significa que tais memórias e fantasias não sejam mobilizadoras. Por mobilizadoras queremos dizer reais o suficiente no plano subjetivo para suscitar reações. Como descreveremos no capítulo 7, para alguns de nós essas memórias ou fantasias podem ser tão mobilizadoras — em termos das reações subjetivas e dos comportamentos que geram — quanto o ambiente atual.)

Estar no presente é bom para ter uma experiência direta do ambiente. Contextos como fazer amor, comer bem, sentir o cheiro de uma flor, jogar tênis e ouvir música são exemplos de ocasiões em que se é apropriado estar no presente (isto é, consciente sensorialmente). Isso não significa que não se deva ir ao passado ou ao futuro durante qualquer uma dessas atividades. Enquanto prova um prato especial, por exemplo, você talvez note um sabor e procure rebuscá-lo em suas lembranças para identificá-lo. Entretanto, se enquanto prova o prato você se perde em alguma recordação ou fantasia, provavelmente não está consciente (observando o tempo presente) do sabor da comida. Não há nada de excepcional nessa experiência. Nós todos a tivemos — exemplos típicos são comer algo sem se aperceber de fazê-lo ou dirigir até o nosso destino "perdido em pensamentos".

Não estar no presente nesses contextos que são inerentemente experiências de "agora", como fazer amor, praticar esportes, dançar, apreciar um pôr-do-sol no verão ou brincar com os filhos, tem óbvias implicações. Se você está "em algum outro lugar" enquanto faz amor (talvez recordando uma transa antiga ou o filme que viu antes naquela noite, ou imaginando o que vai fazer depois de fazer amor ou aonde ir nas férias), você estará relativamente inconsciente dos cheiros, sons e sensações que sente *no presente*. Do mesmo modo, se enquanto joga tênis você fica pensando na bola que acabou de rebater, talvez não consiga devolver a próxima bola. Para colocar-se em posição vantajosa para rebater a próxima bola, você precisa estar *continuamente* avaliando o que seu adversário e a bola estão fazendo *neste momento*.

O fenômeno de não estar onde se está no momento é exemplificado por uma mulher que conhecemos que fica tão perdida nas recordações do passado que não presta nenhuma atenção à sua experiência presente. Num balé, por exemplo, ela praticamente não prestará atenção nem demonstrará nenhum interesse no que acontece no palco. Ao contrário ela fica ruminando sobre as coisas que fez no passado. Além disso, qualquer tentativa de se conversar com ela sobre o balé ao qual ela está assistindo suscita apenas um instante de estupor, do qual ela se recupera conduzindo a conversa para algo do seu passado. Semanas depois, contudo, ela recordará a apresentação de balé e falará com carinho sobre a bela apresentação e gratificante noitada, repetindo extensamente (embora vagamente) a experiência agora passada, enquanto uma outra experiência presente acontece e se perde. Como seria melhor, contudo, ter não apenas a lembrança da experiência, mas a experiência em si...

Futuro
"Continue, George!"
   "Você sabe isso de cor. Pode fazê-lo sozinho."
   "Não, você. Eu me esqueço de algumas coisas. Conte como vai ser."
   "Tudo bem. Um dia vamos pegar o dinheiro juntos e ter uma casinha e alguns acres de terra e uma vaca e uns porcos e..."
   "E viver da terra", gritou Lennie. *"E ter coelhos. Continue, George. Conte o que vamos ter no jardim e sobre os coelhos nas gaiolas e sobre a chuva no inverno e a lareira, e como a nata do leite vai ser tão grossa que mal vai dar para cortar. Fale isso, George."*

John Steinbeck
Of Mice and Men

Embora nossas lembranças do passado possam ser imprecisas, reagimos ao passado que recordamos como se ele fosse concreto e invariável. Do mesmo modo, o presente é um caso em que as coisas são percebidas como "são" (dentro dos limites da capacidade e dos filtros de percepção da pessoa, obviamente). O futuro projetado não tem quaisquer fronteiras inerentes ou necessárias. Você sabe o que aconteceu em seu último aniversário (de acordo com sua capacidade de evocar lembranças) e sabe o que está acontecendo agora (conforme sua capacidade de percepção). Tanto as lembranças do passado quanto as percepções do presente são verificáveis através da comparação com as lembranças e percepções dos outros, pelo apelo a registros como fotografias e fitas gravadas e pelo controle de aparelhos de medição como termômetros, relógios de consumo de energia elétrica e diapasões. Mas com que registros e instrumentos verifica-se o futuro? Você pode decidir exatamente o que vai acontecer em seu próximo aniversário, mas a precisão dessa adivinhação do futuro não pode ser verificada até que o aniversário tenha acontecido. E, uma vez passado, você provavelmente verá que os seus melhores planos não deram certo, ainda que fossem apenas por detalhes secundários. O futuro se refere a coisas que ainda não aconteceram e é, portanto, indeterminado em sua essência. Isso faz do futuro uma fonte de especulação e flexibilidade. O passado e o presente são determinados. O futuro, não.

Isso não quer dizer que não tentemos nos assegurar do futuro. Um dos maiores negócios do mundo — o de seguros — se baseia em estimativas estatísticas do futuro. O fato de as companhias de seguros serem tão bem sucedidas e lucrativas é certamente uma prova de sua capacidade de prever os acidentes, doenças e responsabilidades legais que o futuro reserva aos segurados. Mas trata-se de previsões estatísticas que caracterizam grandes grupos de pessoas. Os estatísticos podem determinar que cada segurado tem uma chance em dez de se envolver em um acidente de carro, mas, se o acidente acontecer com você, a chance passa a ser de uma em uma.

Obviamente, a necessidade e a utilidade (e talvez o medo) fazem com que tentemos com freqüência impregnar o futuro da mesma certeza que experimentamos em relação ao passado e ao presente. Com base no passado, podemos prever que a cadeira vai nos agüentar, que o sol vai nascer e que sentiremos fome novamente. Mas não *sabemos* se essas coisas acontecerão desse modo — apenas que foram assim no passado. Considere a possibilidade de flutuar de sua cadeira daqui a alguns instantes. Você acha isso ridículo. Você nunca se levantou sem apoio. Você tem razão — é extremamente improvável. Mas isto *não* é a mesma coisa que dizer que é impossível. A história está cheia de exemplos de indivíduos que, desafiando o melhor juízo de seus contemporâneos, sonharam e realizaram coisas que haviam sido consideradas impossíveis. Esses contemporâneos zombadores sabiam que a Terra era plana, que os homens não podiam voar, que não podiam ter evoluído, não podiam superar a velocidade do som, não podiam ir à Lua.

Na medida em que o futuro permanece aberto (ou em que é percebido como tal), há "possibilidade", e onde há possibilidade há "esperança". Por que um casal, ao discutir pela primeira vez ou mesmo pela vigésima vez, não se divorcia imediatamente? Por que uma pessoa que acabou de perder seu amor não pula da janela mais próxima? Por que um corredor que acabou de perder uma corrida volta à linha de partida, em vez de aposentar suas sapatilhas? A razão, obviamente, é que todas essas pessoas têm esperança de que o que acabou de acontecer não vá necessariamente se repetir no futuro. Elas ainda têm esperança de que o futuro traga o que ainda não conseguiram alcançar. O casal briga agora, mas talvez isso faça os cônjuges se entenderem melhor. A mulher perdeu seu amor, mas talvez encontre outra pessoa. O atleta perdeu a corrida, mas talvez vença a próxima. Sem dúvida, casais que brigam se divorciam, amantes abandonados se matam e atletas derrotados penduram suas sapatilhas. Mas essas coisas ocorrem quando as pessoas perderam a esperança: quando o casal está convencido de que *nunca* conseguirá se reconciliar, quando a moça acredita que *nunca* encontrará outro amor e quando o corredor acredita que *nunca* vencerá. A esperança se transforma em desesperança quando o futuro é percebido como tão imutável quanto o passado.

Carecendo da certeza do passado e do presente, o futuro se transforma numa arena para a especulação. O futuro é algo para se especular e fazer projeções. Por exemplo, um marido pode imaginar que sua mulher vai deixá-lo. Talvez imagine também que ela nunca vá deixá-lo. Nenhuma das coisas imaginada é real, até que, e a não ser que, algo aconteça para provocar uma destas possibilidades futuras. Até que isso ocorra, são apenas possibilidades. Alguns indivíduos, é claro, reagem às suas próprias fantasias como se elas estivessem de fato acontecendo ou como se já tivessem ocorrido. O marido que imagina sua mulher finalmente abandonando-o pode se sentir magoado ou zangado *agora*. Do mesmo modo, imaginar que ele e sua esposa viverão felizes para o resto da vida pode fazê-lo se sentir confortável e seguro *agora*. Nos dois casos, o homem está reagindo a um futuro possível como se *fosse* realidade. (Basta lembrar a velha piada sobre o homem cujo pneu furou e que, enquanto andava até uma fazenda próxima, para pegar um macaco emprestado, imaginava a relutância do fazendeiro em emprestá-lo, as suas desculpas esfarrapadas e finalmente sua agressividade. Quando ele finalmente chega à fazenda, aproxima-se do fazendeiro, grita: "Pode ficar com essa droga de macaco!" e sai furioso, batendo os pés.)

Como o marido do exemplo anterior demonstrou, o futuro pode ser temível ou atraente, dependendo do que você imagina que o aguarda. As pessoas que acham o futuro assustador, ou assustadoramente desconhecido, com freqüência procuram o tarô, a astrologia e médiuns, numa tentativa de tornar o futuro tão certo quanto o passado. Em San Francisco Bay há uma "vidente" que vai ao rádio para falar sobre o futuro de seus ouvintes. Todos os que ligam estão preocupados ou inseguros com o futuro ou com alguma decisão atual que afeta o futuro. Seu objetivo em ligar o rádio se revela numa observação feita por quase todos, que pode ser parafraseada como "...e eu pensei que você poderia dizer algo de encorajador sobre isso". A vidente reage basicamente do mesmo modo a todos. Ela lhes diz que as coisas vão dar certo, ou (se se trata de uma decisão) para "tomar a decisão certa". Os ouvintes, quase sem exceção, suspiram aliviados com o fim da incerteza.

A maioria de nós acredita na existência de uma relação de causa e efeito entre o passado, o presente e o futuro, de tal modo que o futuro depende do que fazemos agora. Isto é, uma vez que algo tenha acontecido, podemos pegar os padrões que emergem e tirar conclusões sobre o que fez o que acontecer. Podemos então usar essas conclusões para projetar o futuro como resultado das nossas ações atuais. O significado dessa relação de contingência entre o presente e o futuro é que a nossa experiência e o nosso comportamento atuais são em larga medida controlados pelo futuro. Uma vez que aceitemos que aquilo que se faz agora vai influenciar o que se segue (e que o que se segue é importante), torna-se adequado tentar prever as conseqüências de situações e comportamentos. A base dessa previsão é a informação relativa aos padrões do passado ou do presente, mas ainda é o futuro imaginado que pode determinar o comportamento de uma pessoa do presente[7].

Desse modo, o futuro se torna sinônimo de *planejamento*, que é uma das utilidades mais importantes do futuro. O planejamento possibilita arranjar um encontro com alguém numa certa hora e local, dirigir linhas de produção, construir edifícios com um mínimo de desperdício de tempo e material, decidir o que e quando estudar e programar um fim de semana divertido com a família. Também podemos evitar conseqüências desagradáveis, decidindo por exemplo levar um casaco quente quando percebermos que a noite pode esfriar. E o planejamento é a base para adiar a gratificação, como quando nos abstemos de comer um pato assado até que o molho esteja pronto. Tendo um futuro composto de experiências e eventos que são uma conseqüência do presente, tentamos evitar os castigos do pecado através da obediência aos Dez Mandamentos, usamos o controle de natalidade, dedicamos anos de nossa vida e da de nossos filhos à escola, poupamos dinheiro, parafusos e fios, fazemos investimentos para ter uma renda na aposentadoria, fazemos exercícios e comemos bem para ficar saudáveis, etc.

Essa mesma capacidade de examinar planos pode ser também enfraquecedora. Com a máscara do irresoluto dinamarquês, foi Shakespeare quem o disse melhor:

Ser ou não ser, eis a questão
É mais nobre sofrer com as setas e tiros
Do ultrajante destino na mente,
Ou pegar em armas contra um mar de tormentos,
Pondo-lhe fim pela objeção...
...Assim a consciência nos faz a todos covardes,
E assim o clamor nativo da resolução
Se enfraquece pela aparência pálida do pensamento,
E empreendimentos de grande arrojo e impulso
Sob o olhar do pensamento tornam oblíquas suas correntes,
Perdendo o nome de ação.

Indivíduos que consideram possibilidades futuras e encontram apenas conseqüências desagradáveis podem ficar imobilizados no presente, temerosos de fazer nenhuma coisa que possa precipitá-los nos temíveis futuros que conjuraram para si mesmos. Por outro lado, futuros concebidos a partir de conseqüências maravilhosas podem se tornar a base de uma insatisfação contínua com um presente que nunca corresponde plenamente à promessa esperada.

Em cada um desses exemplos os futuros considerados são distorcidos pelas experiências do passado e do presente. Por exemplo, um conhecido nosso tem um padrão de imaginação segundo o qual vislumbra uma possibilidade aparentemente maravilhosa, mas em seguida não consegue avaliar aquele reluzente Graal quanto à plausibilidade de alcançá-lo (dadas as suas circunstâncias do presente) e quanto à sua adequação (dada a sua história pessoal). Assim ele se imagina um grande pintor e sai imediatamente para se munir dos melhores pincéis e telas, negligenciando por completo o fato de que não tem nenhuma experiência de artes visuais e nenhuma noção do que isso envolve em termos de tempo e dedicação ao aprendizado. Seu erro não está em sonhar, mas em não saber relacionar seus sonhos com o presente e com o passado de *modo apropriado* e *útil*. Embora o futuro seja a fonte de possibilidades, é nos comportamentos do presente que um sonho se torna ou não realidade.

PARTE II

O método

PARTE II

O método

3 As distinções

Tudo o que fazemos, fazemos no presente. Quando nos recordamos de um evento, o processo de recordá-lo está ocorrendo agora, e o que quer que você revivencie desse evento, você o está vivenciando agora. "Esse evento" aconteceu no passado, mas o acesso às representações do evento está ocorrendo agora. Do mesmo modo, a imaginação do que fará amanhã pode lhe criar imagens, sons e sensações internas intensas, mas tudo isso são percepções que está tendo agora. Mesmo assim, tanto no plano da experiência quanto no da subjetividade, identificamos o passado, o presente e o futuro como sendo distintos um do outro.

Qual a relevância dessas distinções de tempo para a experiência e o comportamento humanos? Não há nada de novo na observação de que as pessoas ajustam, alteram e avaliam informações quando determinam sua reação em um contexto particular. À parte reações programadas como um aperto de mão, processamos inúmeras informações na tentativa de determinar a melhor reação, ou a mais apropriada. Qualquer contexto para o qual não se tenha uma resposta predeterminada serve como exemplo deste processamento. A escolha de um filme, a decisão de ajudar uma pessoa em dificuldades com seu carro, a avaliação de um pedido de donativo para caridade, a resposta ao oferecimento de um amigo para mais um drinque e um jogo de xadrez são todos exemplos de contextos em que você provavelmente se engajará em um *processamento interno*. Por "processamento interno" estamos nos referindo às manipulações e avaliações internas das variáveis envolvidas em um contexto particular. Como exemplo, faça os seguintes exercícios.

1 Sem papel e lápis, divida 1/2 por 1/3.
2 Decida agora o que você vai vestir amanhã.

A não ser que você lide freqüentemente com números, já se passou provavelmente um bom tempo desde a última vez em que lhe pediram para dividir uma fração por outra. Se você examinar o que fez para resolver o problema, notará que teve que relembrar como dividir frações, e em seguida realizar a operação sem perder o rastro do processo, através de imagens internas e de diálogos consigo mesmo (internamente ou em voz alta), e talvez através também de sensações corporais. Tendo chegado a uma resposta, talvez tenha considerado em seguida se era ou não a resposta *certa*. Esse acesso às lembranças, à representação e à manipulação de informações, testes, avaliações, etc., são exemplos de processos internos. No segundo exemplo, em que decidiu o que vestir amanhã, você talvez tenha recorrido a informações sobre a provável condição do tempo, o que você estará fazendo, com que estará, o que tem que vestir, e então tomado uma decisão com base em algumas ou em todas essas variáveis. Neste caso, você estava recorrendo às informações relevantes, as quais foram em seguida submetidas a algum tipo de processamento interno que resultou na tomada de uma decisão quanto ao que vestir amanhã.

As estruturas temporais são uma parte importante dos nossos processos internos e desempenham um papel relevante e influente na determinação de experiências pessoais e no direcionamento de nossas reações comportamentais. Isso se tornará óbvio para você se pensar em alguma decisão e observar que estruturas temporais considerou e como as usou. A tarefa de decidir o que vestir amanhã fornece um exemplo. Com base em que você toma sua decisão? Com base na provável condição do tempo e nas atividades de amanhã (isto é, no futuro)? Com base no que lhe agrada agora quando examina ou imagina seu guarda-roupa (ou seja, no presente)? Com base no que você está acostumado a vestir (isto é, no passado)? Ou com base em alguma combinação dessas considerações? A despeito do conteúdo de suas considerações quanto ao que vestir amanhã, você descobrirá que essas considerações o levarão a várias ocasiões e de várias maneiras ao passado, presente e/ou futuro. Entretanto, nossas observações mostram que o efeito de categorias de tempo na experiência e no comportamento é muito mais difundido, sutil e mais individualmente característico do que esses simples exemplos indicam. Considere esse exemplo ligeiramente mais complicado.

Quando passeamos pela rua, fazemos (talvez inconscientemente) julgamentos sobre as mudanças nas superfícies sobre as quais andamos, ajustando o passo quando necessário. Quando você olha para a frente, nota pessoas vindo em sua direção, e se desvia ou *não* se desvia delas especificamente. Você nota o semáforo à frente, e percebendo que não chegará à esquina antes de o sinal ficar vermelho, diminui o passo. Nesse meio tempo, enquanto anda, você está pensando em como tudo vai bem, e de acordo com essa avaliação anda de cabeça erguida, sorrindo alegremente. Então você se lembra de que tem que entregar um relatório que ainda nem começou na manhã seguinte, e, à medida que pensa no que deverá acontecer se não o entregar, olha para a calçada, com os ombros caídos, suspirando. Mas, depois de compreender que será punido se não terminar o relatório, você se enche de energia e começa a planejar o que fazer para realizar a tarefa. Quando percebe que seu plano vai mesmo funcionar, sente-se aliviado.

Cada uma das emoções e reações comportamentais descritas no exemplo precedente é o resultado manifesto de um processamento interno. A diminuição do passo é a manifestação da determinação de que no ritmo atual o sinal ficará vermelho antes que se chegue à esquina. Se você não tivesse notado o sinal (e assim não tivesse formado qualquer opinião sobre ele), ou se sua avaliação fosse a de que poderia atravessar a rua antes de o sinal ficar vermelho se corresse um pouquinho, sua reação teria sido diferente. Do mesmo modo, a mudança para o planejamento de acabar o relatório é o resultado manifesto da avaliação de que a não conclusão do trabalho acarretará uma punição. Novamente, se você não tivesse examinado e avaliado as conseqüências, ou se sua avaliação tivesse sido de que não seria punido por não terminar o relatório, sua reação não teria sido a de passar a planejar um modo de terminá-lo a tempo. O mesmo pode ser dito de todas as reações descritas acima, bem como da maioria das reações correntes de um indivíduo qualquer. Em resumo, o comportamento é com freqüência o resultado do processamento interno particular em que um indivíduo se engaja em um contexto particular. A mudança dos processos internos conduz à transformação de algum aspecto das reações de uma pessoa naquele contexto[1].

Procedimentos operacionais

Ao detectar os processos internos que criam nossas experiências e conduzem a nossos comportamentos, identificamos sete processos distintos importantes para a determinação da experiência e do comportamento de um indivíduo num dado momento no tempo. O conjunto específico dessas variáveis que um indivíduo está usando em um contexto particular é o *procedimento operacional*. Ao escolher a terminologia "procedimento operacional", queremos expressar a noção de que as variáveis usadas nesse método não estão necessariamente em seqüência, mas podem ser caracterizadas de modo mais útil como *interagindo simultaneamente*.

A descrição das sete variáveis é uma representação das diversas partes de um todo que funciona simultaneamente. Ao descrever o mecanismo de engrenagem de um trem, por exemplo, poderíamos dizer que o pistão move-se para cima e para baixo, girando o eixo da manivela, que gira o eixo de direção, que por sua vez gira as rodas. Devido à natureza das descrições verbais, isso talvez crie a impressão de que os eventos descritos são seqüenciais. Entretanto, não é esse o caso, já que, quando qualquer um dos elementos da engrenagem do trem se move, *todos* os elementos se movem. Do mesmo modo, os processos que vamos descrever operam todos ao mesmo tempo, influenciando simultaneamente um ao outro e à experiência atual do indivíduo. É apenas a natureza seqüencial de uma apresentação verbal ou escrita que torna necessário descrever esses processos como fenômenos independentes.

Anotação

Talvez você se lembre daqueles livrinhos infantis de "imagens em movimento". Enquanto você virava com o polegar a pilha de desenhos, do mesmo modo como se embaralha cartas, os pequenos personagens ganhavam vida e representavam suas ações diante de seus olhos. Mas, quando você examinava os desenhos um a um, a animação dos personagens não era aparente. Informações espalhadas por períodos ou espaços muito longos perdem muito de seu impacto e coerência; é a representação quase simultânea desses desenhos que permite discernir seus padrões de movimento. Enquanto prosseguimos, desenvolveremos um sistema de anotação para o método EMPRINT. O objetivo da anotação consiste em fornecer um modo de permanecer na pista de informações relevantes, uma representação taquigráfica que exponha a um rápido olhar a importância comportamental e vivencial dessas informações e uma linguagem comum para a representação de procedimentos operacionais que caracterizam um indivíduo em um contexto particular.

Aqui está a forma geral da anotação conforme será desenvolvida.

META					Atividade
Categoria de referência	■	Categoria de teste	■	Categoria de motivação	
Causa e efeito					

Objeto de avaliação

Nessa forma geral, as distinções que compõem o princípio organizador — o *passado*, o *presente* e o *futuro* — serão anotadas como:

Passado	Pa
Presente	Pr
Futuro	F

O modo como essas distinções aparecem na forma geral ficará claro à medida que introduzirmos e explicarmos as Categorias de Referência, de Teste e de Motivação. Continuaremos a expandir a anotação de uma maneira que lhe permita dominar totalmente o material a cada passo do caminho.

Novamente, não queremos inferir da representação linear da anotação a existência de uma seqüência necessária nos processos representados. As reações e comportamentos de uma pessoa são manifestações contínuas da interação simultânea das variáveis que vamos descrever.

Metas, atividades e objetos de avaliação

META				Atividade
Categoria de referência	■	Categoria de teste	■	Categoria de motivação
Causa e efeito				
		Objeto de avaliação		

A importância do método descrito aqui é que ele inclui as variáveis subjacentes à manifestação das capacidades individuais. A aplicação desse método resulta numa descrição compreensiva do processamento interno, capaz de fornecer uma visão da origem das capacidades, bem como uma base para reproduzir essas capacidades em outras pessoas.

A esses comportamentos ou experiências que queremos entender ou reproduzir chamamos *meta*. Manter sua mesa de trabalho arrumada, dançar, usar o senso crítico de modo construtivo, fazer boas palestras e ser capaz de decidir-se quanto a uma carreira são exemplos de metas que uma pessoa quer compreender e adquirir.

Como você pode ver ao examinar essas metas, cada uma delas parece relativamente mais ou menos complexa do que as outras. A complexidade tem a ver com o fato de que algumas metas são o resultado de outras "submetas" separadas, a que chamamos *atividades*. Por exemplo, o comportamento de *manter a mesa arrumada* é o resultado da combinação do engajamento nas atividades de "reconhecimento de que a mesa precisa de uma limpeza", da "decisão de quando limpá-la", de "sentir-se motivado a limpá-la", de "decidir onde colocar as coisas", etc. Do mesmo modo, *usar o senso crítico de modo construtivo* envolve no mínimo as atividades de "reconhecimento do senso crítico", "julgamento dos méritos do criticismo" e "planejamento de incorporar o criticismo em ações futuras". O uso construtivo do senso crítico também pode incluir "assumir o compromisso de reagir de modo diferente" e "reconhecer que *estou* fazendo as coisas de modo diferente".

Cada atividade requer ao menos uma avaliação. "Reconhecer que a mesa precisa de uma arrumação" requer uma avaliação do quanto ela está bagunçada; e "decidir quando arrumá-la" requer pelo menos uma avaliação de seu tempo e energia disponíveis. "Reconhecer o senso crítico" exige uma avaliação de uma afirmação ser ou não crítica; "julgar os méritos do senso crítico" exige uma avaliação de uma crítica ser ou não apropriada; e "planejar incorporar uma crítica" requer uma avaliação dos méritos relativos de várias mudanças possíveis em seu comportamento ou nas circunstâncias. Assim, subjacente à manifestação de cada meta está uma ou mais atividades; e cada atividade requer no mínimo uma avaliação e eventualmente várias. Devido ao fato de cada avaliação separada ter seu próprio conjunto de variáveis, *cada avaliação é expressa como um procedimento operacional separado.*

Assim, as avaliações guiam o comportamento. Por exemplo, se você não avalia se a sua mesa está ou não arrumada, não é provável que você se volte para as outras atividades de decidir quando arrumá-la, como arrumá-la, etc. Do mesmo modo, se você não reconhece quando uma afirmação contém uma crítica, não é provável que você avalie como virá a ajustar suas ações no futuro em reação a essa afirmação, e assim não use esse criticismo de modo construtivo. Uma avaliação está sempre no cerne do conjunto de processos internos subjacentes à operação de uma atividade.

Assim como a meta pode resultar de várias atividades conjuntas, uma atividade pode ser composta de mais de uma avaliação. O objeto de cada avaliação, juntamente com o conjunto concomitante de variáveis de processamento interno, compõem um procedimento operacional. Por exemplo, a atividade de "decidir as mudanças pessoais a realizar" pode envolver uma avaliação tanto da *força* quanto das *necessidades pessoais*, cada uma delas exigindo um procedimento operacional distinto, e ambas a serviço da tomada de "decisão". Usando um outro contexto como exemplo, para uma dada pessoa a atividade de decidir o que fazer no fim de semana pode envolver apenas um procedimento operacional, em que ela avalia o que poderia fazer que já fora divertido.

PLANEJAR O FIM
DE SEMANA　　　　Decidir

(Variáveis)

O que eu poderia fazer
que já me divertiu antes

Para uma outra pessoa, decidir o que fazer no fim de semana pode envolver vários procedimentos operacionais que envolvem avaliações do que poderia fazer que já apreciara antes, o que espera de sua experiência no fim de semana (empolgamento, relaxamento, sensualidade, etc.) e o que poderia fazer de novo e interessante.

PLANEJAR O FIM			PLANEJAR O FIM	
DE SEMANA	Decidir		DE SEMANA	Decidir
(Variáveis)			(Variáveis)	
O que eu poderia fazer que já me divertiu antes			O que eu espero da minha experiência	

PLANEJAR O FIM	
DE SEMANA	Decidir
(Variáveis)	
O que eu poderia fazer de novo e interessante	

Obviamente, as diferenças entre os procedimentos operacionais em que essas duas pessoas se engajam se manifestarão como diferenças significativas em seu comportamento ao tomar uma decisão e naquilo que terminarem por fazer no fim de semana. A mulher que se engaja num procedimento operacional que avalia o que ela poderia fazer que já tenha apreciado antes vai terminar repetindo programas já conhecidos a cada fim de semana. O homem cuja atividade de tomada de decisão inclui vários procedimentos operacionais que avaliam não apenas prazeres passados que possam ser repetidos, mas também novos interesses e considerações sobre a experiência desejada, vai certamente se voltar para programas de fim de semana mais variados do que os da mulher. E, em função da avaliação "o que espero da minha experiência", alguns desses fins de semana serão provavelmente mais satisfatórios.

Os procedimentos operacionais podem funcionar em seqüência ou simultaneamente. Como você sem dúvida reconhece com base na sua experiência, às vezes completamos uma avaliação antes de passar à próxima, enquanto em outras situações fazemos duas ou mais avaliações simultaneamente, com o progresso de cada uma delas afetando as demais de modo contínuo. Por exemplo, o homem que decide sobre seu fim de semana poderia organizar seus procedimentos operacionais como passos em seqüência, de modo que *primeiro* ele determine o que espera de sua experiência no fim de semana, *em seguida* use essa informação para avaliar e escolher no passado programas que combinem com a experiência desejada, e *então* use os resultados dessas duas avaliações para avaliar outras coisas possíveis de se fazer que lhe proporcionaram essa experiência e ainda assim sejam diferentes do que já fez antes. Nesse exemplo, cada procedimento operacional "alimenta" o próximo.

Por outro lado, ele pode organizar esses procedimentos operacionais de modo simultâneo, avaliando ao mesmo tempo a experiência desejada, o que fez e o que poderia fazer. Neste caso, cada procedimento se relaciona com os demais tanto para a frente quanto para trás. Com essa organização simultânea, é mais provável que, em resposta às suas avaliações de seus programas favoritos e das novas possibilidades, ele faça ajustes contínuos em sua avaliação daquilo que deseja de sua experiência no fim de semana. Por exemplo, ele sente que quer ter um fim de semana excitante e, enquanto pensa em coisas excitantes para fazer, ocorre-lhe um passeio pela floresta, o que ele não considera realmente excitante, mas que *é* atraente, e isso o faz pensar que talvez seja melhor um fim de semana tranqüilo e contemplativo, e por aí vai.

Queremos enfatizar que o método que estamos apresentando não prescreve o que é melhor ou mais apropriado. Ao contrário, é um modo de realizar uma descrição útil dos processos internos de um indivíduo em relação a um comportamento em particular. Assim, embora decidir o que vestir seja para a maioria das pessoas uma meta simples que envolve apenas um procedimento operacional, para outras talvez só seja possível decidir o que vestir após passar por um conjunto complexo de procedimentos operacionais distintos (como avaliar enxovais antigos, considerar novas combinações, avaliar as necessidades do presente, decidir o que estará fazendo no dia, examinar as reações que espera dos outros, etc). E, embora escolher uma carreira possa ser para a maioria das pessoas uma meta complexa, que envolve muitas atividades e procedimentos operacionais, há algumas pessoas para as quais essa decisão envolve apenas uma atividade e procedimento operacional — por exemplo, a pessoa que assiste a um documentário de televisão sobre o trabalho dos dublês imagina-se como um dublê e decide que "isso seria o máximo! Vou ser dublê". O objetivo ao se aplicar esse método não é, assim, identificar o modo "certo" de se fazer algo, mas entender como um indivíduo em particular faz o que faz, e entender como reproduzir um resultado desejado.

Há algumas vantagens em se fazer a distinção entre uma meta e as atividades que a compõem. Talvez a vantagem mais óbvia seja que a distinção alerta a pessoa para a possibilidade de que um comportamento almejado seja de fato a manifestação de algumas submetas distintas (atividades). Um bom exemplo é a meta *de parar de fumar*. A maioria das pessoas trata essa meta como uma atividade simples — a atividade de parar de fumar. Em conseqüência, a maior parte das pessoas se aproxima da meta de parar tentando evitar os cigarros: jogando-os fora, freqüentando lugares onde não se permite fumar, ou ignorando-os. Entretanto, para as várias pessoas que entrevistamos que conseguiram parar de fumar, a meta de parar era composta por um conjunto particular de atividades. Estas incluíam decidir parar, comprometer-se a parar, planejar como fazê-lo, ensaiar e pré-definir reações às tentações, apreciar os progressos e as mudanças, etc. Muitas pessoas excluem a maioria dessas atividades das tentativas de parar de fumar simplesmente porque não lhes ocorre incluí-las. Isto é, percebendo a meta de parar de fumar como *o* comportamento a ser manifesto, essas pessoas não têm a idéia de considerar que alcançar essa meta resultará mais apropriadamente do engajamento num conjunto de submetas mais destacadas entre si, às quais chamamos atividades.

Uma outra vantagem dessa distinção entre uma meta e suas atividades subjacentes, e entre uma atividade e seus procedimentos operacionais subjacentes, é que ela possibilita maior eficácia na obtenção de informações. Se sua intenção é entender como alguém manifesta com sucesso uma meta particular, você provavelmente quererá saber tudo sobre as várias atividades (e todos os procedimentos operacionais) com os quais a pessoa conta naquele contexto. Isso é verdade especialmente se você não tem nenhum conhecimento das partes subjacentes necessárias e nenhuma experiência anterior em alcançar essa meta particular. Quanto mais no escuro você estiver, menos certezas poderá ter. Se você quer usufruir do mesmo tipo de sucesso, é preciso ser completo. Isso poderia significar a obtenção de inúmeras informações, mas você precisa de fato ter todas as partes inteiramente especificadas. Dada a sua intenção, de fato, parar abruptamente de colher informações sobre todas as atividades subjacentes e sobre todos os seus procedimentos operacionais respectivos tornaria irrelevante boa parte de seu esforço anterior.

Entretanto, se estiver interessado em entender como você ou outra pessoa *não* tem sucesso em um contexto particular (como no caso de um terapeuta, ou de um professor em relação a um estudante problemático, ou de uma pessoa resolvendo seus problemas de relacionamento), então você provavelmente não precisa reunir todas as informações sobre cada uma das atividades usadas no contexto problemático. Em vez disso, você provavelmente precisaria especificar apenas essas atividades particulares que essa pessoa está perdendo ou possui numa forma que não é adequada para alcançar os resultados desejados.

Por exemplo, você talvez observe que um amigo tomou a decisão de parar de fumar, e sabe como fazê-lo, mas lhe falta a atividade subjacente de "comprometer-se". Reconhecendo isso no amigo, você sabe que não precisa concentrar sua ajuda nas áreas de tomada de decisão ou de descoberta de como parar de fato. Ele já resolveu essas duas etapas. Você precisa ajudá-lo a enfocar a atividade específica de comprometer-se. Um outro amigo talvez já tenha se comprometido como parte da meta de parar de fumar, mas em seguida descobriu que "não funcionou". Ou seja, o que quer que ele esteja fazendo em seu procedimento operacional para assumir um compromisso não é suficiente para comprometer-se a parar de fumar. Por exemplo, ele talvez tenha assumido esse compromisso para satisfazer a sua família e amigos, o que em geral é suficiente para levá-lo a fazer algo, mas não é mobilizador o suficiente no caso do fumo. Este seria então o procedimento operacional específico que você estaria buscando para descobrir, entender e ajudar na mudança.

Dividir uma meta em atividades subjacentes é também importante para a eficiência na aquisição da capacidade de manifestar em si mesmo metas em que outros já obtiveram sucesso, mas em que você foi apenas *parcialmente* bem sucedido. Ainda no nosso exemplo do cigarro, suponha que você fume e tenha tentado parar de fumar muitas vezes. Você poderia encontrar alguém que tenha conseguido parar de fumar e aprender com ela todos os detalhes sobre como fazê-lo. Entretanto, você talvez não precise saber *tudo* sobre como aquela pessoa parou de fumar. Talvez você precise das atividades de "compromisso" e "apreciação", caso em que você só precisa saber sobre essas atividades em particular da pessoa que está tomando como modelo. Saber disso não apenas lhe poupará tempo, mas lhe dará a oportunidade de apreciar a quantidade de comportamentos necessários já alcançados por você.

As distinções de meta, atividade e procedimento operacional, bem como suas relações entre si, são examinadas com mais detalhes no capítulo 9. As investigações seguintes ajudarão a personalizar essas distinções, tornando-as mais imediatamente relevantes para você. Recomendamos enfaticamente que dedique algum tempo a trabalhar com as idéias e questões apresentadas nas investigações oferecidas aqui e nos próximos quatro capítulos. Você ganhará melhor domínio do método e, esperamos, algumas perspectivas úteis sobre si mesmo e sobre aqueles que o cercam.

Investigações

Compreendendo a si mesmo   Aqui estão alguns esboços das seqüências de procedimentos operacionais que descobrimos serem característicos de pessoas particularmente boas em exercitar-se regularmente, lidar com a estafa, manter seus relacionamentos gratificantes ou cuidar-se na alimentação. A meta está em LETRAS MAIÚSCULAS, as atividades, em **negrito**, e os procedimentos operacionais para atividades que envolvem mais de uma avaliação, em *itálico*.

EXERCÍCIO

Motivação   engajar-se em exercícios
Planejar   a melhor maneira de fazer exercícios
Fazer   os exercícios, avaliando: *Se o plano foi seguido à risca*
Se o plano foi seguido de modo a proporcionar bem-estar (força no coração, músculos, ossos, etc.).
Compromisso   manter o plano de exercícios

LIDAR COM A ESTAFA	**Reconhecer** o nível de bem-estar emocional **Decidir** o que fazer quanto à falta de bem-estar **Compromisso** tomar conta de si mesmo **Fazer** o que é necessário **Reconhecer** se as ações realizadas levaram-no ou não ao nível desejado de bem-estar
MANTER UMA RELAÇÃO GRATIFICANTE	**Reconhecer** a ameaça ao bem-estar da relação **Formular** o que fazer quanto à ameaça: *Que padrões levaram à ameaça* *Que reação acabará com a ameaça* **Reagir** à ameaça **Reconhecer** se as suas ações acabaram ou não com a ameaça e trouxeram a relação de volta a um estado de gratificação mútua
COMER ADEQUADAMENTE	**Compromisso** tomar conta de si mesmo **Obter informações** sobre nutrição **Selecionar** alimentação apropriada **Fazer dieta** *Através da escolha de alimentos coerentes com uma dieta* *Através do controle das quantidades ingeridas*

Usamos o método EMPRINT para fazer com que muitos indivíduos passem de atividades e procedimentos operacionais inadequados para outros mais úteis na obtenção das metas acima. Por exemplo, Robert freqüentemente se sentia *motivado* a começar um programa de exercícios. Isto é, ele queria exercitar-se, mas nunca conseguiu fazer algo a esse respeito. Havia sempre alguma coisa que exigia sua atenção: as crianças, as contas, a cadeira com a perna quebrada, as flores murchando por falta de água, o novo projeto no trabalho. Robert esperava que o exercício acontecesse com ele. Entretanto, isso mudou quando lhe ensinamos a adotar um procedimento operacional para o planejamento. Uma vez que disponha de um modo de avaliar e acomodar as preferências de exercício, as facilidades de proximidade, o tempo, outros compromissos e o tempo disponível, ele pôde usar sua motivação para impeli-lo à ação.

Se você tem dificuldade em *manter* um programa de exercícios depois de começado, o problema pode estar em sua atividade de *compromisso*. Seu compromisso é com o quê? Apenas com poder afinal trajar uma determinada roupa que você quer vestir numa ocasião especial, ou ter uma boa aparência nas próximas férias? Se seu compromisso com o exercício não inclui um compromisso com uma vida longa e saudável que será conseguida através de seus esforços físicos, provavelmente deixará o suor de lado quando as férias terminarem ou novas tentações aparecerem. Tomamos sempre o cuidado de direcionar uma pessoa para levar em conta uma estrutura temporal para a vida toda quando se compromete a exercitar-se. Isso ajuda a evitar a síndrome de recomeço-desistência, bem como o grande esforço no último minuto que pode facilmente resultar em desalento ou danos.

Compare as atividades em que você se engaja nos contextos acima com aquelas relacionadas antes. Mantenha em mente que aquelas que relacionamos não são o modo de agir nesses contextos, mas as mais freqüentemente encontradas em pessoas bem-sucedidas nessas metas. Os procedimentos operacionais em que você se engaja conduzem a um comportamento bem-sucedido nesses contextos? De que modo as seqüências de atividades em que você se engaja para esses contextos são diferentes daquelas que relacionamos? Se se engajasse nessas atividades que relacionamos aqui, você alcançaria as metas?

4 Categoria de teste

META				Atividade
Categoria de referência	■	**Categoria de teste**	■	Categoria de mobilização
Causa e efeito				
		Objeto de avaliação		

Estrutura temporal

Os seres humanos são muito mais do que meros armazéns de informações. Nós também fazemos avaliações. Confirmamos, decidimos, averiguamos, criticamos, estimamos, classificamos, calculamos, distinguimos, discriminamos, supomos, acreditamos, deduzimos e concluímos. Em resumo, julgamos as informações que recebemos, não importa se geradas interna ou externamente. De modo consciente ou não, constantemente julgamos nossas percepções e pensamentos. Por exemplo, o que passou pela sua cabeça quando você leu a frase anterior? Nela fizemos uma afirmação sobre a experiência humana: "Constantemente julgamos nossas percepções e pensamentos".

Você concordou com essa afirmação quando a leu? Discordou? Decidiu que ainda não sabia o suficiente para decidir? Se você teve qualquer reação a essa afirmativa de que as pessoas estão constantemente julgando informações recebidas, essa reação foi em si mesma uma avaliação (ou a manifestação de uma avaliação) da afirmativa; ou, se não da própria afirmativa, então talvez da nossa precipitação em fazê-la.

Como afirmamos na seção anterior, uma avaliação, ou teste, está no cerne de qualquer procedimento operacional subjacente a uma atividade. Todas as nossas experiências e comportamentos são em larga medida as manifestações contínuas desses testes. Tais testes podem ser tão mundanos, inconscientes ou circunscritos quanto aqueles usados ao se escrever a letra "a". De modo inconsciente julgamos o "a" que você acabou de escrever por referência e comparação da sua forma com a experiência armazenada quanto à provável aparência de um "a". O fato de que fazemos esse teste normalmente se torna aparente (isto é, consciente) apenas quando fazemos um "a" que não passa no teste e é julgado ilegível, levando-nos em geral a reagir corrigindo-o. A diferença entre os testes usados para determinar a legibilidade de uma letra "a" e os testes necessários à avaliação de como reagir à proposta de casamento está no maior número dos últimos, e no fato de em sua maioria não serem tão fáceis de se resolver como os primeiros.

Além disso, há uma outra diferença importante entre os testes envolvidos na avaliação de uma letra legível e, digamos, de uma proposta de casamento. A não ser que você esteja criando um novo conjunto tipográfico, o teste para a correção da letra "a" será a sua semelhança com exemplos passados. Você evoca informações do passado para fazer um teste com o presente: a letra "a" que acabei de escrever combina os "as" que vi antes? Entretanto, os testes considerados na avaliação de uma proposta de casamento provavelmente não envolverão apenas o presente, mas também o passado e o futuro. Os testes do *passado* podem envolver avaliações do tipo "Alguém alguma vez me tratou tão bem quanto ele?"; "Ela me tratou como a minha mãe costumava fazer?"; "Fiquei feliz da última vez em que disse 'sim' ou 'não' a uma proposta de casamento?"; "Alguma vez já consegui viver feliz com outras pessoas?". A estrutura temporal para cada um desses testes é o passado. Usando esse exemplo, podem-se fazer algumas distinções na anotação nesse ponto. A meta é "respondendo a uma proposta". Uma das atividades subjacentes é "avaliar", e uma das coisas a serem avaliadas (o objeto da avaliação) é "outros relacionamentos". Esse procedimento operacional particular começa a ganhar forma como se segue.

RESPONDENDO A UMA PROPOSTA		Avaliar
	Pa	
Categoria de referência	■ ■	Categoria de mobilização
Causa e efeito		
	Outros relacionamentos	

Exemplos de testes do *presente* são: "Ele é sincero?"; "Estou excitado?"; "Estou feliz?"; "Estamos felizes?"; "Ela me trata bem?" A estrutura temporal de cada um desses testes é o presente.

RESPONDENDO A UMA PROPOSTA			Avaliar

Categoria de referência   ■   **Pr**   ■   Categoria de mobilização

Causa e efeito
___
Este relacionamento

    A estrutura de tempo futuro pode incluir testes do tipo "Ainda estaremos felizes daqui a dez anos?"; "O que acontece se eu disser sim?"; "E se eu disser não?"; "O que ele vai pensar se eu decidir esperar um pouco?"; "Será que vamos continuar a tratar bem um ao outro?".

RESPONDENDO A UMA PROPOSTA			Avaliar

Categoria de referência   ■   F   ■   Categoria de mobilização

Causa e efeito
___
Como este relacionamento pode mudar

    Observe que, em termos do conteúdo daquilo que está sendo avaliado, alguns dos exemplos dados aqui para testes do futuro são iguais aos do passado: por exemplo, "felicidade" e "bem tratado". O conteúdo do que você está avaliando independe da estrutura temporal em que você faz essa avaliação. Em outras palavras, não há nada inerente à felicidade que faça algo ser avaliado em relação ao passado, ao presente ou ao futuro. Ao contrário, ela pode ser avaliada em relação a qualquer uma dessas estruturas temporais (ou a todas).

    Um teste, então, é simplesmente uma avaliação, e virtualmente qualquer coisa que influencie o mundo de um indivíduo estará sujeita a algum tipo de avaliação, em algum nível do processamento interno. Os candidatos à avaliação incluem minúcias incontáveis (freqüentemente inconscientes e "automáticas"), como pronunciar corretamente uma palavra, reconhecer um sinal de permissão e saber se o chão à sua frente agüentará seu peso. Num nível acima estão as avaliações quanto ao que dizer e como dizer, aonde ir, como chegar lá, quando ir embora, a que filme assistir, como responder a um amigo que acabou de criticá-lo ou de cumprimentá-lo, casar-se, o que é importante em sua vida, assim por diante. Meia hora de atenção à sua experiência interna o convencerá de que sua experiência corrente no mundo e suas reações a ele são guiadas por muitas camadas de avaliações simultâneas e subseqüentes.

    Além disso, se você prestar atenção à estrutura temporal desses testes, também descobrirá que são caracteristicamente avaliações do passado, do presente ou do futuro. Essa distinção é importante, pois *um teste passado de uma informação particular terá um resultado experiencial e comportamental diferente daqueles obtidos num teste presente ou futuro da mesma informação.*

Suponha, por exemplo, que você tenha 45 anos e que passou os últimos 25 entre vários empregos insatisfatórios e mal remunerados, e que durante esse tempo tenha passado por duas experiências desagradáveis de divórcio. Entretanto, você obteve recentemente um emprego estável e bem remunerado, você trabalha com uma colega a quem acha atraente e o seu chefe lhe prometeu finalmente uma promoção para algo que você sempre quis fazer. Suponha agora que algo o induz a avaliar sua vida em termos do sucesso obtido. Se a avaliação for do passado, você provavelmente concluirá que foi um fracasso e se sentirá abatido (25 anos à deriva). Se, em vez disso, a avaliação for do presente, talvez você conclua que está indo bem (não extremamente bem, mas bem), e se sinta tranqüilo (você tem um ótimo emprego). Mas, se sua avaliação for do futuro, talvez você conclua que esteja indo muito bem, e se sinta esperançoso e encorajado (promoção, talvez casamento). Em cada caso o mundo permanece o mesmo, mas sua reação a esse mundo é profundamente afetada pela estrutura temporal dos testes feitos.

Sem dúvida, o nosso exemplo apresenta a mais simples das situações. Combinações de avaliações, como passado e presente, passado e futuro, presente e futuro, ou passado, presente e futuro, são todas modos possíveis de usar as estruturas temporais em um contexto particular. Uma pessoa que use uma combinação de estruturas temporais para fazer uma avaliação terá uma reação qualitativamente diferente da de alguém que esteja usando apenas uma das estruturas temporais para fazer a mesma avaliação; além disso, combinações diferentes de estruturas temporais também levarão a reações diferentes.

Um outro ponto importante quanto às estruturas temporais é a noção de *adequação*. Alguns desses testes com estruturas temporais são mais apropriados para se atingir certas metas do que outros. Assim, embora seja possível engajar-se em testes passados ou futuros ao fazer amor, testes presentes são mais adequados se sua meta é aproveitar a estimulação sensorial do ato de fazer amor. Do mesmo modo, ao ser solicitada a comprometer-se com um projeto absorvente e extenso, uma pessoa pode fazer um teste presente de seu tempo disponível, mas seria mais adequado fazer um teste futuro do tempo que *terá* disponível. E a pessoa que não faz testes passados dos sucessos e fracassos aprenderá muito pouco com eles[1].

Conforme observamos acima, nossas ponderações (e, portanto, nossos procedimentos operacionais) não estão limitadas necessariamente a uma estrutura temporal por avaliação. Em muitas situações, convém fazer testes que incluam as três estruturas temporais. Ao considerar a possibilidade de casar-se, por exemplo, é importante considerar não apenas o fato de que você está presentemente feliz e apaixonado por sua parceira, mas também a sua história com essa pessoa, bem como o que você acha que será o seu futuro com ela. Claramente, a combinação mais apropriada de estruturas temporais para se fazer avaliações depende do contexto ao qual são aplicadas. Entretanto, descobrimos que para certos contextos há uma determinada estrutura temporal que é inerente ou praticamente mais apropriada.

Testes Passados Em geral, testes relativos ao passado são os mais apropriados para se obter novas informações a partir de experiências anteriores. A maioria de nós olha para conversas insatisfatórias e interações desagradáveis do passado e reavalia como poderia ter se saído melhor nessas situações. Ao longo do caminho de volta para casa, vindo de uma entrevista de emprego, você revê a entrevista, inserindo atrasadamente todo o charme, as observações espirituosas e as afirmações irrefutáveis que não usou durante a entrevista real. Ou talvez você reviva uma discussão com um amigo ou namorado, descobrindo como poderia ter abordado a situação de modo a ter ao mesmo tempo evitado a discussão e atendido às suas necessidades. Ou talvez a estrutura temporal seja muito mais ampla e você esteja olhando para trás sobre a extensão de uma vida, considerando o que teria feito de forma diferente e como, e o que não teria mudado por nada neste mundo. Em cada caso você está avaliando o passado como foi e como poderia ter sido, e talvez esteja mesmo formando a base para descobertas e mudanças importantes para o seu futuro.

Para algumas pessoas, o passado não é tanto um depósito de experiências de aprendizado, mas uma extensa acusação de fracassos e proclamações de sucessos. Para esses indivíduos, o passado deve ser avaliado apenas em termos do que foi e não do que poderia ter sido. Como o coronel Cathcart em *Ardil 22*, eles olham para suas experiências passadas e avaliam as manchas pretas e as medalhas em seus uniformes. Contanto que tenham mais medalhas do que manchas (ou que sejam capazes, de algum modo, de ignorar as manchas), sentem-se contentes. Mas, se a lista estiver cheia de manchas pretas (ou se elas tiverem mais peso do que as medalhas), então essas pessoas se sentem descontentes consigo mesmas e com o mundo.

Testes Presentes Testes relativos ao presente são em geral os mais apropriados para as situações que requerem atenção a um retorno contínuo, como escalar montanhas ou praticar esporte. Além disso, há muitas experiências que não requerem necessariamente um teste presente, mas que melhoram muito através de avaliações do presente. Por exemplo, um advogado conhecido nosso, envolvido numa negociação de um contrato de alto risco, estava tendo uma enorme dificuldade em conseguir qualquer cooperação, que dirá concessões, do outro lado. Ele sempre se preparava muito bem, e antecipadamente, quanto ao que queria e como conduziria a negociação, e seguia cuidadosamente o plano durante a operação comercial. Depois de agüentar por algumas horas o frio desprezo do advogado do outro lado, ele se retirava para desenvolver um novo plano, baseado no que lera e ouvira sobre táticas de negociação. Mas, quando voltava para a mesa de negociações para testar o novo plano, hesitava, confundia-se e falhava.

O que esse advogado não fazia era *avaliações atualizadas* do modo como o outro advogado reagia à sua apresentação. Ele seguia cegamente o plano preparado, em vez de ajustá-lo às reações de outros advogdos. Era como um ator que recitasse suas falas numa peça e esperasse que seus colegas atores respondessem com suas falas do texto. Conseqüentemente, não reconhecia quando sua aproximação suscitava reações favoráveis, de cooperação, ou quando suscitava antagonismo. Não fazendo avaliações contínuas das reações dos outros, o advogado não tinha o retorno de que precisava para decidir se continuava o que estava fazendo ou se mudava sua tática.

O sexo é outra experiência intensificada pelos testes do presente. Apesar do fato de fazer amor ser inerentemente uma experiência sensual, muitas pessoas ficam preocupadas com testes passados e futuros enquanto fazem amor. Por exemplo, em vez de prestar atenção às reações e às maneiras pelas quais se estimulam, você talvez se engaje em avaliações do tipo "Será que ela se importou por eu ter pedido que fizesse aquilo?" e "Será que isso foi bom para ele como costuma ser?". Embora essas avaliações possam ser importantes, não se referem ao presente e não intensificam o dar e receber prazer do momento. Ou talvez você se pegue suplantando a experiência sensorial do presente com avaliações do futuro enquanto faz amor. Você talvez esteja fazendo testes futuros sobre que posição sexual quererá usar no final, ou mesmo o que fará quando acabar de fazer amor, em vez de prestar atenção aos prazeres da posição em que está e ao que está fazendo agora.

Testes Futuros   Sendo a estrutura temporal que possibilita alteração, os domínios experienciais do futuro são a *possibilidade*, o *planejamento* e o *compromisso*. Uma vez que planos e compromissos se referem ao seu comportamento e experiência futuros, o modo mais adequado de avaliá-los é em relação ao futuro. Entretanto, nem sempre se faz isso. Algumas pessoas assumem compromissos com base não em um teste futuro, mas no presente. Um exemplo comum é o daquela pessoa tão apaixonada pelo parceiro que decide se casar, sem antes refletir seriamente sobre como será estar casada com essa pessoa por dez, vinte, quarenta anos a fio. Do mesmo modo, muitas pessoas se sentem freqüentemente sobrecarregadas por "coisas" que prometeram fazer porque, quando chega a hora de assumir um compromisso ("Você poderia escrever esse relatório para mim?"), decidem com base em testes presentes ("Isso parece ser muito importante para ele''), em vez de testes futuros quanto ao tempo, energia, outros compromissos, etc.

Do mesmo modo, uma pessoa que decide parar de fumar em decorrência de alguma experiência ameaçadoramente real do presente, como ofegar após subir um lance de escadas, um terrível acesso de tosse — isto é, um teste presente —, provavelmente recomeçará em breve. Não vai demorar muito para que o desconforto físico e emocional provocado pela abstenção de cigarros se torne um presente muito desagrádavel, exigindo alívio. Se essa pessoa usar um teste presente nessa situação, a necessidade do momento de alívio (que pode ser obtido pelo mero acender de um cigarro) facilmente supera o compromisso assumido como reação a uma outra experiência desagradável que *não se faz sentir no momento*.

Se o compromisso de largar o cigarro tiver se baseado em um teste futuro suficientemente compulsório, é mais provável que essa pessoa consiga suportar e superar os desconfortos do presente. O equilíbrio é alcançado pela comparação entre o peso de um futuro extremamente desconfortável (e/ou de um futuro extremamente gratificante em termos de saúde, orgulho, liberdade, etc.) e o do desconforto atual.

Para parar de fumar, assim como para virtualmente todos os contextos em que o comportamento precisa ser organizado seguindo certas linhas *ao longo do tempo*, os testes futuros ajudam a estruturar uma continuidade de comportamento que não é possível se usarmos testes presentes. Enquanto os testes presentes o orientam e reorientam continuamente de acordo com cada mudança sutil no seu ambiente, o futuro pode permanecer constante, permitindo-lhe orientar-se para ele de modo consistente. As pessoas que alcançam objetivos profissionais como posição, prestígio e uma alta compensação usam o futuro dessa maneira. A sua inabalável orientação para os benefícios futuros os mantém engajados no trabalho, mesmo que ele seja difícil ou entediante. Imagine como sua carreira se desenvolveria se você *não* usasse testes futuros, se você trabalhasse apenas no que quisesse, quando quisesse, sem pensar nas conseqüências. Se seu trabalho competisse com todas as outras possibilidades prazerosas imediatas, como ele se sairia?

Descobrimos que essa diferença na estrutura temporal do teste é uma das distinções mais importantes entre as pessoas capazes de cumprir compromissos com metas ligadas à saúde (como fazer regime, exercitar-se, parar de fumar, largar as drogas) e aquelas cujos compromissos têm vida curta e são continuamente frustrados. As pessoas capazes de manter tais compromissos empregam invariavelmente testes futuros, enquanto aqueles que fracassam nesses compromissos quase sempre empregam testes presentes. No caso daqueles que usam testes presentes nessas situações, com freqüência a única abordagem eficaz consiste em controlar suficientemente o ambiente através da redução ou da eliminação das tentações do presente, de modo que se sintam mobilizados pelo ambiente a manter os compromissos. Daí decorre a popularidade de refúgios onde não há bebidas alcoólicas, locais onde se servem apenas alimentos com baixas calorias, o compromisso de fazer ginástica com um amigo, etc..

Assim, a estrutura temporal do teste usado em um contexto particular faz uma diferença enorme, mesmo crucial, em sua experiência e em seu comportamento. A estrutura temporal de um teste pode ser crucial mesmo em termos de competência ou satisfação em um contexto particular. Se os exemplos escolhidos de situações e suas estruturas temporais mais apropriadas para testes parecem óbvios, é porque a maioria das pessoas concorda em geral quanto ao que é importante avaliar em cada um desses contextos. A maioria das pessoas concorda que é importante aprender como melhorar com as experiências passadas, que a experiência sensual é importante ao se fazer amor e que é importante preservar a própria saúde. Entretanto, como veremos na próxima seção, também é verdade que duas pessoas que reagem no mesmo contexto podem ter idéias bem diferentes sobre o que é importante avaliar naquele contexto.

Investigações

Entendendo a si mesmo Encontre ocasiões em seu passado em que você assumiu um compromisso com outras pessoas, mas não conseguiu cumpri-lo. O que era importante para você *na hora em que assumiu o compromisso?*

É provável que você estivesse fazendo um teste presente quando assumiu o compromisso (você queria que a outra pessoa se sentisse feliz; pareceu-lhe uma boa idéia naquela ocasião; era um desafio interessante), em vez de fazer testes quanto à ocasião futura em que teria realmente que cumprir o compromisso.

Entendendo os outros Olhe à sua volta e encontrará pessoas que não fazem seguros, ou não poupam, ou não fazem investimentos, ou usam drogas de modo inadequado. A maioria dessas pessoas está basicamente fazendo testes quanto à realização ou bem-estar no *presente*. Aqueles que fazem seguros, poupam, investem ou evitam o abuso de drogas são os que fazem testes futuros em relação à sua realização ou bem-estar nesses contextos.

Aquisição Para investir com sucesso é preciso fazer *testes futuros* relativos ao que vai ou pode acontecer (flutuações de mercado, mudanças políticas, reserva de dinheiro, taxas de ações, etc.). As pessoas que investem usando apenas um teste passado em geral não obtém sucesso. Por exemplo, quando a inflação está alta, opções como ouro, prata e bens imóveis são uma opção melhor do que investimentos ligados a taxas fixas, como fundos, certificados de depósitos, etc. Quando a inflação está baixa, em geral o oposto é verdadeiro. Alguns anos atrás, quando a inflação estava subindo muito, as pessoas (acertadamente) começaram a comprar ouro e prata. Aqueles que agem apenas com testes passados, contudo, continuaram a comprar e a agarrar-se aos metais, mesmo depois de a situação da inflação ter mudado, e acabaram perdendo boa parte do dinheiro.

Do mesmo modo, o corretor de imóveis que lhe mostra gráficos do aumento dos valores das propriedades está lhe dando informações falsas quanto à avaliação da propriedade como um investimento. Os valores das propriedades podem ter subido pela especulação, pela criação de novos empregos na área (que pode ter acabado agora, ou até estar começando a declinar), disponibilidade prévia de serviços de água e esgoto (agora saturados), baixas taxas e muitos financiamentos (a ponto de acabar), etc.. O valor do investimento da propriedade será dado no *futuro*, não no passado ou no presente.

Os procedimentos operacionais que incluem testes futuros são particularmente adequados para pessoas que não têm aptidão para poupar e investir. Geralmente esses indivíduos valorizam a segurança financeira, mas avaliam-na em relação à sua capacidade *atual* de ganhar o suficiente para pagar as contas mensais. Porque consideram apenas seus ganhos passados ou atuais, que talvez mal sejam suficientes para pagar o aluguel e permitir alguns pequenos luxos; a possibilidade de poupar ou investir é geralmente descartada. Fazemos com que essas pessoas levem o futuro em consideração, primeiro imaginando-se velhas demais para trabalhar, e não tendo poupança à qual recorrer, e então avaliando sua segurança financeira à luz desse futuro negro. Em geral, o impacto desse teste futuro é suficiente para instalar a motivação necessária para começar a fazer um orçamento, a poupar e a investir.

Categoria de teste: critérios

META			Atividade
Categoria de referência	Estrutura temporal		Categoria de mobilização
	■ ——————— ■		
	CRITÉRIOS		
Causa e efeito			
	Objeto de avaliação		

Como descrevemos na seção anterior, o objetivo de uma função de teste é avaliar a experiência interna e externa. Mas avaliar em relação a quê? Para que se faça uma avaliação, é preciso que exista alguma representação do que constitui um resultado satisfatório ou insatisfatório. Suponha que tenhamos pedido a você para avaliar o seguinte automóvel:

Ford Mustang

Obviamente, deixamos de fora algo importante em nossas instruções. Em relação a que você vai avaliar um Ford Mustang? Os resultados de sua avaliação dependerão da resposta a essa pergunta. Se o critério para avaliação do Mustang for o tamanho, então o resultado de seu teste será que o Mustang é um carro pequeno. Mude o critério para "classe", e você determinará que os Mustang são considerados de pouca classe entre os adultos, mas que alguns adolescentes o acham classudo. Critérios como preço, disponibilidade, confiabilidade, economia, desempenho e implicações culturais o levarão a avaliações bem diferentes do mesmo automóvel.

Critérios são os valores pelos quais avaliamos nossas experiências e o mundo à nossa volta. Quando Joan diz: "O que o torna tão atraente como amigo é o seu senso de humor, e eu gosto do fato de que ele tem muitos interesses", ela está revelando que os critérios que utiliza para escolher amigos são "senso de humor" e "ampla gama de interesses". Talvez ela ache irrelevante, talvez nem *note*, que um amigo é fisicamente sem atrativos ou espantosamente bonito, muito rico ou pobre com interesses semelhantes ou muito diferentes, etc. Essas são outras distinções possíveis de serem feitas sobre uma pessoa, e são usadas por algumas pessoas como critérios para amizade, mas não são importantes para *Joan*, e assim não lhe ocorrem como critérios a serem usados para avaliar uma amizade. (Certamente, talvez em outro contexto essas mesmas distinções que não lhe interessam no que diz respeito a amigos se tornem critérios importantes. Por exemplo, a "semelhança de interesses" com a outra pessoa pode ser um critério importante para Joan na escolha de alguém para dividir um apartamento.) Uma analogia retirada de *O Lobo da Estepe*, de Hermann Hesse, é muito apropriada para descrever a importância dos critérios.

Um homem cria para si mesmo um jardim com cem tipos de árvores, mil tipos de flores, cem tipos de frutas e vegetais. Se o jardineiro desse jardim não conhecesse nenhuma distinção que não aquela entre comestível e não comestível, nove décimos desse jardim lhe seriam inúteis. Ele arrancaria as flores mais encantadoras, derrubaria as árvores mais nobres e até mesmo as olharia com repugnância e desprezo.

É preciso conhecer os critérios usados em um teste do passado, presente ou futuro para compreender seus resultados. Saber que dois amigos seus fazem testes futuros não lhe revela os resultados de seus testes quando você lhes perguntar se querem saltar de pára-quedas. Entretanto, se você souber que um desses amigos faz testes futuros valorizando um critério de "familiaridade", e que o outro valoriza a "novidade" como critério, você tem uma base para compreender, e mesmo prever, as escolhas que essas duas pessoas farão. São os critérios que lhe dizem que a primeira pessoa provavelmente recusará o convite (a não ser que tenha feito algo parecido com pára-quedismo antes) e que a segunda provavelmente o aceitará (a não ser que já tenha saltado tantas vezes que isso não seja mais uma experiência nova para ela).

Contudo, seja ou não correspondido um dado critério, o objetivo das avaliações de uma pessoa depende dos resultados de outras avaliações de outro critério. Por exemplo, o primeiro indivíduo descrito acima pode ter um critério relativo a não aparentar medo que seja *mais valorizado* (mais forte, mais importante) do que o de familiaridade, e assim aceitar o convite para saltar de pára-quedas mesmo que isso não lhe seja familiar. A segunda pessoa, por sua vez, pode ter um critério de segurança que seja mais valorizado do que o de novidade, e portanto recusar o convite. Qualquer que seja a decisão dessas pessoas, você pode estar certo de que o que resolverem quanto ao pára-quedismo levará em conta alguns critérios. O conhecimento dos critérios usados por cada um para avaliar esse tipo de convite permite a você compreender suas decisões, bem como prever com precisão reações futuras.

Nosso propósito ao nos tornarmos capazes de modelar as variáveis subjacentes às experiências subjetivas e ao comportamento é ao mesmo tempo compreender e ser capaz de reproduzir em nós mesmos, ou em outras pessoas, essas mesmas experiências e comportamentos. Com vistas a esse fim, é tremendamente valioso saber, por exemplo, que um projetista urbano talentoso e bem-sucedido faz testes futuros quando pensa em mudanças de áreas. Mas o que ele considera nessas avaliações futuras? Ecologia? Crescimento econômico? Segurança? Beleza? Qualidade de vida? Lucro? Preservação? Função? Saber que o projetista urbano faz testes futuros não basta como informação para que possamos entender as escolhas que ele faz através dessas avaliações futuras — muito menos para que possamos reproduzi-las. Precisamos também conhecer os critérios que essa pessoa aplica às suas avaliações destas possibilidades futuras. Em outras palavras, precisamos saber com base em que se presta atenção, se busca, se valoriza ou evita algo no futuro.

Em cada caso, os critérios representam um padrão ou qualidade altamente valorizada que precisa ser satisfeita ou não-satisfeita, antes que se possa chegar a uma decisão e reagir. *Os critérios nos informam sobre a* base qualitativa *de um teste, e a estrutura de tempo nos diz* quando *essa pessoa está preocupada com a satisfação desses critérios.* Por exemplo, se o critério de uma mulher para aceitar a proposta de casamento de um homem for "sinceridade", ela poderia fazer testes passados de sinceridade ("Ele tem sido sincero comigo até agora?"), testes presentes de sinceridade ("Ele é sincero?") ou testes futuros de sinceridade ("Ele ainda será sincero no nosso casamento daqui a dez anos?").

A resposta final de uma pessoa como resultado da aplicação de um critério particular a uma estrutura temporal particular é uma função da

83

interação dessas duas variáveis, e mais do que algo inerente a esse critério ou estrutura temporal. Por exemplo, naquele exemplo do homem de 45 anos que finalmente conseguiu um emprego seguro, o critério que ele usava em suas avaliações do passado, do presente e do futuro era "sucesso". A avaliação que fazia da própria vida em relação ao sucesso variava de acordo com a estrutura temporal à qual aplicava esse critério. (Na nossa anotação, os critérios são relacionados abaixo da categoria de teste, pois os critérios definem exatamente o que uma pessoa está testando).

SENTIR-SE UM FRACASSO   Avaliar

| Categoria de referência | ■ ——— **Pa** ——— ■ **Sucesso** | Categoria de mobilização |

Causa e efeito
Sua vida

SENTIR-SE CONTENTE COM SUA VIDA   Avaliar

| Categoria de referência | ■ ——— **Pr** ——— ■ **Sucesso** | Categoria de mobilização |

Causa e efeito
Sua vida

SENTIR-SE ESPERANÇOSO QUANTO ÀS PERSPECTIVAS   Avaliar

| Categoria de referência | ■ ——— **F** ——— ■ **Sucesso** | Categoria de mobilização |

Causa e efeito
Sua vida

Em cada caso o significado de sua história pessoal e das circunstâncias atuais muda à medida que o critério de sucesso é aplicado sucessivamente ao passado, ao presente e ao futuro. Assim, a reação de um indivíduo em um contexto particular é uma função da interação de sua história pessoal, dos critérios que usa e da estrutura temporal à qual aplica esses critérios.

Assim, ao modelar a experiência e o comportamento de uma pessoa, é importante identificar os critérios particulares que parecem ser relevantes para as avaliações. No exemplo do pára-quedismo, a primeira pessoa talvez use os critérios de "familiaridade" e de "parecer temeroso" (juntamente com muitos outros); mas se for a perspectiva de parecer temeroso o determinante de suas reações, então é esse o critério que precisa ser observado para se compreender, prever e reproduzir seus processos internos.

Já que os critérios não são inerentes à situação, mas variam de pessoa para pessoa, e porque os critérios fazem uma grande diferença em termos de experiência e comportamento, a questão é saber se um dado critério é vantajoso e adequado para uma dada situação[2]. Por exemplo, suponha que você esteja no supermercado com a filha de quatro anos e ela decide ajudá-la pegando algumas maçãs. Ainda inocente nos meandros da física e da quitanda, ela pega a maçã mais próxima da mão — que por acaso está na base da pilha. O resultado é uma avalanche de maçãs. Quando você se vira ao ouvir o estrondo e vê a filha no meio das maçãs rolando, como você reage?

A resposta dependerá dos critérios que você utilizar. Nós todos já vimos incidentes semelhantes no supermercado, e a reação paterna geralmente é se zangar, gritar ou bater na criança, e avisá-la para não pegar nada. Os critérios que esses pais aplicam têm a ver com decoro ("Você me constrangeu!"), eficiência ("Não temos tempo para isso agora!") e controle ("Faça o que eu digo!"). Não há nada de intrinsecamente errado com o decoro, a eficiência e o controle como critérios. Entretanto, aplicados a crianças de quatro anos, esses critérios passam por um duro teste. Assim, a questão passa a ser saber se um critério é apropriado em termos da possibilidade de que seja satisfeito. Um dos exemplos mais comuns de um critério inadequado em termos de exeqüibilidade é encontrado em indivíduos que esperam perfeição de si mesmos ou dos outros. Em termos práticos, qualquer pessoa que use a perfeição como critério, seja de modo geral ou em um contexto específico, vai constantemente se desapontar com o seu desempenho, ou com o dos outros. Sua reação a um desempenho menos-do-que-perfeito será muito diferente da reação de uma pessoa que use o critério da "aprendizagem" ou de "fazer o melhor que posso".

Além da questão da possibilidade de satisfação está a questão da qualidade *vantajosa* de um critério. Mesmo que você pudesse manter decoro, a eficiência e o controle quando sai para fazer compras com a filha de quatro anos, vale a pena agarrar-se a esses critérios quando ela derruba a pilha de maçãs? Como pai, sua responsabilidade é com o crescimento físico, emocional e intelecual do filho. É possível que nessa situação os critérios do decoro, da eficiência e do controle não estejam de acordo com a meta maior da educação. Se nessa situação você aplicasse (como o mais importante) os critérios de "educação" ou "criação", sua reação provavelmente seria ajudar a pegar as maçãs enquanto explicasse ao filho a melhor maneira de tirar maçãs da pilha (com sobretons de irritação ou bom humor, dependendo dos outros critérios usados ao mesmo tempo).

Pense se os critérios seguintes são vantajosos ou não no contexto em que se dá uma festa. Você quer que os convidados se divirtam. Suponha que você também tenha os critérios de que as coisas sejam "feitas na hora" e de que todos os convidados "participem plenamente" das atividades planejadas. Talvez não seja vantajoso manter esses dois últimos critérios, pois não são compatíveis com o critério de divertimento. Pessoas diferentes têm ritmos diferentes, chegam em horas diferentes, terminam bebidas, refeições e conversas em horas diferentes, se entrosam com estranhos e se preparam para atividades em ritmos diferentes, etc.. Além disso, nem todo mundo aprecia as mesmas atividades. Enquanto algumas pessoas gostam de conversar, outras preferem ficar sentadas sozinhas na varanda, ouvir música ou participar de jogos. Tentar regular as atividades da festa e fazer com que todo mundo participe delas vai provavelmente perturbar o divertimento de alguns dos convidados.

Um outro exemplo: muitos casais dão mais valor a estar certo do que a estar feliz. Essas pessoas acabam discutindo por coisas normalmente sem importância, como o tempo gasto realmente para chegar à casa da mãe, se ela disse que queria o bife "mal passado" ou não, e se ele fez besteira ou não comprando uma televisão sem controle remoto. Ou então há o caso das pessoas que vão fazer compras usando lentes pintadas com o critério "querer" em vez de "precisar", e acabam deixando as empresas de cartões de crédito muito felizes.

As escolhas que fazemos na vida só podem ser entendidas à luz dos critérios que usamos, pois são eles que determinam *como* fazemos escolhas. Além disso, por terem os critérios uma influência tão grande em termos das atenções, percepções, julgamentos e comportamentos, o sucesso num dado contexto é profundamente afetado pela adequação dos critérios que usamos. Dizer que um critério foi identificado não significa, contudo, que ele foi especificado. Assim como os critérios podem variar de pessoa para pessoa e de contexto para contexto, os significados de cada um desses critérios também variam. Com as investigações dessa seção nos voltaremos para a especificação do significado.

Investigações

Compreender a si mesmo   O que o atrai numa pessoa como uma provável amiga? (Interessante, senso de humor, fácil de se conversar.) O que o atrai numa pessoa como uma provável companheira? (Simpática, atenciosa, atraente, alguém de quem posso cuidar.) Por que você comprou esse carro em particular? (Econômico, confortável, sofisticado.) Por que você comprou esse aparelho de som em particular? (Nitidez dos graves, mostrador bonito, acabamento.)

Compreender os outros   Por que alguém viveria:
em Nova York? (Ritmo rápido, ação, variedade, estímulo intelectual.)
no campo? (Ar puro, serenidade, privacidade, natureza.)
em um condomínio? (Despreocupação com a manutenção, eficiência, vantagens nos impostos, mais barato.)
em um país estrangeiro? (Exótico, estranho, novas descobertas, testar os próprios limites, evasão de impostos.)
Encontre pessoas que gostem de viver nesses lugares e pergunte-lhes o que gostam neles — isto é, a que critérios pessoalmente importantes esses lugares correspondem.

Aquisição   Pessoas bem-sucedidas na manutenção de seus relacionamentos dão muito valor ao critério de gratificação de si *e dos outros*.

Pessoas bem-sucedidas na execução de tarefas geralmente dão muito valor ao critério da responsabilidade, mais do que a divertir-se.

Pessoas que cuidam sempre de sua saúde usam critérios relativos a sentir-se saudável e a alimentar-se de forma nutritiva, enquanto aqueles que não cuidam da saúde geralmente dão valor aos critérios "doce", "gorduroso", "satisfação", etc., no contexto da alimentação.

Resolvemos muitas discussões ásperas entre casais e parceiros de negócios identificando os critérios conflitantes. No calor da luta, as partes em conflito raramente têm consciência do que está realmente no cerne da discussão, e no auge da disputa é fácil para cada um deles acreditar que o parceiro deve de algum modo estar intrinsecamente errado. Entretanto, uma vez que compreendam que seus problemas vêm do fato de que cada um deles está avaliando a situação através de um filtro diferente, e que cada um deles está a seu modo lutando para atingir suas metas *comuns*, é fácil alinhá-los fazendo-os adotar um conjunto de critérios aceitável para ambos.

Critérios inadequados são freqüentemente a causa dos problemas de gerentes de indústrias de alta tecnologia. Trabalhamos com alguns gerentes que foram engenheiros técnicos antes de serem promovidos a posições de gerência. Em todos os casos fomos solicitados a ajudar a resolver problemas com "pessoas" no departamento. Foi fácil perceber que esses gerentes estavam usando critérios apropriados para o trabalho com máquinas obedientes e eficientes e com fotocopiadoras passivas. Entretanto, pessoas querem entender *por que* lhes é pedido para seguir determinadas instruções e qual o seu papel no sistema geral das coisas. Pessoas funcionam melhor quando recebem respeito, gentileza e todas essas concessões aparentemente irrelevantes e inúteis. Não é preciso abandonar o critério de eficiência, mas deve-se complementá-lo com critérios referentes a se o subordinado entendeu ou não o que o gerente falou, se ele se sente prestigiado, respeitado, etc.. Depois de adotarem novos critérios, os gerentes começaram a ver "erros de sintaxe" sempre que negligenciavam essas considerações em uma interação. Muitos dos gerentes que ajudamos nos telefonaram ou escreveram para contar que suas relações pessoais e familiares também melhoraram.

Categoria de teste: equivalência de critério

META		Atividade
Categoria de referência	■ **Estrutura temporal** ——————— Critérios = **EqC** ■	Categoria de mobilização
Causa e efeito		
	Objeto de avaliação	

Alguns dos critérios que mencionamos na seção anterior envolvem familiaridade, novidade, segurança, medo aparente, sinceridade e sucesso — mas será que sabemos o que cada uma dessas palavras significa para os indivíduos que as usam? A resposta para essa questão é ao mesmo tempo sim e não. Sim, todos compartilhamos definições gerais dessas palavras, e portanto assumimos que sabemos a que tipo de experiência a pessoa se refere quando as usa. Mas a resposta também é não, porque, embora duas pessoas possam estar falando sobre o mesmo *tipo* de experiência — amor, por exemplo —, elas não necessariamente estão de acordo quanto ao que *é* o amor. Uma pessoa sabe que é amada quando seu parceiro presta atenção a cada palavra sua e quer sempre estar junto dela. Entretanto, uma outra pessoa talvez saiba que é amada quando o parceiro não a aborrece com uma atenção exagerada, e fica feliz por vê-la agir sozinha. Chamamos a essas especificações dos critérios *equivalência de critérios*.

Os critérios são rótulos para certas distinções experienciais que fazemos. Mas assim como o título de um livro não é o próprio livro, um critério não é as experiências para aᶜ quais serve de rótulo. Por exemplo, no contexto de uma relação, o critério "compatibilidade" de Joe é apenas uma palavra, um ícone verbal, que tem significado apenas em termos das experiências e percepções de Joe às quais ele dá como rótulo "compatível". Isto é, o que Joe *quer dizer* por "compatível" *é ter os mesmos interesses, o mesmo senso de humor e as mesmas necessidades* que ele; e a maneira como Joe sabe que alguém é compatível com ele é que essa pessoa tem os mesmos interesses, o mesmo senso de humor e as mesmas necessidades que ele.

A distinção entre critério e equivalência de critério talvez fique mais clara se você considerar uma situação em que recebe um critério para usar sem qualquer explicação do que aquele critério significa em termos de percepção, experiência e comportamento. Suponha, por exemplo, que você seja um candidato a roteirista, e um produtor de Hollywood lhe diga para voltar com uma idéia "de alto conceito" para um roteiro. Ele vai aplicar — e esperar que você aplique — o critério de "alto conceito" ao material que você lhe oferecer, mas o que quer dizer "alto conceito"? Deveria incluir edifícios altos? Ser muito caro? Esotérico? Atual? Falar sobre drogas? Até que o critério de alto conceito seja especificado, você não pode usá-lo para avaliar suas idéias. (Aliás, "alto conceito" significa colocar uma estrela numa situação que interesse ao público na faixa de 14-24 anos.)[3]

A equivalência de critério, então, especifica o que você vê, ouve e/ou sente que lhe permite saber que um critério seu *foi, está sendo* ou *será* atendido. Como exemplo, responda às seguintes perguntas. Como você sabe que...

Um amigo está feliz?
Você cometeu uma gafe?
Alguém gosta de você?
Você gosta de alguém?
Você entendeu algo?

A resposta a cada uma dessas questões é uma de suas equivalências de critério. Suponha que a resposta à primeira pergunta tenha sido "Eu sei que um amigo está feliz quando ele está sorrindo". A equivalência de critérios aqui é entre feliz e sorriso (feliz ≡ sorriso). Entretanto, nem todo mundo compartilhará suas equivalências de critério. Talvez uma outra pessoa saiba que um amigo está feliz pelo som alegre de sua voz e pela leveza de seus movimentos. Uma outra pessoa sabe que um amigo está feliz quando ele lhe diz. E uma outra sabe que um amigo está feliz quando *ela* mesma se sente à vontade com ele.

Funcionamos geralmente como se os outros compartilhassem das nossas equivalências de critério — uma circunstância que sozinha provoca mais mal-entendidos, discussões e conflitos do que qualquer outra. Cada um de nós tem suas equivalências de critério, que podem ou não coincidir com as equivalências de nosso cônjuge, amigos, sócios, governo, etc.

Equivalências diferentes para o mesmo critério podem afetar profundamente as percepções e reações de uma pessoa em um contexto particular. Aquele homem de 45 anos que descrevemos antes avaliava seu passado, presente e futuro em relação ao critério do "sucesso". A equivalência de critério que ele usava para sucesso era *avançando rumo a objetivos*. Em outras palavras, ele sabe que está obtendo sucesso quando está fazendo algo que o leva rumo àquilo que ele quer alcançar. Devido à sua equivalência de critério e ao fato de que em sua história pessoal há alguns exemplos de estar realmente avançando rumo àquilo que deseja fazer, é quase inevitável que ao usar um teste passado para avaliar sua vida ele se considere um fracasso e se sinta desanimado.

SENTIR-SE UM FRACASSO   Avaliar

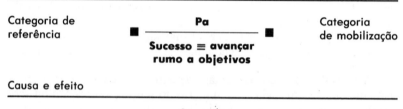

Queremos novamente enfatizar que o comportamento de uma pessoa não é o resultado de uma variável qualquer, mas da interação simultânea de todas as variáveis. A sensação daquele homem de que sua vida era um fracasso não é inerente à sua equivalência de critério para sucesso, mas uma função de interação entre essa equivalência de critério, suas recordações do passado, a estrutura de tempo de seu teste, etc. Como vimos antes, usar o mesmo critério e sua equivalência, mudando a estrutura temporal do teste para o presente ou o futuro, pode alterar profundamente a perspectiva que ele tem de sua vida.

Sem dúvida, mudar a própria equivalência de critério também pode afetar enfaticamente as reações comportamentais de uma pessoa. Suponha que a equivalência de critério daquele homem para sucesso fosse *aprender com os erros*. Olhar para o mesmo passado através do filtro dessa equivalência de critério alternativa o levaria sem dúvida a uma avaliação diferente de sua vida. Talvez sua história pessoal esteja cheia de erros, e ele tenha conseguido aprender com eles; neste caso, a visão de sua vida proporcionada pelo teste passado pode ser consideravelmente mais satisfatória.

SENTIR-SE CONTENTE COM SUA VIDA　　　　　　　　　　Avaliar

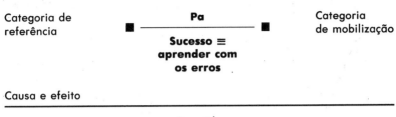

Assim, a mesma história pessoal examinada através da ótica de uma equivalência de critério diferente tem uma aparência bem diversa. Do mesmo modo, a percepção de uma pessoa do presente e do futuro depende das equivalências de critério através das quais ela os vivencia e encara. Por exemplo, se o homem de nossa história tivesse como equivalência de critério para sucesso a *independência financeira aos quarenta anos*, ele provavelmente avaliaria sua vida como um fracasso nas estruturas temporais do passado, presente e futuro.

SENTIR-SE UM FRACASSO　　　　　　　　　　　　Avaliar

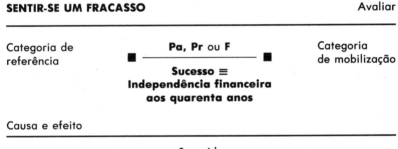

A sensação de fracasso contrasta vividamente com o alívio do presente e o encorajamento do futuro gerados pela equivalência de critério "sucesso igual a avançar rumo aos objetivos". O conhecimento das equivalências de critério de um indivíduo em um contexto particular é, assim, essencial para o entendimento de suas reações e de seus processos internos nesse contexto.

A política nos oferece exemplos diários do impacto que equivalências de critério diferentes pode ter sobre percepções e comportamentos. Richard Nixon não percebia e continua sem perceber que seu comportamento como presidente o qualifica como um escroque. Ao contrário, ele se vê como um patriota. Mas, para muitos americanos, seu comportamento *de fato* se encaixa em suas equivalências de critério para escroque. Do mesmo modo, embora em alguns casos diferenças reais entre critérios existam mesmo entre os dois maiores partidos (por exemplo, em 1984, na discussão sobre o tema do aborto, o Partido Republicano foi "pró-vida" e o Democrata, "pró-escolha"), é mais freqüente que a disputa seja quanto à equivalência de critério *certa* para critérios que na verdade compartilham — por exemplo, em que se constitui a força, a oportunidade, a segurança nacional, a justiça, etc. De fato, muito do que faz a Suprema Corte americana é julgar o significado específico e aplicado das palavras usadas para especificar Constituição e leis. Por exemplo, o parecer de 1954 *Brown vs. Board of Education* especificava o que constitui a educação igualitária. As equivalências de critério são os padrões subjetivamente estabelecidos através dos quais avaliamos nosso mundo. Obviamente, é um erro presumir que as equivalências de critério sejam inerentes aos critérios que descrevem e, portanto, compartilhadas por todo mundo.

No mundo cotidiano, um critério para o qual descobrimos uma diferença comum na equivalência de critério entre indivíduos é o da "competência". Para muitas pessoas, a equivalência de critério para competência *é que já saibam como fazer algo*. As pessoas que operam a partir dessa equivalência de critério geralmente descobrem que há muitas coisas no mundo em que são incompetentes. Conhecemos outras pessoas cuja equivalência de critério para competência *é ser capaz de aprender*. Essas pessoas geralmente percebem-se como muito competentes, pois há inúmeras coisas que não podem fazer, mas que *poderiam* aprender se precisassem ou quisessem. Do mesmo modo, embora para muitas pessoas "segurança" seja um critério altamente valorizado, aqueles para os quais segurança significa *saber o que vai acontecer* terão experiências e comportamentos muito diferentes daqueles das pessoas para as quais segurança significa *saber que posso dar conta de qualquer coisa que aconteça*.

O critério da "atratividade" fornece um bom exemplo da importância de considerar a adequação contextual das equivalências de critério. Há muitas pessoas para quem uma pessoa atraente é aquela que atende a certas qualidades externas, como o homem que acha louras esbeltas com brilhantes olhos azuis atraentes, ou a mulher que prefere homens altos e morenos. As pessoas que usam equivalências de critério limitadas a essas qualificações visuais externas com freqüência se desapontam, uma vez que a relação progrida além do estágio inicial, onde tudo são flores. Uma pessoa pode ser linda aparentemente, mas é preciso mais para se manter uma interação íntima ao longo do tempo. Assim, incluir em sua equivalência de critério para atratividade qualidades que para você sejam aspectos importantes da personalidade ajudará a garantir que se sinta atraído por pessoas cujas qualidades pessoais possam manter o relacionamento com o passar do tempo.

Investigações

Compreender a si mesmo   Como você sabe quando algo que adquiriu é "bom"? (Por exemplo, custa muito caro; me dá prazer.) Como você sabe quando é bem sucedido ao fazer algo? (Quando você entende; quando você está progredindo; quando completou a tarefa; quando completou a tarefa no prazo e sem erros.) Suas respostas às perguntas acima lhe fornecerão as suas equivalências de critério para "bom" (ao menos para as coisas que lhe pertencem) e "bem-sucedido". Pense em algo que você tenha que não considere bom, e em seguida pense de que modo poderia mudar sua equivalência de critério para que considerasse o que tem bom. Pense num exemplo de um fracasso seu, e então considere como poderia mudar sua equivalência de critério para "bem-sucedido", de modo que o incidente se tornasse um exemplo de sucesso.

Compreender os outros   Em um casal, ambos os parceiros podem ter "segurança" como um critério importante, mas se para a mulher segurança significa *ganhar dinheiro*, ao passo que para o marido significa *ser capaz de ganhar dinheiro*, eles poderiam facilmente acabar brigando, pois talvez o marido não se sinta levado a de fato *ganhar* dinheiro.

Pense em alguém que ache que tem uma qualidade que você não reconhece nele de jeito algum (por exemplo, ele pensa que é generoso, mas você o acha mesquinho). Qual será a equivalência de critério para "generosidade" que permite a ele acreditar que tem essa qualidade? Se você puder, pergunte-lhe quando ele sabe que alguém está demonstrando essa qualidade.

Aquisição   A maioria dos pais preocupados com a criação dos filhos compartilham a mesma equivalência de critério para "esperto", que diz que "esperteza" significa *a capacidade de melhorar — que o meu filho pode fazer algo agora que até recentemente não podia fazer*. Os pais que encaram os filhos através dessa equivalência de critério recebem exemplos diários da "esperteza" de seus filhos, levando a interações sólidas, agradáveis e importantes entre eles e os filhos.

É comum os professores não informarem aos alunos os critérios e equivalências de critério que usam para avaliar o aproveitamento escolar de um aluno. Assim, ou o aluno fica sem conhecer os padrões a que deve tentar corresponder, ou é forçado a presumir que os padrões são os mesmos do professor anterior. De qualquer jeito, tanto o aluno quanto o professor estão em desvantagem. Os professores que participaram de nossos seminários e que em seguida incluíram um aviso quanto a seus critérios e equivalências de critério em suas apresentações registraram melhoras no desempenho de seus alunos.

Não é segredo que muitas pessoas têm problemas com excesso de peso. É claro que prescrever uma modificação em uma variável não é uma panacéia; mas nós *ajudamos* pessoas a mudar seus hábitos alimentares — mudanças que levaram à perda de peso —, simplesmente alterando sua equivalência de critério para o término de uma refeição de "sentir-se entupido" para "não sentir mais fome"[4].

Algumas pessoas têm uma tendência involuntária para serem infelizes com a pessoa que amam. Geralmente o cúmplice inesperado é a equivalência de critério que usam para determinar se a outra pessoa as ama. Um bom exemplo é um casal com quem trabalhamos. Shirley sabia que o marido Bert a amava se ele lhe desse tudo o que ela queria. Ela constantemente pedia coisas e freqüentemente sentia que não era amada, e ele já não tinha dinheiro nem sentimentos de generosidade. Ao mesmo tempo, Bert sabia que Shirley o amava quando ela lhe fazia coisas que ele sabia que ela realmente não queria fazer. Compreensivelmente, ela o culpava com freqüência por aproveitar-se dela como um insensível. É óbvio que era preciso mudar suas equivalências de critério para equivalências que os levassem a uma satisfação mútua.

O modo mais fácil de alcançar essa satisfação mútua é cada pessoa descobrir algo que a outra já faça naturalmente como expressão do sentimento desejado (neste caso, amor), e usá-lo como equivalência de critério. Por exemplo, fazendo algumas perguntas descobrimos que Bert sentia amor por Shirley quando cuidava das coisas da casa — ele sentia que estava cuidando da casa por amor a ela. Ensinamos então a Shirley a transformar isso na maneira como sabia que era amada por ele. Shirley sentia amor por Bert quando compartilhava seus pensamentos e sentimentos mais íntimos; então o ajudamos a reconhecer esse comportamento como evidência de que era amado. Isso deu certo. Ela exigia menos, e as exigências que fazia tinham uma carga emocional menor. Ele não se sentia mais compelido a pedir-lhe para fazer algo que não queria fazer — uma grande melhoria para ambos.

Categoria de teste: sistemas representacionais

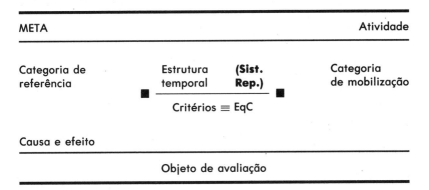

Para fazer um teste ou avaliação, é preciso ter um tipo de representação daquilo que será avaliado, e essa representação deve estar relacionada à experiência sensorial. Se pedirmos a você que decida "o que é mais brilhante, o vermelho do *sangue* ou o vermelho das *maçãs doces*?", você pode fazer esse julgamento porque acumulou como experiências de referência imagens da aparência do sangue e das maçãs doces. Essas imagens (ou, como preferimos chamá-las, *imagens internas*) são as representações internas que você usa para fazer a comparação. A não ser que recebam as informações necessárias, as pessoas cegas de nascença não seriam capazes de responder a essa pergunta porque não teriam as representações das cores mencionadas para fundamentar seu julgamento.

Considere esta pergunta: "Qual cor é mais brilhante, *malva* ou *esmalte*?" Embora sejam designações de cores reais, você provavelmente não está familiarizado com elas e, portanto, não tem representações (imagens internas) delas para avaliar. Quando você procurar definições para essas duas cores, o dicionário lhe propiciará ao menos a ilusão de saber como são essas cores, usando palavras descritivas para as quais você *tenha* imagens armazenadas. Não é às palavras que nos referimos e avaliamos, mas a experiências baseadas nos sentidos.

Além das imagens internas, você pode representar sensações e emoções (a pessoa cega talvez tenha uma representação para a sensação de *maior calor* da malva sobre o esmalte), e você pode ouvir, lembrar e imaginar dentro de sua cabeça os sons de sinfonias e conversas. Na verdade, somos capazes de representar internamente cada um dos nossos cinco sistemas sensoriais: visual, auditivo, cinestésico (sensação/emoção), olfativo e gustativo. Esses sistemas são a matéria-prima da experiência; são os *sistemas representacionais*.

Os sistemas representacionais são tremendamente importantes para a compreensão de virtualmente qualquer esforço humano, pois é através deles que vivenciamos o mundo. Os sistemas representacionais da visão, do som, das sensações, emoções, do gosto e do cheiro são o material sobre o qual moldamos nossas experiências internas, o barro do qual elas são formadas. Cada momento experiencial da vida é a combinação das representações do que se vê, ouve, sente, prova e cheira, tanto interna quanto externamente, naquele momento.

Em termos do método EMPRINT, a importância dos sistemas representacionais é que *eles indicam qual(is) sistema(s) sensorial(is) uma pessoa precisa para atender a seu critério* — isto é, através de quais dos cinco sistemas sensoriais a pessoa avalia os critérios: a aparência, a sensação, o som, o cheiro e/ou o gosto das coisas. Por exemplo, enquanto uma pessoa sabe que fez um bom desenho *olhando* para ele, outra o sabe pela *sensação* que tem ao olhar para ele, e uma terceira pessoa precisa *ouvir* os comentários dos outros para saber se fez ou não um bom quadro. Do mesmo modo, para muitos de nós que aprendemos a soletrar eufonicamente, as palavras estão soletradas de modo "certo" se *soam* certo, ao passo que para quem soletra realmente bem a palavra tem que ter a *aparência* certa.

O papel dos sistemas representacionais é particularmente importante para o critério da atratividade. Para muitas pessoas, a equivalência de critério de atratividade é atendida por características basicamente visuais (um fato que não passa despercebido pelas agências de publicidade americanas). Para um homem, a mulher atraente é esbelta, bronzeada e loura, enquanto para outro ela deve ter seios grandes, olhos verdes e cabelo ruivo. As mulheres também podem ter equivalências de critério muito específicas de base visual, como alto e bem-proporcionado, com olhos azuis; ou magro e moreno, com maxilares proeminentes. Conhecemos uma pessoa para quem dedos e mãos finos e bem-proporcionados são uma equivalência de critério visual importante para atratividade.

Para algumas pessoas, as qualidades auditivas e cinestésicas são importantes para atender à equivalência de critério para atratividade. A voz melodiosa de uma mulher pode excitar um homem, enquanto outro não liga a mínima para isso — não porque seja surdo, mas porque não valoriza a experiência e assim não desenvolveu, através de uma atenção seletiva, a capacidade de reconhecer e apreciar diferenças tonais. Uma mulher achará atraente um homem que fale muito, dominando a conversa, enquanto outra considerará esse homem um chato e procurará alguém mais moderado, ou mesmo quieto. A textura ou o calor da pele, a força, o tamanho, o peso, a firmeza ou a gentileza do toque são exemplos de algumas características cinestésicas que podem compor a equivalência de critério de um indivíduo para atratividade.

Um outro exemplo em que os sistemas representacionais se destacam é na decisão quanto a se alguém está ou não falando a verdade.

Algumas pessoas reconhecem uma mentira quando *vêem* que a outra não está olhando para elas enquanto fala, ou morde os lábios. Outras prestam atenção ao tom de voz, e reconhecem uma mentira quando *ouvem* uma frase dita numa voz trêmula e hesitante, ou uma resposta enérgica que ainda assim soa forçada. Outras ainda confiam nas suas próprias sensações para avaliar a confiabilidade de uma pessoa, *sentindo* que ela não está dizendo a verdade. Em cada um desses exemplos, a equivalência de critério para mentira é largamente representada em termos visuais, auditivos ou cinestésicos. (Lembre-se, na maioria das distinções não há nada que lhes seja inerente que torne qualquer sistema representacional o sistema "certo" de usar. Há pessoas que acham difícil olhar nos olhos, mas que, entretanto, são confiáveis quanto à honestidade, e há outras que mentem naturalmente, no tom mais categórico.)

O dono de uma loja de música especializada em instrumentos de corda nos deu um ótimo exemplo da importância dos sistemas representacionais para a avaliação individual. Aqui está um resumo de nossa conversa sobre as pessoas que entram em sua loja para comprar arcos de violino:

É claro que, se eles conhecem alguma coisa sobre os grandes fabricantes de arcos, como Tourte ou Sartori, vão se dirigir primeiro para esses, mas no momento em que pegam o arco nas mãos você vê que buscam coisas diferentes num arco. Algumas pessoas entram para olhar os arcos e acabam comprando um bonito. Elas olham a cor da madeira. Olham para os fios e gostam do fato de estarem limpos de uma ponta à outra. Se gostam do arco, mas os fios parecem sujos, sempre incluem no acordo a troca dos fios.

Outros seguram o arco e sentem-lhe o equilíbrio, e o flexionam com as mãos ou sobre o próprio violino para testar a tensão e a resposta do arco. Se ele responde do modo como gostam, geralmente não se importam com a aparência.

Você ficaria surpreso de ver quantas pessoas compram um arco sem sequer experimentá-lo. As pessoas que sabem o que estão fazendo, contudo, insistem em testar o arco em um ou dois instrumentos. Precisam ouvir os tons que o arco é capaz de produzir, como sustenta uma nota com pressões diferentes, etc.

Sistemas representacionais desempenham um papel importante no atendimento aos critérios de cada um dos três tipos de compradores descritos acima. O primeiro grupo avalia os arcos em relação à beleza e limpeza *visuais* (v). O segundo grupo faz testes *cinestésicos* (c) de critérios como equilíbrio, tensão e resposta. E o terceiro grupo faz avaliações *auditivas* (a) da capacidade do arco de produzir e sustentar tons. Quando o sistema representacional usado desempenha um papel importante no atendimento aos critérios de uma pessoa, isso é assinalado ao lado da estrutura temporal da categoria de teste.

97

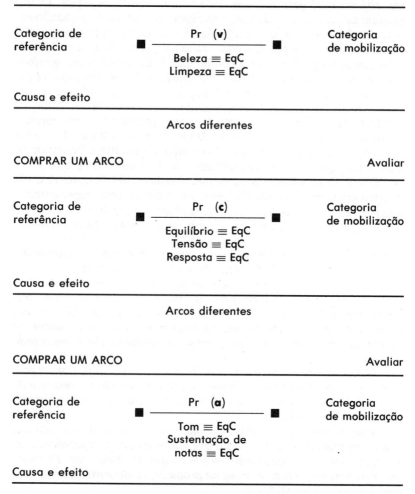

Embora algumas pessoas escolham ou rejeitem arcos com base no atendimento a seus critérios em apenas um sistema representacional, os indivíduos geralmente baseiam suas escolhas em avaliações feitas em dois ou mais sistemas representacionais. Por exemplo, você talvez escolha o arco com base tanto nos tons que ele produz (a) quanto em sua beleza (v). Além disso, os testes desses critérios podem ser arrumados hierarquicamente de modo que você primeiro selecione os arcos que atendam aos seus critérios do som, e em seguida escolha dentre esses aqueles mais próximos de sua noção de beleza.

Devemos também chamar a atenção para o fato de que a maioria dos critérios não é inerentemente atendida por um outro sistema representacional. Por exemplo, embora "beleza" esteja na lista dos critérios visualmente atendidos no exemplo acima, para algumas pessoas a beleza de um arco pode estar em função de seu toque ou de seu som em vez de sua aparência. Do mesmo modo, para algumas pessoas "tensão" pode ser um critério visualmente testado ("Eu sei que este arco tem a tensão certa olhando para sua curvatura quando está levemente esticado"), ou um critério auditivamente testado ("A tensão que estou ouvindo é uma interação entre a plenitude do tom e uma certa aspereza").

Como todas as distinções apresentadas aqui, as distinções do sistema representacional fornecem uma base para compreender o comportamento, bem como a possibilidade de uma maior flexibilidade da experiência e comportamento. Assim, a distinção de sistema representacional nos ajuda a entender como uma pessoa pode comprar um violino de má qualidade, com um som ruim, e ainda assim ficar satisfeita com a compra: isto é, o seu critério para um bom arco precisa ser visualmente atendido (madeira bonita, marfim e fios ainda brancos, um deslumbrante entalhe em madrepérola).

A possibilidade de maior flexibilidade vem do reconhecimento de que podemos ter consciência e, quando necessário, escolher os sistemas representacionais que usamos. Sem dúvida, ao comprar um arco decorativo como presente de aniversário convém usar critérios visualmente atendidos, mas não se aconselha aplicar apenas esse sistema representacional ao comprar um arco instrumental. Uma pessoa visualmente orientada que esteja procurando um novo arco para seu violino precisa apenas conhecer as distinções que podem ser feitas em relação aos arcos em termos de suas respostas e da variedade de tons que produzem para dispor de opções novas e melhores ao comprar um arco.

Como mencionamos anteriormente, na maioria dos casos não há uma representação sensorial que seja inerentemente certa ou errada para uma avaliação. Entretanto, um sistema representacional pode ser mais ou menos adequado do que outro, dependendo do contexto em que está sendo usado. Um cirurgião, por exemplo, pode se atrapalhar seriamente em seus julgamentos e reações se fizer testes baseados em sentimentos (emocionais) durante a cirurgia. Tais testes criam a possibilidade de trazer à consciência sentimentos referentes a cortar outro ser humano, ser responsável pela vida de outra pessoa, solidarizar-se com a dor do paciente, etc. Tais testes são mais adequados para se assistir a um filme ou estar com um amante, pois são contextos em que o acesso consciente a sentimentos é importante e apropriado. Para o cirurgião é mais conveniente fazer testes de base visual enquanto opera, que lhe dão informações quanto à profundidade dos cortes, o estado dos tecidos, os sinais vitais do paciente e as possibilidades de vida ou morte, evitando o envolvimento de suas emoções.

Queremos salientar, contudo, que a adequação de um sistema representacional particular depende do contexto. Por exemplo, indivíduos cujas vidas profissionais conferem um peso muito grande aos testes de base visual (como o cirurgião descrito acima) podem se ver descritos como frios ou insensíveis por seus amigos e amantes, se não forem capazes de incluir testes de base emocional no contexto de suas vidas particulares[5].

Investigações

Compreender a si mesmo
"Você diz que me ama, mas não demonstra isso."
"Eu nunca vi você fazendo isso; então não pode ser verdade."
"Eu sei que sou capaz de fazer algo quando consigo me ver fazendo-o."

Esses exemplos expressam alguns dos modos pelos quais as pessoas representam o atendimento de seus critérios em termos dos sistemas sensoriais envolvidos. Todos os exemplos são visuais: *mostre* que você me ama; *ver* você fazendo isso; *ver* a mim fazendo-o. Você também é assim? Você precisa de evidências visíveis para saber que alguém o ama, para saber que é verdade e para saber de sua capacidade? Se não é esse o caso, em que sistema representacional você precisa receber as informações?

Compreender os outros   Como pode uma dada mulher ter um *closet* cheio de sapatos bonitos, mas invariavelmente escolher um tênis? Isso provavelmente ocorre porque ela compra sapatos *bonitos* (visual), mas, na hora de usá-los, escolhe os sapatos *confortáveis* (cinestésico).

Aquisição   Certos empreendimentos exigem da pessoa que ela seja capaz de fazer discriminações sofisticadas em um ou outro dos sistemas representacionais. Se você quer tocar um instrumento musical, você precisa aprender a ouvir intervalos em sua cabeça e a encaixá-los naquilo que ouve externamente. Os esportes exigem o desenvolvimento das representações cinestésicas da sensação provocada por determinados movimentos. Para pintar é preciso desenvolver a capacidade de fazer distinções visuais relativas a proporções, linhas, cores, equilíbrio, etc.

No nosso trabalho clínico, ajudamos muitos clientes a superar a impotência sexual fazendo-os passar dos testes visuais quanto à sua (in)capacidade de desempenho para os testes cinestésicos das sensações e emoções do presente que conduzem naturalmente à excitação sexual[6]. Ensinamos mulheres que acabavam de ser mães pela primeira vez a fazer testes auditivos apropriados para determinar o significado do choro do bebê: Estou molhado, Estou cansado, Estou com fome, Estou sozinho, Estou com dor, etc. Chegamos a usar informações do sistema representacional para ajudar um amigo que lutava para aprender mecânica de automóveis. Ele lia os manuais e mexia num motor obviamente enguiçado até que tudo parecesse estar consertado. Infelizmente, depois de dar a partida descobria que, o que quer que houvesse consertado, não era o que fazia o motor falhar. Assim, modelamos um mecânico experimentado e descobrimos que os testes auditivos são muito importantes no trabalho com motores. Transferimos então para o nosso amigo essa capacidade de fazer distinções sutis de diagnóstico a partir do humm, prrr, roncos, estertores e estalidos de um motor.

5 Categoria de referência

Todas as avaliações dependem da referência da informação. Por exemplo, para decidir que livro levar nas férias, você talvez precise considerar o que leu anteriormente, o que há atualmente em sua biblioteca, livros interessantes sobre os quais ouviu falar recentemente, o ambiente de suas férias, etc. Todos esses aspectos são fontes de informação às quais pode-se recorrer para escolher o livro das férias.

As avaliações não ocorrem no vácuo, mas dependem do acesso às informações necessárias. Além disso, suas informações serão moldadas pelo tipo de fontes de referência a que você recorre. A pessoa que opta por um livro usando como referência apenas a sua "blibloteca atual" fará provavelmente uma escolha diferente do que se tivesse incluído em suas deliberações "o que existe nas livrarias". Os livros das livrarias são acessíveis, mas, a não ser que ela utilize "o que existe nas livrarias" como uma de suas referências, é provável que não lhe ocorra ir à livraria encontrá-los. Como exemplo, faça o seguinte exercício.

- Escolha um restaurante para ir hoje à noite.
- Escolha um amigo para acompanhá-lo.
- Decida quando encontrar esse amigo.
- Determine o que é importante num jantar com amigos.

Revendo seus processos internos enquanto faz essas avaliações, você notará que, para fazer os julgamentos necessários, se referiu a todos os tipos de informações, como os restaurantes que conhece, o tipo de comida que quer comer, suas experiências com a amizade, etc. Essas são avaliações relativamente complexas. Mas mesmo uma reação aparentemente tão simples e automática como um aperto de mãos requer o acesso à informação de referência de que há uma mão para ser apertada. (Neste caso, a informação é a mão estendida.)

Assim, a *categoria de referência* especifica essas experiências, sensações, lembranças, imaginações, percepções e outras fontes de informação utilizadas para se fazer uma avaliação. Em outras palavras, para se fazer uma avaliação, é preciso ter alguns dados para avaliar. A categoria de referência especifica o local de onde você recebe esses dados. Podem-se fazer muitas distinções sobre tipos de referências, mas as três que descobrimos serem mais influentes e difundidas são a *estrutura temporal* (passado, presente ou futuro), *autenticidade* (real ou construída) e *envolvimento emocional* (pessoal ou informacional). Em primeiro lugar, definiremos e apresentaremos exemplos de cada uma dessas três distinções, e em seguida descreveremos alguns contextos em que cada uma delas é adequada e inadequadamente usada como referência. A apresentação das distinções é acompanhada de uma descrição das características específicas de cada um dos dez tipos de referência que podem ser identificados como resultado de diferentes combinações das distinções.

Estruturas temporais

Sempre que você se volta para o passado em busca de informações, está usando uma *referência passada*. Exemplos de referências passadas podem ser sua recordação de encontrar o presente que você realmente queria junto à árvore de Natal, recordar-se de como se soletra "fenício" e imaginar o tormento por que o seu pai deve ter passado quando o castigou por trancar sua irmã no banheiro. Em todos esses casos, a informação ou a experiência a que você está se referindo é do seu passado.

Em muitos contextos, agir a partir de referências passadas é ao mesmo tempo suficiente e eficiente. O significado das palavras que você acabou de ler, como trocar um pneu furado, quando parar de pedir drinques e reconhecer as reações recorrentes de seu parceiro são contextos em que ter referências passadas lhe poupa o trabalho de descobrir como reagir sempre que se encontra nessas situações.

Quando você atenta para uma informação que está disponível em seu ambiente cotidiano (tanto interno quanto externo), está usando *referências presentes*. Exemplos de referências presentes: vivenciar o rubor de uma paixão súbita, notar que o canteiro está seco e imaginar a sua aparência naquele momento. Em cada um desses exemplos, a informação é obtida a partir de experiências e percepções do presente. Em geral, qualquer contexto que envolve a experiência sensorial ou exige reações rápidas é um contexto apropriado para o uso de referências presentes. Dançar, fazer amor, jogar tênis, gostar de uma refeição e trabalhar como médico são exemplos de contextos em que as referências presentes são essenciais.

Sempre que você imagina algo que ainda vai acontecer, você está usando *referências futuras*. Exemplos de referências futuras: imaginarse confiante na entrevista de amanhã, saber de que alimentos precisará para a próxima semana e imaginar sua aparência e sensação após um ano de cuidados consigo mesmo. Em geral, as referências futuras são apropriadas, se não essenciais, em contextos que envolvem planos, compromissos ou conseqüências. Exemplos desses contextos são planejar uma festa, uma educação, uma carreira, comprar uma casa, assumir o compromisso de casar-se e decidir ter um filho.

Se você está avaliando o passado, é bom dispor de pelo menos algumas referências passadas; se está avaliando o presente, é aconselhável no mínimo algumas referências presentes; e se está avaliando o futuro, convém ter algumas referências futuras. Sem alguns dados do presente, tentar avaliar se o seu parceiro está gostando do jantar *não* será certamente um reflexo do que *está* acontecendo, mas é muito mais provável que seja um reflexo de algumas experiências passadas ou imaginações futuras. (Assim, um marido pode presumir que a esposa esteja gostando de seu prato "favorito", sem notar que ela está remexendo no prato, respirando fundo e fazendo caretas.) Do mesmo modo, não é provável que você faça um teste muito relevante se não usar uma referência passada ao tentar avaliar se teve ou não um bom desempenho na semana passada.

Autenticidade: referências reais e construídas

Stuart voltava para casa ao fim de um dia de trabalho particularmente frustrante. Ele queria ter uma noite bem diferente do que havia sido o dia. Quando abriu a porta, já estava de bom humor, pensando na noite romântica e divertida que planejava passar com a esposa, Anna. Quando finalmente a encontrou, ela estava sentada em uma cadeira no quintal, suspirando enquanto traçava lentamente círculos na grama com os pés. Seu rosto estava inchado e marcado por lágrimas secas. Stuart já havia visto aqueles círculos lentos e ouvido aqueles suspiros, e, quando se lembrou das ocasiões anteriores, os mesmos sentimentos de pena e preocupação o invadiram. Percebendo a inadequação de seus planos, ele os pôs de lado, ajoelhou-se junto de Anna, pegou a mão dela, beijou-a e esperou silenciosamente que ela lhe contasse os problemas daquele dia.

Nesse exemplo, Stuart faz e reage a um teste *presente* quanto ao estado emocional de Anna. Esse teste está baseado no que Stuart observa sobre a aparência e o comportamento presente de Anna, e em suas lembranças de tê-la visto naquele estado em várias ocasiões do passado. O teste presente de Stuart é baseado em experiências de referência *reais*. Isto é, Stuart está de fato vendo e ouvindo Anna (uma referência *real presente*), e suas recordações de Anna deprimida no passado são recordações de acontecimentos reais (uma referência *real passada*). A combinação das duas referências proporciona a Stuart a base vivencial necessária para reconhecer que Anna está chateada com alguma coisa.

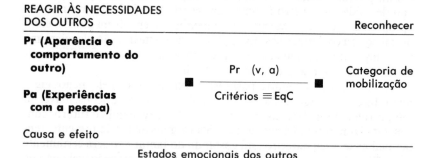

Estados emocionais dos outros

Se Stuart não tivesse notado o comportamento de Anna, ou se não tivesse recordado experiências semelhantes anteriores, ele não teria reconhecido o significado de seu comportamento e não teria provavelmente reagido como o fez. Mesmo dispondo dos critérios mais bem definidos, fazer uma avaliação sem referências relevantes é como tentar realizar uma escultura em mármore sem o mármore. Se você vai fazer uma avaliação, precisa não apenas de um padrão (critério) para aplicar, mas de algo ao qual aplicar esse padrão. Nesse exemplo, Stuart usou a experiência real como base para suas avaliações. A experiência real não é, contudo, a única base para que as pessoas façam avaliações. Pense no exemplo seguinte.

Preston e sua esposa estão decidindo aonde ir nas férias, e concordaram em que deveriam ir a algum lugar que não conhecessem. Quando a esposa sugeriu Arizona, Preston se lembrou de filmes que vira sobre o deserto e imaginou então como seria olhar para a paisagem árida com os olhos semicerrados e sentir o calor minando suas forças. "Nem pensar", disse ele. A próxima sugestão dela foi Nova York. Preston ouvira e lera um bocado sobre grandes cidades, e imaginou como seria ver hordas de pessoas correndo sob os arranha-céus, ouvir buzinas, o ritmo tenso e frenético. "Nem pensar", disse ele. Na terceira tentativa, sua mulher sugeriu comprar uma barraca e acampar junto às Sierras. Lembrando-se de histórias idílicas contadas por amigos adeptos dos programas ao ar livre, Preston mais uma vez imaginou como seria estar lá, dessa vez vendo o marrom das pinhas caídas, o verde das árvores, o azul do céu. Ouviu um córrego, uma brisa, e sentiu-se leve e relaxado. "É, vamos para lá", suspirou ele.

A decisão de Preston na escolha do local das férias envolve dois procedimentos operacionais, e está largamente baseada em experiências *construídas*, em vez de reais. Isto é, são experiências que ele nunca teve realmente, mas que criou em sua imaginação. No primeiro procedimento operacional, Preston avalia cada um dos possíveis lugares de férias. Juntando pedacinhos de referências passadas reais (de filmes, livros, de ouvir falar) sobre o deserto, Nova York e as montanhas, ele constrói para si mesmo a experiência de estada em cada um desses lugares. É claro que, nunca tendo estado em nenhum desses lugares, ele talvez desconheça aspectos importantes, como mosquitos zumbindo na tranqüilidade das Sierras. Entretanto, não importa se suas imaginações futuras são precisas, o fato é que Preston as usa como dados para avaliar onde passar as férias.

De onde vieram as experiências imaginadas? Ao considerar cada uma das opções de férias, Preston criou um futuro, mas é claro que a natureza desse futuro (isto é, as experiências que ele se imagina tendo no deserto, em Nova York e nas montanhas) é determinada pelas experiências passadas que ele tem desses lugares. Em algum momento ele viu um filme, leu ou ouviu dizer que os desertos são quentes e secos. Usando suas experiências de referência para calor e sede, Preston imagina como seria estar no deserto. Se nunca alguém tivesse lhe dito que os desertos são quentes e secos, mas em vez disso tivessem lhe informado que são lugares de noites repousantes e de uma solidão tranqüila, Preston teria criado uma visita ao deserto com base nas experiências de referência que porventura tivesse tido em relação a "noites repousantes" e "solidão tranqüila". (Se a esposa de Preston tivesse sugerido Naini Tal para passarem as férias, ele não teria sido capaz de fazer coisa alguma a não ser pedir mais informações, uma vez que ele não tem idéia do que seja Naini Tal, e portanto não sabe a quais de suas experiências de referência pessoais aceder para avaliar esse local.) O uso de Preston das referências construídas aparece na anotação com a subscrição "c". (Referências reais não têm subscrição.)

Preston
ESCOLHER UM LOCAL PARA FÉRIAS   Decidir

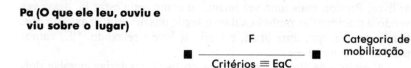

Uma vez que Preston usou suas referências passadas para construir experiências futuras imaginadas (a estada em Nova York, no deserto e nas Sierras), essas três experiências futuras imaginadas tornam-se então *referências futuras construídas* a serem usadas no segundo procedimento operacional do processo de seleção. Nesse procedimento operacional seguinte, Preston avalia cada possibilidade imaginada de férias com respeito ao tipo de férias por ele planejado (isto é, com respeito aos critérios que ele quer satisfazer).

Preston
ESCOLHER UM LOCAL PARA FÉRIAS   Decidir

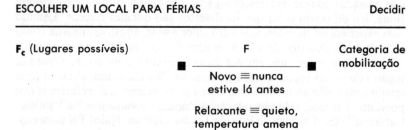

Assim, os resultados de um procedimento operacional podem aparecer como referência em outro procedimento operacional. Isso pode ocorrer simultaneamente (como no exemplo de Preston), de modo que "Como será estar no deserto?" seja avaliado juntamente com "Será que eu quero ir lá?". Os resultados de um procedimento operacional também podem ser usados em seqüência como referência para outro procedimento operacional. Se Preston agisse seqüencialmente, teria primeiro imaginado como seria estar no deserto, sem considerá-lo à luz de suas próximas férias.

Todas as referências futuras são construídas. Você pode evocar experiências reais que tenha tido e observar o que está acontecendo à sua volta e dentro de você neste momento. Mas, ao menos no estágio atual de nossa evolução conceitual e científica, a "armadilha do tempo" nos impede de ir de fato ao futuro ou de ter lembranças de experiências futuras *reais*. O futuro, então, não pode atuar como uma fonte de experiências reais, pois não podemos estar nele ou nos lembrar dele[1]. Podemos, contudo, fazer um teste futuro para *imaginar* como será o futuro. Essa imaginação se torna então uma referência futura construída, que pode ser usada em outros procedimentos operacionais. Sempre que se faz um teste futuro, cria-se automaticamente uma referência futura.

Além do futuro, experiências construídas podem ser criadas no presente ou criadas e evocadas do passado. Por exemplo, se ao planejar apresentar-se em uma próxima entrevista de emprego você usa como referências o modo como gostaria que tivessem sido experiências anteriores, então você está usando referências *passadas construídas*. Neste caso, você usa experiências de referência do passado que você transformou em algo diferente do que foram — recordando como você prontamente apresentou suas qualificações, em vez de recordar como gaguejou e suou, por exemplo. Do mesmo modo, imaginar-se jogando tênis tão bem quanto sua professora enquanto a vê jogar é um exemplo de uma referência *presente construída*.

Ao fazer a distinção entre referências reais e construídas estamos nos baseando na noção de "realidade consensual". O coelho de Elwood P. Dowd, Harvey, era "real" para ele, mas não fazia parte da realidade consensual e, portanto (por mais frio que isso pareça), é um exemplo de uma referência *presente construída*.

Há um tipo específico de referências construídas que são tão marcantes e influentes que justificam uma atenção especial — são aquelas a que chamamos experiências de referência vicariante, referências construídas sobre as experiências dos outros. Você poderia, por exemplo, imaginar como teria sido ser seu pai enquanto ele o punia por alguma transgressão infantil (Pa_c). Ou imaginar como é ser o seu pai agora enquanto ele observa seus próprios filhos cometerem a mesma ofensa (Pr_c). Esses incidentes de fato ocorreram, mas ainda assim você não tem a experiência *de seu pai*. Ambas as experiências de referência vicariante são construídas a partir de partes de referências passadas e/ou presentes que dão a você uma *noção* da experiência de seu pai.

Livros, cinema, televisão e rádio são fontes freqüentes de experiência vicariante. Ao nos identificarmos com personagens de ficção podemos viver de modo vicariante a vida de outras pessoas, imaginando ser essas pessoas. Na escuridão do cinema, quando Paul Newman encaçapa a última bola para derrotar Minnesota Fats, cem braços seguram o taco; ao estender o braço e tocar Elliot, E.T. tocou milhões de sobrancelhas; na noite em que finalmente "aconteceu" com Claudette Colbert e Clark Gable, a barreira do cobertor cai para todos nós, e cada um de nós está enfim só com Claudette ou Clark. Livros como *A selva*, de Upton Sinclair, propiciam experiências de referência vicariante tão compulsórias (neste caso, como é o trabalho num matadouro) que geraram movimentos, protestos e leis. O rádio costumava transportar e transformar milhões de ouvintes em advogados, detetives e super-heróis. E ao colocar no ar dramas como *Raízes* e *O dia seguinte*, a televisão em uma noite forneceu a milhões de pessoas experiências de referência vicariante de ser arrancado de sua casa e de sua família, açoitado e apavorado com a escravidão, ou enfrentar as conseqüências imediatas de uma guerra nuclear.

O fato de uma referência ser construída não significa necessariamente que ela tenha menos efeito do que uma referência real. Criamos com freqüência para nós mesmos passados, presentes e futuros que estão imbuídos da mesma autenticidade *subjetiva* que normalmente damos a nossas experiências reais do passado e do presente. Por exemplo, você provavelmente conhece alguém que costuma construir uma possibilidade futura (um encontro amoroso, uma oferta de emprego, um prêmio da loteria, etc.) e reage a esse futuro construído como se fosse uma "coisa garantida". (Vamos nos aprofundar mais nesse assunto no capítulo sobre a Categoria de mobilização.) Em geral, contudo, se uma experiência de referência atual estiver disponível, ela é preferível a experiências construídas por algumas razões.

■ Experiências de referência reais são mais ricas em termos de sensações, percepções, reações ambientais, etc.;
■ Elas são mais precisas em termos das sensações, percepções, comportamentos e reações característicos da experiência;
■ São com freqüência mais subjetivamente mobilizadoras porque "realmente aconteceram".

As experiências de referência construídas são mais apropriadas para aqueles contextos em que a experiência pessoal não está disponível, como penetrar na experiência de outra pessoa para ampliar a própria, ou usar a imaginação para explorar contextos desconhecidos.

Envolvimento emocional: referências pessoais e informacionais

No exemplo acima, quando Stuart chegou em casa e viu Anna, ele não apenas recordou experiências passadas de Anna com aquela aparência, mas numa certa medida ele *tornou a vivenciar o que sentira naquelas circunstâncias*. A ocasião em que você enfiou uma chave de fenda numa tomada elétrica, o dia em que você foi eleito presidente da turma e a manhã que você passou vagando por uma cidade estranha são exemplos de experiências de referência reais. Se ao recordar essas experiências você se lembra não apenas das informações sobre o que aconteceu, mas também das sensações ou emoções da experiência, então essa lembrança constitui uma experiência de referência passada *pessoal*. (Durante o resto deste livro, presume-se sempre que uma referência seja real, a não ser que ela seja especificamente designada como construída.) Assim, sentir seu braço se enrijecer ou pular para trás, ou sentir novamente dor e medo quando recorda a chave de fenda introduzida na tomada, constitui uma referência passada pessoal. Sentir novamente o orgulho, o prazer ou a ansiedade que você experimentou quando foi eleito presidente da classe é um outro exemplo.

As referências pessoais também podem ser do presente e do futuro, e ser tanto construídas quanto reais. Estar consciente de sua sensação enquanto passeia durante a noite, observando as cores do crepúsculo, sentindo os cheiros da noite e o ar fresco no rosto, é um exemplo de uma referência *presente pessoal*. Imaginar como é ser o homem com a bengala fazendo truques constitui uma referência *presente pessoal construída*. As noções construídas de Preston sobre Nova York, o deserto e as montanhas eram mais do que meras imagens e sons. Ele também *sentia* o quê e como se sentiria em cada um desses lugares e estava assim usando referências *futuras pessoais construídas* ao escolher seu local de férias. (A anotação das referências pessoais é um "p" sobrescrito depois da estrutura de tempo da referência.)

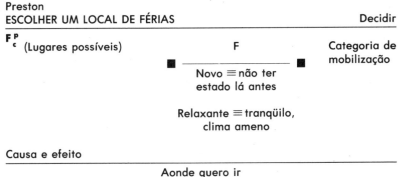

Entretanto, ocorre com freqüência que recordemos, testemunhemos e imaginemos experiências sem sentir as sensações e emoções inerentes a essas experiências. Por exemplo, você talvez recorde quase ter sido atingido por um carro quando andava de bicicleta, mas sem sentir o medo (ou a excitação) que sentiu na hora do incidente. Você poderia, na verdade, recordar que ficou muito assustado quando isso ocorreu sem tornar realmente a vivenciar aquele medo. Neste caso, a lembrança de ter escapado por pouco é apenas um dado, despido do conteúdo sensorial e emocional que era *da* experiência. Chamamos a tais referências *informacionais*. O exemplo que acabamos de dar é, assim, uma referência *informacional* passada. (A anotação das referências informacionais é um "i" sobrescrito — por exemplo, Pa[i].)

A diferença entre referências informacionais e pessoais ficou exemplificada durante uma discussão entre os autores sobre o planeta Saturno. Para LCB, Saturno era apenas uma imagem em sua cabeça — uma imagem à qual ela podia se referir quando necessário. A experiência de DG, contudo, era do *estar* em Saturno. Ele se imaginava no espaço a alguma distância de Saturno, olhando com seus olhos para os imensos anéis que giravam à sua frente e sentindo o que sentiria se estivesse de fato tão próximo do gigante de gás incandescente. Com partes de outras referências, DG construiu uma experiência pessoal de estar próximo de Saturno, ao passo que para LCB a imagem de Saturno permanece um dado sem nenhuma conexão com suas sensações ou emoções do momento. *As referências informacionais são então aquelas referências que não incluem sensações ou emoções pertencentes à experiência referenciada.*

Assim como as referências pessoais, as referências informacionais podem ser do passado, presente ou futuro, e ser reais ou construídas.

■ O incidente com a bicicleta mencionado acima é um exemplo de uma referência *informacional passada*.
■ Olhar para sua infância e imaginar desapaixonadamente o que teria acontecido se você tivesse sido atropelado pelo carro é um exemplo de uma referência *informacional passada construída*.
■ Observar uma pessoa dançando, notando seus ritmos e movimentos sem reagir cinestesicamente ou emocionalmente é um exemplo de uma referência *informacional presente*.
■ Se você imagina o que o dançarino está pensando e sentindo sem se deixar envolver por esses pensamentos e sentimentos, essa é uma referência *informacional presente construída*.
■ Imaginar-se desesperadamente doente daqui a vinte anos em conseqüência do fumo, mas sem sentir o desconforto ou o desespero que acompanham esse futuro imaginado, é um exemplo de referência *informacional futura construída*.

As referências informacionais são mais apropriadas para aqueles contextos em que não se quer ou não se precisa de uma referência baseada em sensações: por exemplo, saber o valor de "pi" ou como converter Fahrenheit para Celsius, ou como prender uma minhoca num anzol, ou — para algumas pessoas — como é Saturno.

Através da combinação das distinções de estrutura temporal, autenticidade e envolvimento emocional em diferentes constelações, podemos distinguir dez tipos de experiências de referência:

Passada, real, pessoal
Passada, real, informacional

Passada, construída, pessoal
Passada, construída, informacional
Presente, real, pessoal
Presente, real, informacional
Presente, construída, pessoal
Presente, construída, informacional
Futura, construída, pessoal
Futura, construída, informacional

Cada uma dessas referências é singular em termos de sua contribuição para a experiência e para uma avaliação. Isto é, cada tipo de referência permitirá uma influência diferente sobre a meta de um procedimento operacional. Nos capítulos que se seguem descreveremos o papel especial desempenhado por cada uma das referências em interação com as outras variáveis de um procedimento operacional. Sua capacidade de entender e reproduzir as aptidões de outra pessoa dependerá com freqüência da especificação e adoção dos tipos de referências que ela está usando. Portanto, o esforço de investigar e de se familiarizar com todas as referências vale a pena. No resumo a seguir, descrevemos as características específicas de cada um dos dez tipos de referência.

Resumo das referências

Pa^p (referência passada real pessoal) Recordar acontecimentos reais do passado, incluindo tornar a vivenciar as sensações ou emoções ligadas a esses acontecimentos.

As referências passadas reais pessoais são apropriadas para tornar a vivenciar algo de seu passado com o propósito de encontrar exemplos de experiências que você talvez queira repetir (por exemplo, sua determinação quando andou sob uma tempestade de neve); encontrar exemplos desagradáveis que você queira usar como advertência ou lembrete (aquela vez em que você não correspondeu e decepcionou os outros); ou para reminiscências (como foi se apaixonar por seu companheiro).

Pa^i (referência passada real informacional) Recordar acontecimentos reais de seu passado, sem tornar a vivenciar as sensações ou emoções ligadas a esses acontecimentos.

As referências passadas reais informacionais são apropriadas para a obtenção de informações a partir de acontecimentos passados desnecessariamente desagradáveis (recordar o que você fez quando seu filho teve convulsões), ou para obter informações de acontecimentos passados para as quais as sensações e emoções correspondentes são no momento irrelevantes (as etapas do plantio de uma árvore; onde seu amigo mora; o que você fez para endireitar uma unha curva).

Pa$_c^p$ (referência passada construída pessoal)   Recordar um acontecimento imaginado, incluindo sensações ou emoções que possam ter feito parte desse acontecimento.

As referências passadas construídas pessoais são apropriadas para enriquecer o alcance da experiência disponível de seu passado através da mudança de sua história pessoal, para torná-la mais satisfatória (como você foi eleito presidente da classe e passou assim a ser respeitado pelos seus colegas — quando na verdade você nunca concorreu ao cargo), ou para gerar outros passados com os quais aprender (construir tentativas e triunfos passados para fortalecer sua coragem atual para algum desafio que você quer enfrentar).

Pa$_c^i$ (referência passada construída informacional)   Recordar um acontecimento imaginado sem tornar a vivenciar as sensações ou emoções que possam ter feito parte de tal acontecimento.

As referências passadas construídas informacionais são apropriadas para enriquecer o alcance da experiência disponível de seu passado através da mudança de sua história pessoal, mas sem que as sensações e emoções daquele passado imaginado afetem seu estado atual (imaginar como teria sido ser aleijado em criança; ou ter tido pais imigrantes; ou ter comprado aquele lote da esquina).

Pr^p (referência presente real pessoal)   Envolver-se emocionalmente ao prestar atenção àquilo que você pode ver, ouvir, provar, cheirar e sentir à sua volta e em você no momento.

As referências presentes reais pessoais são apropriadas para aqueles contextos em que você quer ou precisa de um retorno contínuo relativo às suas sensações e emoções (fazer amor; correr; ver o filho andar de bicicleta pela primeira vez sem rodinhas; aprender a tocar um instrumento musical).

Pr^i (referência presente real informacional)   Prestar atenção ao que você pode no momento ver, ouvir, provar, cheirar e sentir à sua volta e em você, *sem* vivenciar um envolvimento emocional concomitante.

As referências presentes reais informacionais são apropriadas para aquelas situações em que você quer ou precisa de um retorno contínuo, mas em que suas sensações ou emoções seriam inutilmente desagradáveis (durante uma cirurgia; ouvindo uma crítica a seu trabalho) ou irrelevantes (datilografando um trabalho; consertando o carro).

Pr$_c^p$ (referência presente construída pessoal)   Imaginar algo ocorrendo agora e vivenciar as sensações e emoções pertencentes ao que está sendo imaginado.

As referências presentes construídas pessoais são apropriadas para aquelas ocasiões em que você quer prestar atenção às experiências internas correntes dos outros, por empatia (o terapeuta obtendo informações de um cliente; ouvir o filho contar o problema que está tendo no colégio) ou por uma experiência vicária (ver um filme; imaginar que você está rebatendo a bola, sentindo-se realizar os movimentos, enquanto observa o professor de tênis demonstrar uma jogada).

Pr_c^i (**referência presente construída informacional**)   Imaginar alguma coisa ocorrendo agora sem vivenciar as sensações ou emoções pertencentes ao que está sendo imaginado.

As referências presentes construídas informacionais são adequadas para se prestar atenção às emoções dos outros no momento, mas de um modo distanciado, para fornecer aquilo que é comumente designado por "perspectiva" (um médico obtendo informações de um paciente; um promotor tentando resolver um processo; um terapeuta familiar trabalhando para compreender a dinâmica das interações de uma família) e para gerar experiências para as quais sensações e emoções sejam irrelevantes (olhar para um prédio e "ver através" de sua fachada para imaginar como ele é construído; imaginar uma rearrumação da mobília do quarto.)

F_c^p (**referência futura construída pessoal**)   Imaginar como será alguma coisa enquanto experimenta as sensações ou emoções do evento imaginado.

As referências futuras construídas pessoais são adequadas para aquelas situações em que aquilo que você está fazendo terá um efeito direto sobre seu sentimento ou de outras pessoas no futuro (ao pensar em parar de fumar, sentir como seria ter enfisema ou como seria estar saudável aos sessenta anos; ao decidir se casar, pensar como será estar com seu companheiro ao longo dos anos; ao fazer compras de Natal, imaginar como você ou seus amigos se sentirão ao abrir os presentes que está comprando para eles.)

F_c^i (**referência futura construída informacional**)   Imaginar como será alguma coisa sem vivenciar as sensações ou emoções pertencentes àquilo que está sendo imaginado.

As referências futuras construídas informacionais são adequadas para aqueles contextos em que você quer ou precisa considerar possibilidades e planos que podem ser mais bem feitos sem sensações ou emoções (realizar investimentos; fazer seguro de vida; descobrir como encarar alguém que o apavora) ou para os quais emoções e sensações sejam irrelevantes (descobrir como construir um quarto extra).

Os usos apropriados descritos para as várias referências não coincidem necessariamente com o modo que um indivíduo particular usa *de fato* essas referências. Todos conhecemos pessoas que tecem reminiscências sobre coisas que nunca aconteceram (referências passadas construídas pessoais), bem como pessoas que se torturam com os sentimentos desagradáveis que afloram quando recordam suas tentativas e atribulações (referências passadas reais pessoais). O estudante de medicina ou odontologia que se solidariza com a dor e o medo de seus pacientes (referências presentes construídas pessoais) terá uma experiência bem diferente em seu treinamento daquela experiência do estudante que ou imagina o que está acontecendo dentro do paciente sem ficar pessoalmente afetado pelo seu sofrimento (referência presente construída informacional), ou simplesmente não imagina o que se passa dentro do paciente (referências presente real pessoal ou presente real informacional). Uma pessoa pode comprar um bilhete de loteria e ficar entretida pensando no que fará com o dinheiro e depois sentir-se roubada porque não ganhou (referência futura construída pessoal), enquanto outra pensa sobre a possibilidade do câncer, enfisema ou doenças cardíacas ao acender outro cigarro (referência futura construída informacional).

Estes dois últimos exemplos de indivíduos que usam certas referências em contextos não muito apropriados destacam um importante aspecto *funcional* das referências. Em parte, a importância desses vários tipos de referências passadas, presentes ou futuras reside no quanto cada uma delas é subjetivamente mobilizadora. Para muitas pessoas, ler e ouvir sobre os perigos cancerígenos dos cigarros permanece no plano da *referência informacional*, não sendo, portanto, muito mobilizador. Elas conhecem os fatos tão bem quanto qualquer outra pessoa, mas o perigo dos cancerígenos nos anéis de fumaça que sopram está tão presente em sua experiência *pessoal* quanto os anéis de Saturno. Entretanto, as reações mudam drasticamente (embora talvez não o suficiente para largar o fumo — ver Cameron-Bandler, Gordon e Lebeau, 1985), quando os perigos dos cancerígenos se transformam numa referência *construída pessoal*, em que sentem o desconforto da respiração difícil, o medo de descobrir que o diagnóstico é câncer, a dor dos pulmões e das operações, etc. Obviamente, ter realmente a experiência de descobrir que tem câncer, sentir-se debilitado, sentir dor são experiências ainda mais mobilizadoras (tornando-se assim uma referência *real pessoal*).

Em resumo, todas as avaliações (e, portanto, todas as reações e comportamentos) se baseiam e dependem das informações às quais nos referimos para fazê-las. A categoria de referência especifica se essas informações são do passado, do presente ou do futuro, se são referências reais (se ocorreram de fato) ou construídas (criadas, imaginadas) e se são pessoais (isto é, se evocam as emoções ou sensações que são da experiência).

É claro que conhecer as referências usadas por uma pessoa ao manifestar um comportamento que você gostaria de reproduzir não lhe propicia a história pessoal dessa pessoa. Por exemplo, uma pessoa que é excelente para negociar usa certas seqüências de procedimentos operacionais, cada um dos quais incluindo certos testes, critérios, equivalências de critério e referências. A única coisa que não podemos reproduzir prontamente do procedimento operacional da pessoa que nos serve de exemplo é sua história pessoal em relação a negociar. A história pessoal contém uma riqueza de informações relevantes que aparece em suas avaliações basicamente como referências (também numa forma mais codificada como causa e efeito, discutida no próximo capítulo). Podemos reproduzir o *tipo* de referência que ela usa, mas não reproduzir a história pessoal que fornece o conteúdo para essas referências.

Assim, reproduzir o tipo de referência que uma pessoa usa parece a princípio infrutífero, até que percebamos que, em larga medida, a *história pessoal da pessoa em relação a um contexto específico é uma função dos tipos de referência que ela veio usando*. As referências particulares que ela veio usando guiaram consistentemente suas atenções e experiências ao longo de certas diretrizes. O advogado que não estava fazendo nenhum progresso nas negociações do contrato não usava uma referência presente com respeito às reações correntes de seu oponente — uma das referências que descobrimos serem características de todos os bons negociantes. Tendo usado referências presentes ao longo dos anos, esses indivíduos descobriram coisas sobre as reações de um oponente numa negociação que a pessoa que não usa uma referência presente não perceberá. Entretanto, essa cegueira não é nem hereditária nem necessariamente permanente. Usando as mesmas referências da pessoa que serve de modelo, você também estará orientado para essas fontes de experiência e de informação que são apropriadas para o sucesso naquele contexto particular, e ao mesmo tempo estará acumulando uma história pessoal que contribuirá crescentemente para o seu sucesso.

Investigações

Compreender a si Mesmo   As referências particulares que você usa podem afetar profundamente suas reações. Por exemplo, considere o contexto de tentar salvar um relacionamento conturbado. Se as únicas referências que você utiliza são "coisas que eu já fiz que não funcionaram", provavelmente suas avaliações o levarão rapidamente a sentir-se *desesperançado*. Se, em vez disso, suas referências forem "coisas que ainda não tentei", então é mais provável que suas avaliações conduzam a reações como *curioso, interessado* e *esperançoso*. Se você acrescentar como referência "como a resolução das dificuldades atuais tornará gratificante a sua relação", é provável que você permaneça *motivado* e talvez mesmo *comprometido*.

Encontre algo em sua vida de que você tenha desistido. Que referências você usa quando avalia essa situação? Agora encontre algo em sua vida que seja difícil, mas em que apesar disso você esteja interessado. Quais são as referências que você está usando? Quando você usa esse tipo de referência para avaliar a primeira situação, você ainda sente vontade de desistir? Que tipo de referência você precisaria usar para buscar novamente aquilo de que tinha desistido? Que referências você pode usar para se manter interessado?

Compreender os outros   Encontre alguém que esteja com raiva de outra pessoa, e pergunte-lhe sobre as referências que está usando (por exemplo, "em que você pensa quando pensa nessa pessoa?"). Você provavelmente descobrirá que ela está basicamente usando referências passadas reais pessoais daquela coisa horrível que a pessoa fez, e nenhuma referência presente relativa ao comportamento atual da pessoa, bem como nenhuma referência futura quanto a qualquer mudança futura daquela pessoa.

Aquisição   Algumas pessoas realizam sempre aquilo que se propõem fazer. Uma vez que estabeleçam um objetivo, esse objetivo permanece uma referência em *todos os procedimentos operacionais relacionados*. Isso garante a presença permanente do objetivo para influenciar seu comportamento em todos os contextos relevantes para a realização do objetivo.

Escolha um objetivo, como, por exemplo, ter segurança financeira ou ser uma pessoa atraente. Agora especifique como você saberia que alcançou esse objetivo. Faça uma lista extensa de situações relacionadas ao seu objetivo (para a segurança financeira: compras, contas, planos de carreira, etc.). Examine a lista e, imaginando-se em cada um desses contextos, coloque seu objetivo como referência em cada situação. Por exemplo, se o seu objetivo é reduzir a quantidade de tensão em sua vida e ter mais tempo de lazer, não deixe de considerar essa informação em suas avaliações ao decidir assumir outro compromisso a longo prazo com um projeto.

Se você tende a tomar a maioria das decisões com base apenas no que fez ou vivenciou realmente no passado, talvez ache as referências pessoais construídas particularmente úteis. O conjunto de referências constituído por aquilo que você fez realmente, embora valioso, fornece um conjunto relativamente limitado de experiências em que se basear. Ao criar referências em todas as estruturas temporais e tirar uma vantagem construtiva de sua própria história, bem como das experiências dos outros, você expande sua gama de reações possíveis a diferentes situações. Desenvolvemos alguns procedimentos para a criação de referências pessoais construídas, cujo uso sempre resulta em maiores flexibilidade e criatividade para alcançar metas pessoais e profissionais (ver Cameron-Bandler, Gordon e Lebeau, 1985).

Algumas pessoas se deixam enganar pelas outras — seguidamente. Elas têm dificuldades de prever a reação dos outros, mesmo quando os conhecem bem. Trabalhamos com muitas pessoas assim. Ao voltálas para as suas referências passadas reais, ajudamo-las a descobrir os padrões comportamentais manifestos por seus parentes, amigos e colegas. Essa "pesquisa e catalogação" resulta numa coerência ao longo do tempo e é muito mais útil do que seu procedimento habitual, que consiste em ouvir o que as pessoas *dizem* sobre si mesmas (referência presente real) e em seguida esquecer de reparar no que essas pessoas realmente *fizeram* (referência passada real). Ensinamo-las a armazenar exemplos e a detectar padrões, que podem ser usados para compreender e prever as reações de amigos e colegas.

As referências futuras são um depósito de conhecimento para aquilo que é possível. Quando avaliamos a capacidade criativa de uma pessoa, sempre verificamos se ela está realmente usando referências futuras. Se não estiver, instauramos seu uso naqueles empreendimentos que requerem criatividade. As referências futuras não são a causa da criatividade, mas sem elas o processo criativo fica mais próximo de uma perspectiva do tipo "tentativa e erro".

6 Causa e efeito

META	Atividade

Categoria de referência	■ Categoria de testes ■	Categoria de mobilização

CAUSA E EFEITO

Objeto de avaliação

Suponha que, após algumas horas de pé na estrada pedindo carona com o polegar levantado, você resolva acenar com os braços para o próximo carro que se aproxima — e ele pára para apanhá-lo. Da próxima vez em que estiver na estrada tentando pegar uma carona, que método usará para induzir um motorista a parar? Você poderia deduzir, com base na tentativa anterior, que acenar com os braços foi a *causa* de o motorista parar para pegá-lo. Se uma relação de causa e efeito entre acenar com os braços e ganhar uma carona for verdadeira para a maioria dos motoristas, você terá descoberto uma técnica cuja repetição valerá a pena quando precisar de uma carona.

Indivíduos diferentes terão reações diferentes ao sucesso em conseguir carona. Alguns terão certeza de que o aceno foi o responsável pela obtenção da carona, e usarão novamente esse método sempre que estiverem na estrada. Outros não terão certeza se foi o aceno em si mesmo que fez o motorista parar, ou se foi uma combinação do aceno com o tipo de pessoa que o motorista era, ou se foi apenas uma coincidência.

É provável que na próxima ocasião em que for pedir carona, essa pessoa empregue o método-padrão do polegar, e que experimente de vez em quando acenar com os braços na tentativa de descobrir se há razão para estabelecer uma relação causal entre os dois métodos. Um terceiro tipo de pessoa talvez nem mesmo considere que tenha havido uma relação contingente entre acenar os braços e obter a carona, ou a considere e tenha certeza de que foi apenas uma coincidência. De qualquer modo, essa pessoa se agarrará ao método-padrão do polegar.

Esses exemplos não esgotam as prováveis reações, mas ilustram o ponto que queremos assinalar, ou seja, que as relações causais que a pessoa percebe afetam sua experiência e seu comportamento em um contexto particular. Essas relações de causa e efeito são criadas sempre que um indivíduo começa a acreditar que uma determinada circunstância leva necessariamente a uma outra determinada circunstância. Em outras palavras, uma relação de causa e efeito é uma relação *contingente* entre ocorrências como quando uma pessoa acredita que gastar dinheiro *traz* uma grande satisfação. No mundo da experiência, entretanto, há poucas coisas gravadas em pedra; assim, há outras pessoas que acreditam que o modo de conseguir uma carona no trem da alegria é *através* do ascetismo, ou *através* de ser amado. Além disso, cada uma dessas relações de causa e efeito que levam ao contentamento gerará exemplos e comportamentos únicos nas pessoas que a subscrevem. Por exemplo, a pessoa que acredita na relação de causa e efeito entre gastar dinheiro e satisfação vai, ao se tornar insatisfeito, sentir-se motivada a uma orgia consumista, enquanto a pessoa que vinculou satisfação a ascetismo se sentirá motivada a simplificar sua vida, talvez livrando-se de alguns bens.

Além dos objetos particulares que se acredita estarem causalmente ligados, uma relação de causa e efeito também se caracteriza pelas estruturas temporais que pressupõe. Sempre que um indivíduo acredita e expressa uma relação de causa e efeito, tanto a causa quanto o efeito dessa relação serão percebidos como se estivessem ocorrendo em certas estruturas temporais. Veja como exemplo a relação de causa e efeito "comer adequadamente me deixará saudável". Além da relação contingente entre comer e saúde aqui expressa, essa relação contingente também está sendo percebida em termos de um impacto do presente sobre o futuro: comer adequadamente me *deixará* saudável (notação: comer adequadamente → saudável; Pr → F). Essa mesma relação contingente entre comer e saúde pode ser percebida também em termos de outras estruturas temporais.

Eu era saudável porque comia adequadamente.	Pa → Pa
Eu sou saudável porque sempre comi adequadamente.	Pa → Pr
Serei saudável na velhice porque comi adequadamente quando jovem.	Pa → F
Comer adequadamente me deixa saudável.	Pr → Pr

Comer adequadamente me deixará saudável.	Pr → F
Quando eu começar a comer adequadamente, ficarei saudável.	F → F
Devido a alguns problemas sérios de saúde que tive, hoje como adequadamente, o que acabará por me deixar saudável.	Pa → Pr → F

Assim, as relações de causa e efeito podem ser delineadas entre qualquer uma das estruturas temporais. Você pode então perceber o passado causando efeitos no presente (Pa → Pr), o passado causando efeitos no futuro (Pa → F), o presente causando efeitos no futuro (Pr → F), o passado causando efeitos no presente, que por sua vez causa efeitos no futuro (Pa → Pr → F), e assim por diante. Uma pessoa que diz: "Eu não me sinto bem comigo mesmo porque meu pai nunca acreditou em mim", funciona a partir de uma relação de causa e efeito em que o passado ("papai nunca acreditou em mim") é responsável (*a causa de*) pelo presente ("não me sinto bem comigo mesmo") (Pa → Pr). As pessoas que se preocupam com a conservação dos recursos naturais demonstram uma crença na relação de causa e efeito de que a utilização dos recursos no presente *determinará* a disponibilidade futura dos recursos (Pr → F).

Embora a maioria das relações contingentes possa ser expressa a respeito de qualquer um dos padrões de estrutura temporal relacionados acima, o padrão escolhido pode ter um efeito marcante sobre a influência da relação de causa e efeito em sua experiência subjetiva e em seu comportamento. Se você revir os exemplos de causa e efeito dados acima, lendo cada um como se fosse válido para você e fazendo uma pausa após cada um deles para refletir sobre a influência em suas percepções, descobrirá que há uma diferença subjetiva em cada um deles, embora o conteúdo não se altere. Devido ao modo que encaramos e reagimos ao passado, ao presente e ao futuro, cada um dos padrões de causa e efeito acima é único, tanto subjetiva quanto funcionalmente, e assim o padrão usado faz diferença. As estruturas temporais às quais se atribui o conteúdo de relações causais podem ser importantes.

Passado-para-Passado (Pa → Pa)

Ao voltar para seu passado (imediato ou remoto) a fim de determinar de que modo uma ocorrência foi responsável por outra, você está gerando relações de causa e efeito de passado para passado. Talvez olhe para trás e perceba que sua amiga concordara em ir à festa com você *porque* a fez parecer divertida. Ou que a *razão* por que você se deu bem em matemática seja devido ao incentivo do professor. Ou que você tem sido um adulto solitário *porque* seus pais nunca o ensinaram a se aproximar dos outros. Ou que a promulgação dos direitos civis *foi acelerada pelo* movimento dos direitos civis.

As relações de causa e efeito de passado para passado fornecem uma profusão de informações sobre o que funcionou e o que não funcionou. Nosso passado é rico em ações e reações: gostaríamos de repetir algumas dessas reações e de evitar outras. Ao garimpar as cinzas do passado, conseguimos com freqüência descobrir o que (achamos que) possibilitou que uma chama brilhasse, enquanto outra simplesmente crepitava. Um dos resultados de tais descobertas é a experiência subjetiva da *compreensão*. Compreender basta muitas vezes para nos satisfazer, para criar uma sensação de alívio e de confortante resignação.

Outro resultado da descoberta de relações contingentes passadas é a *informação comportamental* inerente à própria relação de causa e efeito. Pode-se usar essas informações para ajustar o comportamento no futuro. Por exemplo, ao reconhecer que não ligar para a esposa ao se atrasar a fazia sentir-se pouco amada (não liguei → ela se sentiu pouco amada; Pa → Pa), pode-se usar essa relação de causa e efeito como base para mudar seu comportamento no futuro — por exemplo, telefonando para ela para avisar a que horas vai chegar. Do mesmo modo, após ser reprovado num exame, um estudante pode olhar para trás, para os exames em que foi bem, e perceber que naqueles casos ele havia feito questão de procurar o professor para obter respostas pessoais para suas perguntas (fez perguntas ao professor → saiu-se bem na matéria; Pa → Pa). Sabendo disso, ele pode colocar em prática a relação de causa e efeito, procurando o professor com suas dúvidas.

De modo geral, não há nada de inerente às relações de causa e efeito de passado para passado que exceda a mera observação de uma conexão causal entre ocorrências passadas. Se aquilo que você quer é compreender o que se passou, tudo bem. Entretanto, se você está enfrentando conseqüências desagradáveis que não quer repetir, as relações de causa e efeito de passado para passado podem se tornar uma forma de tortura. Se o futuro intelectual do exemplo acima não fosse além da descoberta das várias razões para seus fracassos, estaria apenas apertando os nós criados por cada acréscimo em sua lista crescente de deficiências pessoais. Quando se trata do assunto "fracasso", cada nova descoberta de um exemplo de "não deu certo" se torna apenas mais uma volta no parafuso, a não ser que as relações de causa e efeito de passado para passado sejam de algum modo empregadas como base para uma reorganização apropriada do comportamento presente ou futuro. Para ir bem no futuro, não basta que o estudante reconheça que houve uma relação de causa e efeito entre perguntar e se dar bem nas matérias. A relação de causa e efeito precisa se tornar a base para mudanças apropriadas em seu comportamento presente e futuro, ou ele fracassará novamente, e acabará mais uma vez desejando ter feito as perguntas quando teve oportunidade.

Passado-para-Presente (Pa → Pr)

Podem-se estabelecer relações causais entre o passado e o presente, que nos informam sobre como as coisas vieram a ser do jeito que são. Os acontecimentos do passado são percebidos como tendo tido um efeito que persiste no presente. A questão considerada em conexão com o presente pode ser vasta e abrangente ("Sou uma *pessoa solitária* porque nunca aprendi a fazer amigos"), ou ter um alcance restrito ("Estou *sozinho hoje* porque não combinei nada com meus amigos"), dependendo da experiência subjetiva do indivíduo naquele momento. Em qualquer dos casos, alguma coisa é percebida como sendo uma conseqüência de algo que aconteceu antes.

As relações de causa e efeito de passado para presente, assim como as de passado para passado, permitem a compreensão, o que pode ser um fim em si mesmo. Talvez simplesmente seja bom saber que você cuida de suas ferramentas porque o seu avô lhe ensinou a respeitá-las quando você era criança, ou que a mágoa pelo seu irmão mais velho se deve ao seu desdém quando você era pequeno. Assim como as de passado para passado, as relações de causa e efeito de passado para presente fornecem informações quanto ao que fazer ou não no presente, e no futuro para se chegar ou se evitar certas conseqüências. Assim, sabendo que está se sentindo bem como resultado de ter se exercitado durante a semana passada, você pode usar essa relação de causa e efeito de passado para presente entre o exercício e o bem-estar como base para se comprometer a continuar fazendo exercícios.

Para muitas pessoas, as relações de causa e efeito de passado para presente referentes às suas falhas podem criar uma enorme inércia motivacional quando se trata de fazer algo quanto a essas falhas. As descrições ativas de contingências com freqüência se deterioram rapidamente em justificativas estagnantes para o estado atual das coisas. Se arrastar-se por seu passado não o levou além da descoberta desencorajadora de que não tem um bom emprego *porque* nunca teve uma boa educação, então você está atolado. "É assim que as coisas são", talvez você diga. E, pior, é assim que as coisas provavelmente continuarão a ser — até que, e a não ser que, você use essa descoberta para ajustar-se a um eixo comportamental que o traga para o futuro que deseja (neste caso, talvez freqüentando uma escola noturna para adultos ou um instituto técnico).

Passado-para-Futuro (Pa → F)

Os fios que tecemos no passado podem ir além, alcançando o presente e ligando-o ao futuro. Nesses exemplos, certas ocorrências futuras são percebidas como conseqüências diretas de coisas que aconteceram no passado. "Já que meus pais eram muito musicais, serei capaz de tocar um instrumento." "Nunca conseguirei ganhar bem porque nunca tive uma boa educação." "Só as pessoas que cresceram na cidade serão capazes de entender a nossa situação aqui." "Como os meus pais se davam bem, eu provavelmente me darei bem com minha esposa quando me casar." Em cada um desses exemplos, o que é possível ou provável no futuro é determinado pelo que foi verdade no passado.

É claro que o impacto subjetivo das relações de causa e efeito de passado para futuro vai além de indicar o que é possível ou provável, com freqüência se aproximando mais de um pronunciamento sobre o que *vai* acontecer. A certeza causal do passado pode ter o efeito de prescrever o futuro. O modo como você foi (ou como "isso" foi) determina como você (ou "isso") será. Dessa maneira, o passado pode fornecer a garantia e a justificação da história para aquelas possibilidades futuras que você quer manter para si. Nas épocas difíceis é reconfortante e encorajador saber que você vai superar as dificuldades atuais porque já superou dificuldades antes (superou antes → superará novamente; Pa → F). Do mesmo modo, é encorajador e estimulante perceber que, porque você elogiou as realizações de seus filhos e os educou quando fracassaram, eles crescerão curiosos por experimentar coisas (elogiar no sucesso, educar no fracasso → ansioso por experimentar; Pa → F).

As relações de causa e efeito de passado para futuro podem ser encorajadoras e apropriadas, desde que você queira e ache que as possibilidades que elas deixam entrever valem a pena. Se, em vez disso, tratar-se de um futuro desagradável e incapacitante, a relação de causa e efeito pode se transformar num par de antolhos que o mantém numa pista estreita, ao passo que as oportunidades e opções ao lado permanecem desconhecidas. A aceitação resignada de um futuro estorvado pelo passado com freqüência impede qualquer possibilidade de ação no presente voltada para mudar essa relação limitada de causa e efeito. Assim, a pessoa que deseja uma boa vida (mas que é "eternamente" impedida de tê-la por sua falta de instrução) se candidata somente a empregos que não requerem muita instrução, e nem mesmo pensa em se inscrever numa escola noturna. Se uma relação de causa e efeito de passado para futuro que dita um futuro indesejado serve para alguma coisa, deve ser usada como base para procedimentos operacionais adicionais que resultem em planos e compromissos com um comportamento mais apropriado e satisfatório.

Presente-para-Presente (Pr → Pr)

As relações de causa e efeito de presente para presente especificam relações contingentes entre ocorrências atuais. Ao contrário dos outros padrões causais, as presente para presente pressupõem a ocorrência *simultânea* da causa e de seu efeito. Por exemplo: "Ver o pôr-do-sol me deixa feliz". Ou: "Quando trato os outros com respeito, eles me respeitam". Ou: "Estou aprendendo mais porque estou correndo riscos". Em cada exemplo, duas coisas estão acontecendo agora (lembrando que o "agora" é subjetivo e varia com o contexto), e a ocorrência de uma é percebida como contingente à ocorrência da outra.

As relações presente para presente podem propiciar a compreensão do que *está* causando a ocorrência. Talvez você esteja curioso por saber o que o faz sair de casa toda noite para olhar o céu. Então um dia você percebe que olhar as estrelas e as nuvens à noite o faz sentir-se vivo — e agora você compreende o que o impele para fora de casa toda noite antes de ir para a cama. Uma vez reconhecida a razão, você tem a oportunidade de levar a relação de causa e efeito além da utilidade passiva de compreender, e empregá-la ativamente quando desejar o resultado que ela produz. Se você estiver se sentindo desligado e emocionalmente à deriva, tem agora a opção de sair deliberadamente para olhar o céu noturno e assim mudar seu humor, em vez de aborrecer-se pela casa procurando descobrir a causa de sua indisposição para se livrar dela.

Presente-para-Futuro (Pr → F)

Quando você percebe que uma ocorrência particular no presente levará necessariamente a certas conseqüências futuras, está gerando uma relação de causa e efeito de presente para futuro entre duas ocorrências. Exemplos: "Fazer exercícios me deixará mais saudável" (exercício → mais saudável; Pr → F); "Estarmos juntos hoje no meu aniversário vai tornar mais fácil trabalhar amanhã" (estar juntos → trabalho mais fácil; Pr → F); "Ter uma boa opinião a meu respeito fará com que os outros também me considerem mais" (boa opinião de si mesmo → boa opinião dos outros; Pr → F). Em cada caso acredita-se que uma possibilidade futura particular possa ser contingente com a ocorrência de certos comportamentos e circunstâncias no presente.

A importância das relações presente para futuro é que elas podem especificar o que é preciso fazer agora ou para evitar algo terrível ou para alcançar algo maravilhoso no futuro. Isso torna as relações presente para futuro particularmente importantes para se iniciar e manter a busca de objetivos de longo prazo, como desenvolver uma carreira, um bom jogo de tênis, um mundo melhor, e qualquer coisa relacionada com a saúde. Por exemplo, acreditar que o fumo acabará por levar a conseqüências horríveis para a saúde é geralmente um pré-requisito importante para parar de fumar (tanto em termos de tomar a decisão de parar quanto em termos de abster-se de cigarros). Um outro exemplo é o padre negro sul-africano que recentemente iniciou um programa em que reúne famílias brancas e negras para jantarem juntas uma vez por mês, acreditando que a interação pessoal acabará conduzindo à tolerância e à compreensão.

Entretanto, ao lidar com relações presente para futuro, é importante lembrar que elas dizem respeito a conseqüências no *futuro*, visto como uma beberagem que mudará com a adição de cada novo ingrediente. Uma vez que o pronunciamento de uma relação presente para futuro tenha sido feito, uma pessoa pode se submeter cegamente a ela, esquecendo-se de que, nas inigualáveis palavras de Yogi Berra, "nada acaba até que acabe". Sem dúvida, não há nada de errado em manter inalterada sua receita para o futuro, desde que o futuro planejado seja o que você quer. Se, entretanto, não for, e você o aceitar como imutável, então não há nada a fazer a não ser esperar o inevitável, desejando que não aconteça, e talvez preocupando-se com o que fazer quando acontecer.

Por exemplo, talvez você ouça dizer: "Sendo um executivo gordo e estressado como sou, provavelmente terei uma úlcera e um ataque cardíaco — talvez até câncer". Isso soa como definitivo. Essa pessoa pode se perguntar quanto tempo ainda lhe resta e como pagará a conta do hospital, rezando para escapar de doenças sérias por mais alguns anos. Entretanto, seria mais apropriado usar essa relação de causa e efeito como estímulo para se dedicar tanto a planejar como a *mudar* seu comportamento atual (em seu caso, comer demais e o modo como reage ao *stress*), para evitar esse futuro terrível.

Futuro-para-Futuro (F → F)

Se o que fizemos e estamos fazendo afeta o futuro, é claro que o que fizermos no futuro também afetará o futuro. Ao reconhecer ou gerar tais relações de contingência entre duas ou mais ocorrências futuras, estamos estabelecendo relações de causa e efeito de futuro para futuro. Por exemplo, "Quando a inflação voltar, causará a miséria de muitas pessoas" (inflação → miséria ; F → F). "Se ela se cansar de mim começará a procurar outros" (cansada de mim → procurar outros; F→ F). "Se eu começar a pintar a casa amanhã, papai vai ficar muito feliz" (pintar a casa → papai feliz; F → F). Em cada exemplo, percebe-se que algum comportamento ou circunstância *futuros* levará necessariamente a algum outro comportamento ou circunstância futuros.

A bola de cristal de futuro para futuro pode ser um instrumento maravilhoso que abre uma janela para as possibilidades do futuro. Uma vez que você tenha pulado do presente para as refrações cristalinas do futuro, estará relativamente livre para considerar o que quer considerar, sem que essas considerações sejam necessariamente turvadas pelas sombras do passado e do presente. Desejando avançar profissionalmente, você pode imaginar toda sorte de coisas para fazer que pudessem melhorar sua situação, e então especular os resultados. Por exemplo: "Se eu conseguir um diploma de curso superior, meu colegas vão me respeitar mais e me indicar para mais coisas"; "Escrever artigos — ou mesmo um livro — vai me trazer mais atenção dos outros e convites para palestras"; "Eu poderia me mudar para Los Angeles, onde a competição me forçaria a dar o melhor de mim". Essas relações de causa e efeito que parecem estar de acordo com sua meta podem então ser adotadas como crenças que vale a pena acalentar.

As relações de causa e efeito de futuro para futuro são, assim, especulações sobre o que pode acontecer, e sobre os possíveis efeitos. Às vezes, contudo, a pessoa se esquece desse pequeno qualificativo, "poder", e começa a responder à relação de causa e efeito como se ela estivesse de fato acontecendo no *presente*. Por exemplo, o homem que acredita que se sua mulher começar a se cansar dele irá procurar outros homens pode começar a tentar descobrir se ela está de fato cansada dele. Se conseguir desencavar a menor evidência de que ela está cansada dele, sua relação de causa e efeito pode levá-lo a imaginar um futuro em que ela esteja envolvida com outra pessoa. Então ele talvez reaja *no presente* à sua própria imginação, sentindo-se magoado, com ciúmes, ofendido, etc. (A notação das relações de causa e efeito, como aparecem no exemplo seguinte, fica sob as referências.)

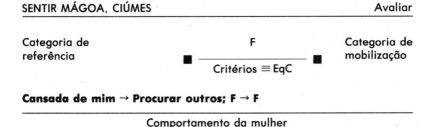

Todo esse fogo emocional é alimentado pelo combustível das relações de causa e efeito de futuro para futuro, que são algo que não aconteceu realmente. Além disso, buscar evidências só se justifica se *houver* realmente uma relação de causa e efeito entre a esposa estar cansada dele e procurar outros homens. Ele se esqueceu de que foi *ele* quem gerou essa relação de causa e efeito e que ela talvez não expresse em absoluto o modo como ela reagiria se estivesse cansada dele. (Talvez isso a fizesse simplesmente afastar-se dele, ou talvez tentar puxar mais por ele.) Já que as relações de causa e efeito de futuro para futuro podem ser geradas sem a influência experiencial do passado ou do presente, não convém usá-las como base para a ação, a não ser que a validade dessa relação de causa e efeito se sustente por referências passadas ou presentes apropriadas. Se, de acordo com sua experiência, uma relação de causa e efeito de futuro para futuro for válida, e ela prognosticar um futuro que você preferiria evitar, então isso deve levar a um outro procedimento operacional em que você descubra o que fazer para mudar esse futuro.

Passado-para-Presente-para-Futuro (Pa → Pr → F)

As relações de causa e efeito podem ser representadas e armazenadas como ocorrências de contingência que abarcam todas as três estruturas temporais. Por exemplo: "Fui maltratado quando era criança; por isso, hoje sou confuso quanto a relacionamentos e provavelmente serei um mau pai" (maltratado → confuso quanto a relacionamentos → mau pai; Pa → Pr → F). "A maneira como ele me fez aquela pergunta me deixou curiosa, por isso vou ter que descobrir mais coisas sobre ele" (a maneira de perguntar → curiosa → descobrir mais coisas; Pa → Pr → F). "Sei muito sobre o negócio devido às instruções de meu chefe, por isso vou me sair bem quando trabalhar por conta própria (chefe ensinou → saber muito → sair-se bem sozinho; Pa → Pr → F). O padrão comum a todos esses exemplos é que alguma coisa que aconteceu no passado causou algo que acontece no presente, que por sua vez será a causa de algo que ocorrerá no futuro.

A experiência subjetiva da corrente que se forja quando o passado, o presente e o futuro estão ligados é uma experiência de continuidade e de inevitabilidade. A continuidade ocorre em função de se ter as três estruturas temporais representadas "de uma vez", e a inevitabilidade se dá em função da aparente falta de opção no presente e no futuro "devido" à determinação do passado e do presente. Isso torna as relações de causa e efeito de passado para presente para futuro particularmente apropriadas para se manter comportamentos que se queira que persistam ao longo do tempo. Um professor, por exemplo, nos contou que "a preparação que eu tiver feito determina a qualidade da minha aula, o que por sua vez determinará a qualidade da experiência de meu aluno" (preparação → qualidade da aula → experiência do aluno; Pa → Pr → F). Presumindo que esse professor valorize a experiência de seu aluno, essa relação particular de causa e efeito provavelmente será útil para garantir que ele continue a se preparar bem para as aulas.

A mesma corrente de continuidade e inevitabilidade que torna esse padrão de causa e efeito útil para manter comportamentos desejáveis pode torná-lo inadequado quando a serviço de comportamentos que você *não* quer, amarrando-o a um futuro que você preferiria evitar. Para uma pessoa que acredita que "grito com minha mulher porque meus pais sempre gritaram um com o outro, por isso provavelmente acabarei tendo problemas conjugais também" (pais gritavam → eu grito → problemas conjugais), essa situação particular está totalmente fechada. Essa pessoa tem a impressão de que os elos da corrente estão soldados uns nos outros. Mas às vezes os elos estão mais para os anéis de um mágico, que nos mostra como são sólidos e firmes para depois separá-los, lembrando-nos de que não devemos acreditar demais nas coisas. As relações de causa e efeito de passado para presente para futuro que parecem amarrar-nos a comportamentos indesejados e a um futuro pouco atraente devem ser usadas como motivação para se obter informações, e então decidir e planejar mudar seu comportamento e, através dele, seu futuro.

A influência das relações de causa e efeito

Para focarmos melhor e de modo mais claro as relações de causa e efeito, apresentamos uma possibilidade importante: a de *não* formá-las. Considere o exemplo seguinte.

Um aluno de primeiro grau que conhecemos, chamado Nate, começou a freqüentar as aulas de violino na escola, e assim imediatamente entrou para a orquestra da escola. É claro que as aulas eram em grupo, e duravam apenas quarenta minutos por dia, três ou quatro vezes por semana. Nas raras ocasiões em que Nate levava o violino para casa para ensaiar, ele invariavelmente achava algo mais urgente para fazer à noite. Os esforços da turma culminaram num concerto. Nate queria sair-se bem; queria que seus pais ficassem orgulhosos. Infelizmente, logo no terceiro compasso as pequenas notas pretas dispararam, e o garoto ficou totalmente perdido. Ele sentiu-se humilhado, e o encorajamento condescendente de seus pais, afinal, serviu apenas para confirmar que ele tinha razão em sentir-se humilhado... Mas Nate aprendera a lição.

Qual foi a lição que ele aprendeu? Poderíamos esperar que ele compreendesse que seu mau desempenho era o resultado de sua falta de experiência, de instrução, de treino ou de motivação, ou uma combinação desses fatores. Mas nenhuma dessas possibilidades sequer lhe ocorreu. O que Nate aprendeu com essa experiência foi que ele não tinha qualquer talento musical. Em vez de gerar uma relação de causa e efeito em resposta à sua estréia, ele reagiu à experiência como se fosse a satisfação de uma *equivalência de critério* para "seu talento musical", e, portanto, simplesmente "reconheceu" que não era uma pessoa com inclinação musical. Em outras palavras, Nate usou o fracasso como base para afixar o selo "musicalmente inepto" sobre sua auto-imagem, em vez de perceber a relação de causa e efeito entre a pouca instrução que tivera, a negligência com os ensaios e a atual incapacidade de tocar o instrumento.

Mesmo as relações de causa e efeito mais comprovadas e desanimadoras pressupõem a possibilidade de mudança (pois, se se acredita na relação causal, mudar a causa necessariamente acarretaria uma mudança no efeito). Mas a forma não-causal de Nate reconhecer um atributo *inerente* a ele mesmo não oferece nenhuma possibilidade de mudança. A relação de causa e efeito ao menos fornece um ponto possível de intervenção (a causa), se Nate quiser mesmo aprender a tocar violino. Neste caso, Nate deve se voltar para a influência causal dos ensaios, se quiser mudar seu desempenho.

As estruturas temporais particulares em que a relação de causa e efeito é percebida também fazem diferença. Todas as relações de causa e efeito propiciam a compreensão, mas só são úteis em termos de mudança na medida em que forem usadas como solo para a montagem de outros procedimentos operacionais que levam a mudanças de atitude (por exemplo, tomar decisões, planejar, obter informações, assumir compromissos, motivar-se, etc.).

Além dessas bases comuns, há outras diferenças, com freqüência importantes. Para Nate, as relações de causa e efeito de passado para passado, passado para presente ou passado para futuro ("Não toquei bem porque não pratiquei"; ou: "Não estou tocando bem porque não pratiquei"; ou: "Não conseguirei tocar bem porque não pratiquei"), contêm um certo grau de imutabilidade, em virtude de a causa pertencer ao passado imutável. Se ele fosse gerar padrões presente para presente ou presente para futuro ("Não estou tocando bem porque não estou praticando"; ou: "Não conseguirei tocar bem porque não estou praticando"), estaria usando relações de causa e efeito que talvez pareçam mais acessíveis à intervenção. Prática e subjetivamente, o comportamento *corrente* do presente é mais acessível à mudança do que os comportamentos do passado. E uma relação de causa e efeito de futuro para futuro ("Não serei capaz de tocar bem se não praticar") sugere que não é preciso praticar agora, e que é possível adiar a prática até uma data futura não-especificada.

Reconhecer uma relação de causa e efeito entre a prática e o desempenho não garantiria por si só que Nate começaria a praticar e se tornaria um bom violinista. Entretanto, *garante* que ele terá a oportunidade de perceber a qualidade de seu desempenho como uma função de seu comportamento, mais do que uma função de seu ser inato, e que assim terá oportunidade de dar os passos necessários para mudar seu comportamento.

Mas o mais importante é compreender que, não importa o conteúdo ou o padrão, as relações de causa e efeito são *criadas*. Isso implica, para as nossas mentes, a surpreendente compreensão da maleabilidade de nossas experiências e comportamentos. Como demonstramos ao longo deste livro, nossos processos internos dão forma a nossas experiências e comportamentos, *e* nossas experiências e comportamentos dão forma a nossos processos internos. Ao engolir o próprio rabo, nossa cobra experiencial alimenta-se de si mesma, sem, no entanto, diminuir. Na verdade, a cobra fica mais forte ao alimentar-se de si mesma, tornando-se cada vez mais ela própria. A mudança ocorre quando a cobra recebe um novo alimento, que se torna então seu (novo) ser.

Não queremos dizer com isso que, para transformar alguém numa pessoa preocupada com a conservação da natureza, basta instalar nela uma crença nas relações de causa e efeito de presente para futuro. O comportamento é uma manifestação das relações de causa e efeito que trabalha com as outras variáveis especificadas no procedimento operacional. A mesma crença nas relações de causa e efeito de presente para futuro que permite a um indivíduo ser um conservacionista também pode formar a base para metas muito diferentes. Tivemos recentemente um secretário do Interior que (pelos padrões de vários *lobbies* pela conservação) demonstrou ter uma mente evidentemente anticonservacionista, se não destruidora. Entretanto, teria sido um erro presumir que esse homem não se preocupasse com relações de causa e efeito de presente para futuro. A diferença entre sua perspectiva e a dos conservacionistas talvez não estivesse nas estruturas temporais de suas relações de causa e efeito, mas nos critérios aos quais o secretário e os conservacionistas aplicavam essas relações de causa e efeito. Se os critérios do secretário fossem, por exemplo, lucro e eficiência, seria de se esperar que ele abrisse terras tombadas pondo-as à venda ou arrendando-as aos interesses privados. Em sua opinião, realizar tal mudança agora levará a grandes benefícios para o governo e para a comunidade, e levará a uma administração mais eficiente das terras e de seu departamento, pois não precisará mais administrá-las — uma relação de causa e efeito de presente para futuro.

De fato, alguns dos mais bem sucedidos movimentos conservacionistas foram feitos por esses grupos, que de algum modo conseguem incluir e satisfazer os critérios de seus supostos inimigos, encontrando formas de uma proposta conservacionista incluir a capacidade de gerar lucro. Os conservacionistas que reconhecem e incluem em suas reivindicações os critérios desses outros grupos que de outro modo talvez não fossem solidários são um bom exemplo da utilidade de ser capaz de fazer distinções com os critérios. Do mesmo modo, saber que as relações de causa e efeito nos propiciam explicações (e, portanto, justificativas) que nos mobilizam pode nos dar um tremendo apoio ao tentarmos libertar nossa experiência e nosso comportamento (ou os dos outros) de seus entraves atuais, colocando-os num novo rumo. Esses novos rumos podem ser tomados pela mudança dessas relações debilitadoras de causa e efeito às quais você costuma se submeter, ou pela adoção dessas crenças de causa e efeito que estão subjacentes às aptidões que você gostaria de reproduzir[1].

Investigações

Compreender a si mesmo   Por que você está lendo este livro? Você tem uma relação de causa e efeito de presente para futuro entre "aprender" e "ter mais opções" (aprender → opção), ou entre "ler" e "ser capaz de fazê-lo" (ler → capaz de fazê-lo)?

Compreender aos outros   As pessoas que se resignam à repetição da história estão geralmente operando a partir de relações de causa e efeito de passado para futuro.

Algumas pessoas acreditam que o trabalho duro as fará chegar aonde querem ir, baseadas em relações de causa e efeito de passado para presente e presente para futuro. Aqueles que não geram relações de causa e efeito de presente para futuro, contudo, geralmente acreditam que a sorte lhes dará o que querem.

Aquisição   Os pais que estão educando os filhos operam a partir de uma relação de causa e efeito entre o que fazem com os filhos e como estes serão como adultos (o que faço com meu filho → o caráter e as capacidades de meu filho quando adulto).

Pense em seu filho e descubra algo que ele possa fazer agora. Volte no tempo e descubra o que você fez que contribuiu para o desenvolvimento dessa capacidade dele. Em seguida, pense aonde essa capacidade o levará quando adulto.

Algumas pessoas acham que acabarão por conseguir algo, mesmo que no início tenham falhado. Encontre um exemplo de algo em que você tenha fracassado. Voltando no tempo, determine o que o fez fracassar. O que você poderia ter feito de diferente, a que poderia ter prestado atenção, ou ter dito, ou pensado que poderia ter levado ao sucesso? Imagine-se refazendo o passado, desta vez fazendo, dizendo ou pensando do modo que poderia ter alcançado o sucesso. Faça isso até que você tenha transformado o fracasso em um aprendizado sobre como alcançar melhor o sucesso no futuro.

Suscitamos e transferimos vários procedimentos operacionais de diversas maneiras relacionados a garantir que uma pessoa se comporte eticamente. Embora os critérios variem ligeiramente de uma pessoa para outra, cada procedimento operacional contém relações essenciais de causa e efeito entre o comportamento da pessoa e as conseqüências desse comportamento para os outros especificamente, e para o ambiente em geral (todas as coisas vivas, os ecossistemas, o planeta). As relações de causa e efeito em paralelo com a crença de que as ações que uma pessoa teve ou não no passado contribuíram para a maneira como as coisas aconteceram (Pa → Pa); que aquilo que fizeram ou não no passado ajudou a moldar a situação atual, e do mesmo modo que a situação no futuro será em parte o resultado do que estão fazendo agora (Pa → Pr → F); que o que estão fazendo agora tem um efeito imediato sobre os outros (Pr → Pr); e que os atos que vierem a praticar alterarão de algum modo os eventos futuros (F → F). Do mesmo modo, quando queremos aumentar a auto-estima de um indivíduo, o direcionamos para estabelecer e usar relações de causa e efeito em todas as estruturas de tempo mencionadas, mas entre suas ações e aquilo em que elas beneficiam os outros, bem como aquilo em que beneficiam a ele mesmo. A adoção dessas relações de causa e efeito o leva a compreender e *lembrar* o papel importante que desempenhou nas vidas daqueles que o cercam.

7 Categoria mobilizadora

META			Atividade
Categoria de referência	Categoria de de teste	■ ■	**CATEGORIA DE MOBILIZAÇÃO**
Causa e efeito			
	Objeto de avaliação		

Quando você fez algo que sabia que não lhe faria bem, tal como tomar drogas, fumar cigarro, comer um pedaço de torta ou ter um caso? Quando você não fez algo que precisava fazer, como cuidar do gramado, escrever um relatório ou mandar consertar o carro? Quando você não fez algo que sabia que seria bom para você, como relaxar-se, ou fazer um curso noturno, ou desligar a TV? Como uma pessoa pode fazer algo que sabe que não é bom, ou fazer algo que sabe que *é* bom? Para responder a essas perguntas, é preciso primeiro falarmos um pouco sobre "realidade".

Para a maioria de nós, estabelecer o que é real em oposição àquilo que não o é tangencia um ponto fundamental. Discutimos sobre quem está "certo", qual é a resposta "correta", o que "realmente" aconteceu, e por aí afora. Uma das coisas mais perturbadoras com que podemos nos deparar é um desafio às nossas percepções daquilo que é real. Conseqüentemente, temos a "seleção dos macacos" de Scopes, Galileu preso pela Inquisição, técnicos zangados de beisebol acusando árbitros e casais em terapia tentando descobrir exatamente quem tem culpa pelos seus problemas. Mesmo um psicótico com visões e vozes alucinantes tenta convencer aqueles à sua volta de que seu coelho de três metros de altura é real, em vez de dizer simplesmente: "Ah, vocês não o vêem? Sei...", e em seguida dar de ombros e afastar-se. As pessoas à sua volta também não afastam o episódio como apenas uma diferença de percepção e opinião, que dirá perguntar sinceramente como está o coelho hoje.

O que há de tão importante em se separar aquilo que é real daquilo que não o é? Há algumas respostas para essa pergunta, mas aquela com a qual nos preocupamos aqui tem a ver com a *necessidade de reagir*. Precisamos saber o que é real para que saibamos a que reagir e como reagir. Seu parceiro a ama? Sua reação ao seu parceiro vai variar tremendamente, dependendo da sua resposta a essa pergunta. É verdade que você é uma pessoa sensitiva? É verdade que você foi marcado pelo passado? É verdade que qualquer coisa é possível no futuro? As conversas que você às vezes tem consigo mesmo são de sua própria autoria, ou você está bisbilhotando o mundo dos espíritos? Em cada exemplo, o que você acredita ser real afetará profundamente suas emoções e ações.

Suponha que seu filho saia correndo do quarto, aos prantos e apavorado, porque há um "monstro" no armário. Sendo um adulto bem informado, você sabe que não há monstro no armário, e por isso não chama a polícia, não tranca a porta, nem pega uma faca de cozinha e sai à sua caça. O monstro não é real para você. Mas lá está seu filhinho, tremendo e chorando. O monstro *é* real para ele, e assim ele está reagindo adequadamente no que lhe diz respeito, ficando apavorado e correndo para lhe pedir ajuda. A questão é que não reagimos ao que *é* real — reagimos ao que *pensamos* ser real. Para a criança assustada, sua representação de um monstro no armário é motivo *suficiente* para que ela reaja àquela representação como se ela fosse real. No momento em que ela a percebe como real, deve reagir a ela como tal. Essa é a exigência daquilo que percebemos ser real.

Esse fenômeno, é claro, não se restringe aos homenzinhos verdes da infância. Para William Jennings Bryan, a explicação bíblica da criação e a ameaça espiritual da teoria da evolução eram tão reais que ele se sentiu compelido a ajudar a processar John Scopes por ensinar a teoria da evolução darwiniana. Quando os autores desse livro eram crianças, o desenvolvimento das armas nucleares criou em nossas famílias (assim como na maioria das famílias dos anos 50) a realidade de uma guerra nuclear. Movido por essa possibilidade muito real, armazenamos enlatados, temos abrigos caseiros antibombas e na escola treinamos para entrar rapidamente debaixo das cadeiras, com uma mão protegendo o pescoço e a outra, os olhos. Contudo, apesar do crescimento exponencial contínuo dos arsenais nucleares, passamos em seguida por um período durante o qual poucas pessoas se importavam com a guerra nuclear; ou, quando se importavam, não se sentiam compelidas a fazer algo a esse respeito, fosse em termos de ação política ou de autopreservação. Nos últimos anos, a possibilidade de um holocausto nuclear tornou-se novamente real para inúmeras pessoas, que estão por isso apavoradas e motivadas a fazer algo a esse respeito.

Enquanto trabalhava com jovens delinqüentes presos, um dos autores (DG) ficou espantado de ouvir, da maioria dos pequenos e dos nem tão pequenos ladrões entrevistados, variações sobre o tema a seguir:

DG: Você achou que seria preso?
J: Não, eu sabia que eles não podiam me pegar.
DG: Mas você *foi* preso. Você está aqui.
J: (Dá de ombros) Bem, cometi um engano, só isso.
DB: Você acha que vai roubar de novo quando sair?
J: Claro. Eles não vão *me* pegar de novo.

Que coisa surpreendente de se ouvir de uma pessoa que *foi* pega e que *está* na prisão! Como se pode acreditar no que essa pessoa acredita? Você acha que se sair e assaltar uma loja não será preso? Talvez não. Sua percepção provavelmente diz que há uma chance muito real de que você seja preso ou ferido e que esse destino é real o suficiente para dissuadi-lo de tentar um assalto. Mas, para a maioria dos jovens que o autor entrevistou, a possibilidade de ser preso ao cometer um assalto não era mais real do que o monstro no armário para um adulto.

A questão é que existem diferenças entre aquilo que dois indivíduos quaisquer representam como "real". As experiências "reais" não podem ser ignoradas; elas obrigam o indivíduo a reagir do modo como ele aprendeu que é adequado para aquela realidade particular. Sem dúvida, a gama de percepções e crenças que podem ser consideradas reais ou não reais (e, portanto, que valem ou não uma reação) é infinita. Entretanto, há uma coisa que podemos distinguir em nossas realidades individuais: as estruturas temporais particulares às quais cada um de nós costuma relegar suas realidades.

Aquilo que é motivador em termos da estrutura temporal foi ilustrado durante um pequeno conflito familiar. Três adultos (Ed, Frank e Iris) estavam entretidos numa conversa quando Tad, o filho adolescente de um deles, entrou como quem não quer nada e, com uma expressão abatida e uma voz queixosa, perguntou onde poderia encontrar os panos de que precisava para acabar de lavar o carro. Os três adultos já estavam muito familiarizados com a característica falta de auto-suficiência do menino e com seu hábito de pedir ajuda até que alguém acabasse fazendo a coisa para ele. Os adultos reagiram das seguintes maneiras:

Frank ficou vermelho, franziu o cenho para Tad e disse, irritado: "Não quero saber mais disso! Basta!"

Ed perguntou a Tad onde poderia procurar primeiro e, se não encontrasse os panos, onde poderia olhar em seguida; ainda não os encontrando, quais seriam outros lugares possíveis?

E Iris levantou-se, pegou Tad pela mão e disse: "Não se preocupe, a gente vai achar um em algum lugar".

Como podemos explicar as três reações tão diferentes? Frank explodiu com a pergunta de Tad sobre um pano. A explicação de Frank foi que "Tad sempre fez essa cara de quem implora ajuda até conseguir", e que ele estava cheio disso e zangado por ter acontecido de novo. Nesse incidente, contudo, Tad *não* tinha implorado ajuda repetidamente para encontrar o pano. Aquele fora seu primeiro pedido, e não se sabia se ele iria ou não realmente "fazer essa cara" de novo. A avaliação de Frank se referia às vezes anteriores em que Tad abusara, bajulando-o para conseguir ajuda. Assim, a reação comportamental de Frank era ao seu teste passado, que "revelava" que Tad sempre fizera essa cara. Por isso, nesse exemplo o passado para Frank é mais motivador do que o presente ou o futuro.

Conversando com Ed, descobrimos que ele estava preocupado com a possibilidade de Tad se tornar um adulto incapaz de se arranjar sozinho. Ed percebia que, a não ser que Tad aprendesse a pensar por conta própria, ele enfrentaria muitas dificuldades desnecessárias na vida. Por isso, a intenção do comportamento de Ed era ensinar Tad a pensar de maneiras que o levariam a agir independentemente. Para Ed, o futuro desamparado que imaginava para Tad era real o suficiente para compeli-lo a reagir dessa forma.

A reação de Iris foi ajudar Tad a encontrar um pano. Ela nos disse: "Eu via que ele estava nervoso e que queria realmente saber. Ele se sentia péssimo". Iris não disse nada sobre a história de Tad ou sobre seu possível futuro. A única preocupação dela era "o que está acontecendo com Tad agora" — o presente. Para Iris, Tad não se sentia à vontade e precisava de ajuda imediata. E, sendo capaz de fazer algo quanto àquela realidade presente, ela foi motivada a ajudá-lo a encontrar o pano. É claro que Iris se lembra do passado, mas para ela o passado já ficou para trás. Ela pode imaginar o futuro, mas ele lhe parece obscuro e imprevisível. O que é real e motivador para Iris é o que está acontecendo à sua volta agora — o presente.

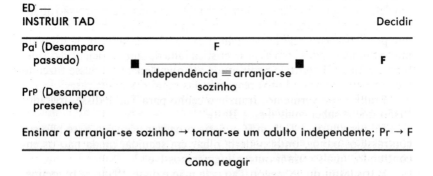

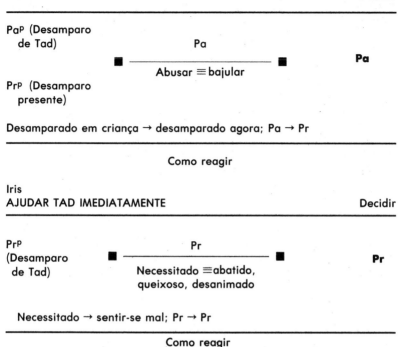

Em cada um desses três exemplos, a meta do procedimento operacional é em larga medida uma função da estrutura temporal que a pessoa realmente acha motivadora. Ed e Frank sabiam tão bem quanto Iris da necessidade presente de Tad de encontrar um pano. Entretanto, suas reações à necessidade de Tad foram, no caso de Frank, em função de avaliações sobre o passado e, no caso de Ed, em função de avaliações sobre o futuro. Assim, a estrutura temporal motivadora é a estrutura temporal que, numa avaliação de um procedimento operacional particular, *conduz ao comportamento*.

A estrutura temporal de motivação nos diz sobre um contexto particular se é o passado, o presente ou o futuro aquilo que a pessoa experiencia como mais real e, por isso, o que mais requer uma reação comportamental. Entretanto, o comportamento real que a estrutura temporal de motivação "demanda" será determinado pelo impacto simultâneo das referências, testes, critérios, equivalências de critério, sistemas representacionais e relações de causa e efeito (bem como, talvez, de outros procedimentos operacionais). Você talvez tenha notado que a estrutura temporal de motivação não era a única diferença entre as três pessoas no exemplo que acabamos de dar. O fato de que as referências passadas do desamparo de Tad eram *informacionais* para Ed, porém *pessoais* para Frank, e que cada um dos três usava critérios e relações de causa e efeito diferentes, tem certamente muito a ver com as diferenças de comportamento que cada um deles manifestou em resposta ao pedido de Tad.

Para ilustrar o efeito da interação das distinções, vamos comparar os cálculos de Ed àqueles de uma pessoa fictícia, que chamaremos de Linda. Se Linda souber dos mesmos exemplos do desamparo passado e presente de Tad e de sua falta de iniciativa, e se mudarmos apenas a relação de causa e efeito de Ed, de "ensiná-lo a arranjar-se sozinho agora vai torná-lo independente quando adulto" para "não aprender a ser independente aos dez anos torna uma pessoa desamparada quando adolescente e quando adulto", deixando o resto como está, qual será a reação de Linda?

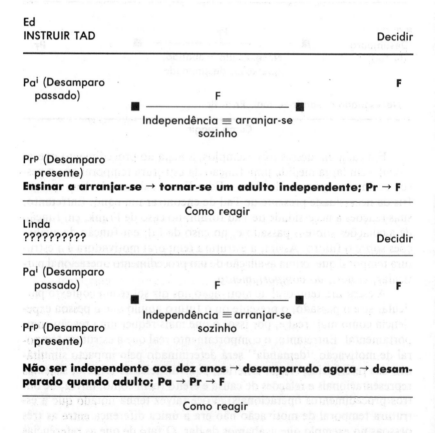

140

Assim como Ed, Linda avaliará o futuro com vistas às perspectivas de independência para Tad e provavelmente chegará à conclusão de que ele não será independente quando adulto, *mas ela não perceberá a existência do que ele ou ela possam fazer quanto a isso*, exceto, talvez, desejar que ele mude ou esperar que o mundo não seja muito cruel com ele. Talvez a reação de Linda seja sentar-se quieta e sentir pena de Tad, ou oferecer-lhe a informação que ele está pedindo (já que isso não fará nenhuma diferença em termos de seu futuro), ou dizer-lhe que espera que ele algum dia seja capaz de se arranjar sozinho, ou centenas de outras reações possíveis. Todas as reações, contudo, incluirão a crença de Linda na importância de uma independência do tipo "arranjar-se sozinho", a crença na relação de causa e efeito de que o jeito como Tad era quando criança determina como ele é agora e como será quando adulto, e sua premonição *mobilizadora* de um futuro de dependência para Tad. Do mesmo modo, se devolvermos a Linda a relação de causa e efeito de Ed (ensinar a arranjar-se sozinho → tornar-se independente quando adulto; Pr →F), mas mudarmos sua equivalência de critério de independência para "independência ≡ não aceitar maus tratos", talvez ela reagisse incentivando Tad a enfrentar a agressão de Frank.

Subordinação

Olhando para os exemplos que usamos até aqui nesta seção, você notará que em cada procedimento operacional a estrutura temporal do teste é igual à estrutura temporal de motivação. O próprio fato de que uma pessoa tenha se sentido motivada a reagir de uma dada maneira significa que ela deve ter feito um teste (mesmo que inconscientemente), de acordo com o comportamento manifestado. Por exemplo, para evitar responder "sim" ou "não" aleatoriamente cada vez que lhe oferecem, digamos, uma laranja, é preciso a cada vez fazer uma avaliação de se você *gosta* ou não de laranjas, ou se você *quer* uma agora, ou se você *terá tempo* para chupá-la, ou se você respondeu "sim" da última vez e por isso deveria dizer "não" agora para "manter o equilíbrio", e assim por diante. Sempre que uma pessoa é movida a reagir, e quando *apenas um teste* está sendo feito no procedimento operacional que gerou essa reação, a estrutura temporal do teste e a estrutura temporal da motivação serão a mesma. Se não fosse assim, nossas reações seriam essencialmente casuais. E, embora as reações possam ser muitas coisas, elas *não* são casuais.

A exceção à observação de que as estruturas temporais do teste e de motivação serão a mesma num procedimento operacional particular ocorre quando mais de uma estrutura temporal de teste está sendo usada e os resultados dos testes feitos são de algum modo incompatíveis — por exemplo, o teste presente "quero sair hoje à noite" e o teste futuro "estarei frito se não acabar esse trabalho hoje à noite". A incompatibilidade entre testes é resolvida geralmente pela *subordinação* de um tempo a outro. Encontramos um exemplo comum desse processo na situação de pessoas à mesa de jantar, diante da bandeja de sobremesas ao fim de uma grande refeição. Três amigos — Arbuckle, Wally e Eileen — encontram-se exatamente nessa situação. Depois de terminarem o prato principal, o garçom se aproxima da mesa com a bandeja de sobremesas e lhes pergunta se gostariam de servir-se.

Arbuckle, que sem nenhuma dúvida está acima do peso (e não gosta disso), pega um pedaço de torta. Ele sabe o que o excesso de comida significou no passado e o que significará no futuro. "Mas", diz ele, "eu quero." Arbuckle tem exemplos de referência em profusão (pessoais e informacionais) relativos aos efeitos do excesso de comida. Ele também é capaz de avaliar o que acontecerá se comer demais. Ele sabe que ganhará peso. Mas saber disso não o mobiliza a recusar a sobremesa. Arbuckle deseja a torta agora, e é esta avaliação presente a mais motivadora para ele. Para Arbuckle, o passado e o futuro não são reais no sentido de serem mobilizadores, mas o presente *é* real, e quando confrontado com a pálida realidade do passado e do futuro, vence com um pé nas costas. Quando uma estrutura temporal mobiliza mais do que outra, como nesse caso, dizemos que a estrutura menos motivadora está subordinada à mais motivadora. No caso de Arbuckle, *o futuro está subordinado ao presente*. Em outras palavras, quando Arbuckle faz testes conflitantes quanto ao presente e ao futuro, são os testes relativos ao presente que dirigirão seu comportamento.

Arbuckle
PEDE SOBREMESA   Decidir

Pa^i (Efeitos de comer demais)	F	
Pr^p (Desejo de sobremesa)	Saúde $\equiv$ EqC	■ Pr
	Pr	
F^i (Efeitos de comer demais)	Satisfação $\equiv$ EqC	
Causa e efeito		

Sobremesa

Wally sabe que gostaria de comer a torta agora, mas recusa a sobremesa. Ele diz "Não, vou me arrepender depois. Vou acordar no meio da noite com azia se comer mais". Wally já teve azia por comer demais, mas não está com azia agora — nesse momento ele quer a torta. Ela tem um cheiro e um aspecto ótimos, mas ele se imagina acordando no meio da noite com azia, lamentando sua fraqueza; e para ele esse possível futuro é mais forte do que o desejo dele de comer a torta, relutantemente ele dispensa a sobremesa. Quando Wally faz testes conflitantes quanto ao presente e ao futuro nessa situação, será o resultado dos testes futuros que gerará se comportamento. Wally subordina o presente ao futuro.

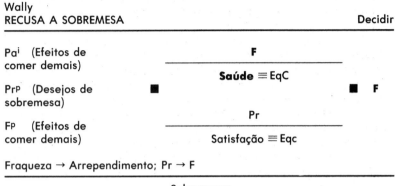

Eileen também está considerando a possibilidade de comer a torta, mas a recusa, dizendo: "Tortas nunca combinaram comigo". Embora a objeção de Eileen pareça semelhante à de Wally, não o é. Eillen não recusa a torta por causa do que *pode* acontecer (como Wally fez), mas devido ao que *aconteceu*. Para Eileen, o passado é motivador. No que lhe diz respeito, se a torta a fez sentir-se mal antes, então a fará sentir-se mal se ela a comer agora ou em qualquer ocasião no futuro. Wally tenta argumentar com ela, dizendo que ela tinha dez anos de idade na última vez em que ficou doente por causa de uma torta, e que talvez agora ela esteja imune aos seus efeitos, ou que talvez ela se acostume se tentar várias vezes, mas seus argumentos não são ouvidos, pois se referem aos inconvincentes presente e futuro. Eileen *subordina o presente e o futuro ao passado*, e fica sem sobremesa.

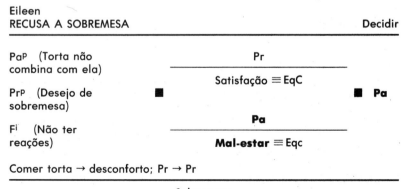

143

A utilidade de se conhecer a estrutura temporal de motivação fica óbvia na notação dos raciocínios de Arbuckle, Wally e Eillen. Em cada caso fazem-se testes conflitantes, e em cada caso é a estrutura temporal que mobiliza a escolha. Isto é, quando o raciocínio de uma pessoa envolve testes conflitantes, *a estrutura temporal da categoria de mobilização lhe dirá os testes que a pessoa quase certamente subordinará e aqueles que guiarão seu comportamento.*

Em outro exemplo, pense numa pessoa que está deitada na cama, prestes a dormir, que subitamente se lembra de que deixou a pá no jardim — e há previsão de chuva para a noite. Se em geral ela é mobilizada pelo presente, talvez subordine o futuro inconvincente ao presente e durma. Se, por outro lado, ela é mobilizada pela possibilidade futura, é provável que ela subordine o presente e saia da cama (mesmo que reclame sem parar) e salve a pá de um futuro enferrujado.

Um outro exemplo de subordinação é dado por um artista gráfico e *designer* muito talentoso de Los Angeles. Pediram-lhe que desenhasse uma linha de enfeites e bugigangas como parte do *marketing* de uma estrela de *rock* famosa. Esse artista não gosta deste tipo de trabalho e ficou, na verdade, constrangido de falar conosco sobre isso. Entretanto, aceitou a encomenda. Ele queria subordinar suas considerações presentes do que seja um trabalho adequado à possibilidade futura de que aquela encomenda de enfeites espalhafatosos acabasse por lhe permitir fazer o que ele quer como artista. Considerando seus critérios, se o artista tivesse subordinado o futuro ao presente, teria provavelmente recusado a oferta para o *marketing* da estrela de *rock*. Do mesmo modo, um projetista urbano com tendência a subordinar o futuro provavelmente aprovará planos que se encaixem nas necessidades atuais. Se, contudo, o projetista for inclinado a subordinar o presente, pode-se prever que encarará mais favoravelmente os planos que crê que acabarão por levar a uma "boa" cidade (mesmo que signifiquem dificuldades atuais) do que os planos que, em sua avaliação, prometem resolver uma problema atual a custo de gerar um problema futuro.

Investigações

Compreender a si mesmo   O que você não deixará que seus filhos façam? Com freqüência, as restrições que se impõem são o resultado de motivadoras representações futuras de conseqüências terríveis. Por exemplo, seu filho pede para andar de bicicleta pela cidade, você forma imagens motivadoras dele sendo atropelado por um carro e ficando paralítico por causa de um ferimento na cabeça, e diz: "Nem pensar". Você está fazendo um teste futuro usando o critério do bem-estar dele. Isso se torna mais mobilizador do que as suas referências passadas ou presentes de seu filho como um ciclista seguro e competente.

Compreender os outros   Para as pessoas que esbanjam dinheiro, o desejo presente é mais motivador do que qualquer representação futura que possam ter quanto a ter que pagar pelo que estão comprando ou a não ter dinheiro para necessidades futuras. Elas estão fazendo testes presentes de motivação.

As pessoas cronicamente atrasadas com freqüência também acham o presente mais motivador. Assim, costumam subordinar considerações de compromissos assumidos no passado, ou de futuras conseqüências de se atrasar, ao que está acontecendo no momento.

Uma pessoa que decida não mais fazer negócios com alguém que o tenha irritado está sendo motivada pelo passado ou pelo futuro (isto é, como o outro a irritou, ou como provavelmente a irritará de novo), enquanto a honestidade, a sinceridade e as explicações que o outro pode apresentar no presente não são motivadoras.

Aquisição   Pessoas que costumam obter sucesso ao avaliar acordos e contratos acham as representações de possíveis problemas futuros as mais motivadoras (em vez de possíveis recompensas futuras, que levam muitas pessoas a se deixarem seduzir pela possibilidade de ganho). O propósito desse futuro é identificar possíveis problemas no acordo ou contrato e resolvê-los agora, em vez de solucioná-los em juízo mais tarde.

Pessoas que cuidam bem da saúde (exercitam-se, alimentam-se bem, evitam café, cigarros e drogas) geram e mantêm representações futuras de motivação tanto dos possíveis benefícios quanto das terríveis conseqüências das coisas que comem e fazem. Desenvolvemos procedimentos operacionais que implantam possibilidades de mobilização em pessoas que estão participando de programas de tratamento de abuso de drogas (ver Cameron-Bandler; Gordon e Lebeau, 1985). Embora essa variável não possa resolver sozinha tais problemas, é absolutamente necessária para se obter resultados a longo prazo.

O problema de um homem com quem trabalhamos se resumia no fato de o futuro ser a única estrutura temporal de motivação. Ele estudava numa universidade, e toda a sua atenção estava voltada para a graduação, que só ocorreria dali a um ano e meio. Sua motivação original para voltar à escola era ser capaz de algum dia proporcionar uma vida decente a sua família. Agora esse futuro estava à vista, e ele queria alcançá-lo o mais rápido possível. É motivado a abarrotar-se de aulas durante o dia e passar a maior parte da noite pesquisando. Entretanto, sua visão voltada para o futuro também o fazia negligenciar e descuidar-se das necessidades presentes de sua família — afeto pela esposa, ajuda aos filhos, dinheiro para o aluguel *deste* mês —, a que é preciso atender agora. Ele não precisava desistir dos estudos, mas necessitava subordinar o futuro o suficiente para ser capaz de notar e de atender às necessidades presentes — ou não haveria família para a qual voltar na noite da formatura. Fizemos com que ele imaginasse e avaliasse uma possibilidade em que sua perseguição a um diploma lhe custasse de verdade a esposa e os filhos. Tendo esse futuro em mente como referência, e com as relações de causa e efeito que o acompanham no lugar, o presente se tornou e permaneceu uma força mobilizadora.

Resumo das variáveis do método

O método EMPRINT é feito para ser usado tanto no diagnóstico quanto com propósitos de aquisição. Em termos de diagnóstico, o método fornece um conjunto de variáveis que podem ser usadas para entender os processos internos subjacentes à experiência e ao comportamento de uma pessoa em qualquer contexto particular. Em termos de aquisição, o método pretende possibilitar a identificação dos comportamentos internos e externos que as pessoas empregam para manifestar habilidades, aptidões e traços desejáveis, e em seguida permitir a aquisição dos processos internos que resultam nesses comportamentos.

A experiência e o comportamento de um indivíduo em um contexto particular são a manifestação das avaliações que ele está fazendo. Uma avaliação é uma função de um conjunto de variáveis que interagem simultaneamente. Esse conjunto de variáveis que interagem chama-se *procedimento operacional*.

A primeira das variáveis é a *estrutura temporal de teste*. Essa variável identifica qual das três estruturas temporais (passado, presente e futuro) você está avaliando. A segunda variável são os *critérios*, que constituem os padrões que aplicamos ao fazer um teste. Assim, o que testamos é se — ou em que medida — os critérios foram (passado), estão sendo (presente) ou serão (futuro) satisfeitos.

Uma terceira variável é a *equivalência de critério*, que consiste na especificação de que comportamentos, percepções, atividades, etc., em particular, constituem a satisfação de um critério. Uma quarta variável é o *sistema representacional* do teste (*visual, auditivo, cinestésico* ou *olfativo/gustativo*). É freqüente a satisfação de uma equivalência de critério ocorrer apenas num sistema representacional particular. Juntas, as quatro variáveis constituem a *categoria de teste*.

A quinta variável é a *categoria de teste referencial*, que especifica se a pessoa está usando o passado, o presente ou o futuro como base experiencial para sua avaliação. As referências podem ser *reais* (extraídas das experiências reais) ou *construídas* (criadas pela junção de partes da experiência); e podem ser *pessoais* (incluindo emoções e sensações que pertencem à experiência), ou *informacionais* (alguns dados, sem nenhuma das emoções ou sensações que pertencem à experiência). Como não se pode ter tido experiências reais no futuro, todas as referências futuras são construídas.

146

A sexta variável é o conjunto relevante de relações de *causa e efeito*, que especificam as relações contingentes que uma pessoa acredita estarem operando em um contexto particular. As relações de causa e efeito são caracterizadas tanto por seu conteúdo quanto pelas estruturas de tempo que pressupõem.

A sétima variável especifica, entre dois ou mais testes incompatíveis, aquele que você vivencia como mais real, no sentido de gerar em você uma reação comportamental. Essa estrutura temporal da *categoria de mobilização* determina que teste será expresso comportamentalmente, e aqueles que, portanto, serão *subordinados*.

Vistas conjuntamente, e para cada avaliação feita, as variáveis em interação constituem um procedimento operacional que resulta na manifestação de certas reações experienciais e comportamentais. Para um indivíduo particular, o conteúdo das sete variáveis que compõem um procedimento operacional varia de acordo com o contexto específico considerado.

Para ajudar a acompanhar o procedimento operacional que está sendo suscitado ou discutido, a notação de cada procedimento operacional inclui a *META*, a *Atividade* e o *Objeto de avaliação*. A meta é o comportamento manifesto ao final do processo, e pode ser o resultado de uma ou mais atividades. Cada atividade consiste em uma ou mais avaliações. Para cada avaliação, o que está sendo avaliado é o objeto da avaliação.

A notação do método inclui as relações de causa e efeito e as categorias de referência, de teste e de mobilização.

META   **Atividade**

Categoria de referência	■	Categoria de teste	■	Categoria de comportamento

Causa e efeito

Objeto de avaliação

A notação das variáveis de cada categoria tem o seguinte procedimento.

META		Atividade

| Estrutura temporal,
Autenticidade,
envolvimento
emocional | ■ $\dfrac{\text{Estrutura} \quad \text{(Sistema de}}{\text{temporal} \quad \text{representação}}$
Critérios $\equiv$ EqC | ■ Estrutura
temporal |

Conteúdo da relação de causa e efeito: Estruturas temporais

Objeto de avaliação

8 O método em funcionamento

A excelência nos seres humanos não é algo que só se encontra em atletas olímpicos, vencedores do Prêmio Nobel e ganhadores do Oscar. A excelência também é encontrada no rapaz, nosso vizinho, que começou uma dieta e se mantém fiel a ela; na professora de primeiro grau maravilhosamente capaz de fazer as crianças desejarem aprender; na nossa colega de trabalho que consegue contar a piada mais sem graça e fazer você se contorcer de riso; no tio Joe, que sabe fazer uma cadeira parar de ranger; e às vezes, de alguns modos, em você. O fato de que as capacidades excelentes das pessoas com freqüência passam despercebidas ou são dadas como certas por elas e pelos que as cercam não diminui o valor de suas capacidades especiais.

Todos nós temos áreas em que não temos a capacidade que gostaríamos de ter. E para cada uma dessas áreas encontramos alguém que consegue o tipo de resultado que apreciaríamos obter. Como demonstramos até aqui na apresentação do método EMPRINT, as experiências e comportamentos que temos num dado momento são a manifestação de certos processos internos — processos que podem ser descritos.

O propósito de tal descrição consiste em proporcionar um tipo de mapa ou modelo dos processos internos dessa pessoa, com respeito ao seu comportamento. Podemos em seguida usar esse mapa para entender como essa pessoa faz aquilo. Entretanto, o tipo de mapa que estamos desenhando aqui vai além da compreensão: ele fornece as partes essenciais para *reproduzir* os tipos de reações que outra pessoa tem em um contexto particular. Isto é, ao reproduzir em si mesmo os procedimentos operacionais usados por alguém que lhe serve de modelo numa dada situação, você se tornará capaz de manisfestar os mesmos tipos de comportamento desejável.

Para facilitar a descrição dos processos, até aqui a apresentação tem principalmente relacionado as reações de uma pessoa a apenas uma das variáveis de cada vez. Entretanto, por mais importante que seja cada uma das variáveis, no final as nossas experiências e comportamentos são a manifestação de *todas* as variáveis que *interagem simultaneamente* entre si. Já é tempo de juntarmos todos os pedaços. Expomos a seguir quatro exemplos de tipos de excelência dos "nossos vizinhos" — metas que vale a pena compreender e reproduzir devido ao seu valor para tornar nossa vida mais rica, satisfatória e agradável. Os exemplos serão apresentados como seqüências de atividades e procedimentos operacionais, com cada um dos procedimentos operacionais sendo descrito e discutido como um processo simultâneo e de interação.

Para manter um campeão de vendas funcionando

Al, gerente de um dos escritórios de uma grande firma de corretagem, é responsável por supervisionar o desempenho de vinte corretores em tempo integral. As responsabilidades de Al incluem treinar os corretores (no uso de atualizações periódicas), supervisionar o cumprimento das regulamentações do SEC e garantir que nenhum deles forje contas (comprar e vender simplesmente para gerar comissões). Uma das funções mais importantes de Al é manter a motivação dos corretores — uma tarefa muito difícil durante períodos de seca, quando o mercado não produz muitos negócios e as comissões murcham.

Al é particularmente perito em manter a motivação entre os corretores durante essas entressafras. Dúzias de livros e centenas de seminários de negócios se dedicaram ao problema da motivação, com a maioria deles descrevendo exatamente o que dizer e fazer com membros da equipe desmotivados, e como fazê-lo e dizê-lo. Al não é a favor dessas abordagens globais para lidar com sua equipe; ele prefere reagir a cada um deles como indivíduo e de acordo com suas necessidades individuais.

Por exemplo, durante uma entressafra Al ficou preocupado com Bill, um corretor novato, que ficava sentado com ar desconsolado à sua mesa, mordendo o lápis, com ar cansado e preocupado. Considerando o que ele sabia sobre a vida de um corretor, e sobre Bill em particular, Al decidiu que, para que Bill saísse da depressão, ele precisava saber de três coisas: que toda a equipe estava apenas passando por um dos ciclos do mercado, que uma hora terminaria; que, apesar disso, havia coisas que ele podia e devia fazer para melhorar sua situação; e que ele era um membro importante e prestigiado da equipe.

Com seus objetivos definidos, Al planejou a melhor maneira de levar as três informações a Bill. Ele havia observado que Bill ouvia as conversas no escritório sobre os ciclos do mercado, mas notara que o que se dizia não produzia muito efeito sobre ele. Al percebeu que era fundamental que Bill reconhecesse que o que lhe diziam era importante, por isso decidiu que a melhor estratégia seria chamar Bill à sua sala, fechar a porta, mandá-lo sentar-se, dizer claramente à sua secretária para não lhe passar nenhuma ligação telefônica, e então iniciar uma descrição do comportamento e do empenho atuais de Bill. A isso se seguiriam uma afirmação do valor de Bill como membro da equipe e uma reafirmação da confiança de Al em sua capacidade. Em seguida, Al daria a Bill uma perspectiva mais realista da natureza cíclica do mercado de ações, seguida por sugestões de coisas que Bill poderia fazer para aumentar sua lista de clientes. Finalmente, Al instalaria em Bill uma ânsia por seguir suas sugestões.

Quando chegou a hora de colocar o plano em prática, Al prestou muita atenção às reações de Bill, passando à próxima etapa de sua interação apenas quando tinha certeza de que Bill o acompanhava plenamente. Por exemplo, Al não passou à explicação dos ciclos do mercado até ter certeza de que Bill havia entendido que ele o via como um corretor competente. Al nos explicou que, se ele não tivesse sido capaz de fazer com que Bill reagisse do modo que queria durante a conversa, teria se sentado e reavaliado seus planos, optando por algumas modificações. Ou se Bill tivesse dito algo que indicasse a Al que sua avaliação do que estava acontecendo com Bill estava errada, então ele teria reavaliado o que Bill precisava — dessa vez, contudo, começando por fazer algumas perguntas a Bill. Por exemplo, talvez ele tivesse descoberto que Bill estava consciente de seu valor, de sua competência e dos fatos econômicos, mas aborrecido com preocupações com a vida doméstica.

A estratégia que Al usou com Bill não era de modo algum sua abordagem "padrão". Al não tinha nenhuma abordagem padrão. Como exemplo de uma outra de suas estratégias, Al descreveu sua interação com um outro membro da equipe que era um veterano na firma. Apesar de seus dez anos como corretora, Fran passara a demorar e suspirar enquanto tomava o café matinal, reclamando do escritório e indo embora cedo. Al notava que Fran não fazia tudo o que podia para conseguir negócios, e suas observações desalentadas indicavam que por alguma razão a atual entressafra a tinha esgotado, fazendo-a esquecer-se da reviravolta inevitável.

Embora Fran precisasse de algumas mensagens semelhantes às de Bill, Al sabia com base em sua experiência passada que a mesma estratégia nunca funcionaria com ela. Em vez disso, Al foi à sala de *Fran*, perguntou se ela aceitaria companhia, sentou-se e começou a conversar sobre coisas alheias ao contexto do escritório. À medida que a conversa se voltava para a economia, Al começou a falar sobre entressafras anteriores, e juntos conversaram sobre o fato de que, embora parecessem intermináveis, sempre acabam. Fran concordou que aquilo realmente viria a acontecer. Em seguida, Al casualmente voltou o assunto para a discussão de estórias de métodos que pareciam funcionar melhor para cavar negócios. Logo Fran estava entusiasticamente fazendo planos para renovar o contato com seus velhos clientes, e para estabelecer novos. Essa estratégia não teria funcionado com Bill, mas era o remédio certo para Fran.

O que é mais nítido na maneira de Al supervisionar sua equipe é que ele usa o que sabe sobre eles como base para estruturar interações apropriadas para cada um deles como indivíduo, em vez de supor que todos se encaixam numa abordagem padrão. Como observamos antes, há dúzias de abordagens interacionais anunciadas como cura para problemas de motivação, bem como outros problemas de equipe/gerência. O próprio charme dessas estratégias — isto é, o fato de que são prescrições para interações e por isso requerem pouco tempo e esforço do gerente — é também a sua limitação. As pessoas *são* indivíduos, e têm reações particulares a determinada circunstância. A abordagem de Al obviamente requer mais tempo e esforço, mas o resultado manifesto de sua estratégia voltada para o indivíduo é que ele cumpre suas responsabilidades profissionais de um modo e numa extensão geralmente reconhecidos como excepcionais.

O primeiro passo de Al — Identificar as necessidades da pessoa   Dentro da meta "Manter um campeão de vendas funcionando", Al passa por uma seqüência de três atividades. Cada uma delas tem um procedimento operacional. O primeiro lhe permite *identificar o que a pessoa precisa*. As expectativas quanto ao desempenho da equipe são altamente padronizadas em sua profissão; por isso os critérios segundo os quais Al avalia as necessidades de sua equipe são geralmente relativos a se estão ou não "motivados", "compromissados" e "ativos" (a não ser, é claro, que ele veja alguma indicação de que o comportamento de uma pessoa no escritório se deva a circunstâncias alheias ao trabalho).

Al testa os critérios no presente; isto é, ele está inicialmente interessado em determinar se uma pessoa *está* ou não motivada, e não em saber se *estava* ou *estará*. Além disso, o presente é motivador de modo que qualquer indicação de que uma pessoa esteve ou estará motivada fica subordinada ao reconhecimento de que ela no momento atual está desmotivada. Ele sabe que alguém está motivado quando vê que a pessoa continua a perseguir os objetivos apesar dos obstáculos. A evidência do compromisso é que a pessoa se engaja em interações de negócios com colegas (por exemplo, discutindo os efeitos possíveis das recentes notícias econômicas ou pedindo dicas de como falar com clientes, em vez de apenas reclamar ou conversar sobre esportes ou cinema). E a equivalência de critério para atividade é que a pessoa esteja dando telefonemas, marcando encontros, etc.

Ao avaliar a motivação, o compromisso e a atividade de um membro da equipe, Al se baseia em suas observações diretas do comportamento da pessoa e naquilo que ele sabe sobre seu comportamento anterior (a história pessoal que ele conhece, o desempenho anterior no emprego, etc.). Subjacente às avaliações de Al está sua crença em uma relação de causa e efeito entre sua intervenção e o fracasso ou sucesso futuro do membro da equipe.

MANTER UM CAMPEÃO DE VENDAS
FUNCIONANDO   Identificar

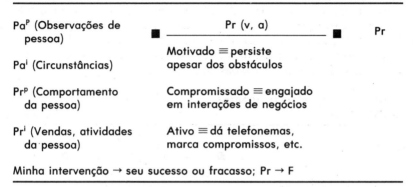

O que a pessoa precisa

A meta comportamental desse procedimento operacional é que Al determina do que, se houver algo, alguém de sua equipe precisa no momento quanto a motivação, compromisso ou atividade. O fato de que o teste presente é motivador ganha importância porque exclui a possibilidade de que Al ignore a indisposição atual de um empregado com base em que ele tenha determinado que a pessoa *estará* motivada, compromissada ou ativa no futuro. Tal subordinação do presente ao futuro seria inapropriada, uma vez que (1) não há qualquer garantia de que o empregado vá de fato recuperar a motivação necessária; (2) em uma profissão orientada para o desempenho, quanto mais tempo o empregado se mantém improdutivo maior a probabilidade de que ele desenvolva uma percepção desfavoravelmente distorcida de sua própria competência, entrando num círculo vicioso de mau desempenho, baixa auto-estima, pior desempenho, etc.; e (3) se nada for feito para reorientar a pessoa, ela provavelmente deixará novamente que sua motivação desapareça na próxima entressafra.

As experiências de referência que caracterizam os processos internos de Al nesse ponto garantem que sua avaliação das necessidades de um membro da equipe esteja baseada em informações tanto diretas quanto substanciais. Em vez de confiar nas informações de segunda mão, ele usa suas *próprias* observações como fonte de informações. O comportamento passado do empregado é uma referência importante, pois fornece a base experiencial sobre a qual o seu comportamento atual pode ser avaliado. E, finalmente, a relação de causa e efeito que Al percebe entre sua intervenção e o desempenho futuro de seu empregado é essencial para motivar Al a se engajar nessa avaliação em primeiro lugar.

O segundo passo de Al — Desenvolver um plano Após decidir o que um membro da equipe precisa, Al elabora um plano para lhe dar as informações necessárias. Subjacente a essa atividade e a esse procedimento operacional está a percepção de uma relação de causa e efeito entre o modo como ele vai passar as informações e a possível eficácia de sua intervenção. Seu teste se refere ao futuro, e envolve representações visuais detalhadas em que ele avalia vários modos de interagir com o empregado. A avaliação é feita quanto ao critério de "eficácia", que significa para Al que a pessoa reaja do jeito que ele quer. A base de referência para essas avaliações futuras é sua lista das necessidades dessa pessoa, e suas experiências passadas com ela.

MANTER UM CAMPEÃO DE VENDAS
~FUNCIONANDO   Planejar

Pa^P (Experiência com a
    pessoa)

Pa^i (Necessidades: ela é im-
    portante, informações,
    comportamento)

■ ———————— F (v, a) ———————— ■ F

Eficácia $\equiv$ fazer com que
essa pessoa reaja do
modo que eu quero:
por exemplo, que isso
é importante, que ela
é importante, reafir-
mar sua capacidade,
ter uma perspectiva
quanto aos ciclos, ficar
ansiosa por usar novos
comportamentos

Minha abordagem → eficácia; F → F

Como dar à pessoa o que ela precisa

É notável a ausência de quaisquer referências passadas pessoais ou informacionais relativas a teorias ou técnicas de gerência no procedimento operacional de Al. Apenas com as metas para aquela pessoa (a informação sobre necessidades que foi gerada no procedimento operacional anterior) e suas experiências pessoais com ela como base de referência, qualquer plano que Al elabore estará provavelmente de acordo com as idiossincrasias da pessoa.

Um outro ponto importante é que o critério básico de Al para avaliar possíveis opções de interação é aquilo que será eficaz *para aquela pessoa*; essa abordagem concentra sua atenção no alcance daquela meta. Se, em vez disso, os critérios de Al incluíssem considerações como fácil, familiar, testado, agradável, profissional ou breve, sua escolha de um plano seria orientada por critérios que não necessariamente estariam de acordo com as metas que ele tem em mente ou com a pessoa com quem ele tem que lidar. Por exemplo, talvez a abordagem que ele tenha empregado com Bill lhe fosse "familiar", mas mesmo assim teria sido totalmente inadequada com Fran. Ao usar apenas "o que será eficaz" como critério, Al libera seu planejamento de restrições inúteis e aumenta sua capacidade de reagir à sua equipe como indivíduos. Direcionando seu planejamento está a relação de causa e efeito que Al percebe entre a forma de sua abordagem e a possibilidade de sucesso em fazer o empregado reagir.

O terceiro passo de Al — Implementar o plano Após formular seu plano, Al está pronto para pô-lo em prática. Durante a experiência, Al faz constantes avaliações (testes presentes) relativas a se ele e o empregado estão seguindo a seqüência que esboçou. Enquanto interagem, Al observa e ouve atentamente as reações do empregado para detectar se ele está ou não "comigo", e se ele (Al) está "progredindo" apropriadamente com respeito à seqüência. O que faz Al avançar na seqüência e controlar as reações do empregado é a sua crença em uma relação de causa e efeito entre o empregado passar pela seqüência planejada e sua capacidade final de conseguir o que precisa.

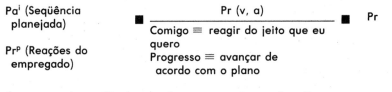

Em resultado da relação de causa e efeito de Al de que o sucesso depende de passar pela seqüência, sua orientação durante a abordagem é seguir o plano. Al permanece na trilha. Isso é facilitado pelo seu teste presente do progresso com uma referência passada à seqüência planejada. Sem o critério do progresso e uma referência para o plano, a interação de Al com o empregado certamente se desviaria; com esse critério e essa referência, ele se mantém no rumo certo.

Muitos gerentes têm a capacidade de planejar interações com empregados e a capacidade de ater-se a esses planos, mas não possuem critérios referentes às reações contínuas dos empregados, e assim marcham através da seqüência planejada sem perceber que deixaram as tropas (neste caso, os empregados) para trás. Al evita essa armadilha incluindo em seu teste presente o critério "comigo", que garante que ele proceda *de acordo com as reações contínuas da outra pessoa.* O critério "comigo" (ou seu substituto, como "compreensão" ou "reconhecimento") proporciona assim o retorno contínuo de que Al necessita para saber se o seu empregado está ou não de fato reagindo do modo que ele quer que reaja.

Se Al perceber que não é capaz de fazer uma pessoa reagir do modo que quer, ele volta ao seu procedimento operacional do planejamento para reavaliar a abordagem. Se ele descobrir que estava errado quanto ao que a pessoa precisa, volta ao procedimento operacional para identificar necessidades para reavaliar o que dar a ela. Depois que identifica as necessidades apropriadas, avança então através dos procedimentos operacionais para planejar e implementar, continuando desse modo até que o empregado esteja novamente motivado, compromissado e desempenhando bem suas funções.

Usamos os procedimentos operacionais de Al para ensinar gerentes a melhorar seu desempenho, para deleite tanto dos subordinados quanto dos superiores. Mas o valor do talento de Al não se limita ao mundo dos negócios. Os professores excepcionais que modelamos demonstram padrões notavelmente semelhantes aos de Al. Não nos surpreende que esses professores tenham sucesso em manter os alunos motivados a aprender.

Essa seqüência de procedimentos operacionais funcionará em qualquer situação em que uma pessoa precise de apoio e estímulo. No capítulo 12 explicamos como adotar e transferir procedimentos operacionais. Ao terminar aquele capítulo, volte a esta seção e use em si mesmo essa seqüência. Use-a quando quiser estimular seu filho a continuar a aprender um esporte ou um instrumento musical. Use-a para reacender a motivação e o compromisso em um colega que está lutando sob o peso de um grande projeto. Use-a com um amigo desanimado que está a ponto de desistir de qualquer esperança de algum dia encontrar um emprego adequado. Considere-a um presente de Al.

Nunca repetir erros

Deborah, mãe de três filhos, bibliotecária em tempo parcial, esposa e ser humano, tem sua cota de oportunidades de cometer erros. Como a maioria de nós, ela culpou os filhos por desobediências que (como se revelou) eles não cometeram, comprou cinco galões de tinta que se revelou medonha na parede, pensou que seu marido queria sair quando na verdade o que ele realmente desejava era ficar em casa e usou os formulários de impostos de 1982 para calcular os impostos de 1984. Em resumo, Deborah diz "Opa!" e conhece o gosto de sola de sapato tão bem quanto qualquer um de nós. Entretanto, Deborah tem um talento que a distingue de muitos de nós, desastrados — ela quase nunca repete os erros.

156

Por exemplo, Deborah e o marido adoram o deserto e queriam compartilhar sua beleza com o filho de doze anos, que se limita em geral a apreciar o mais novo videogame. Assim, prepararam tudo para uma viagem de uma semana, acampando no deserto de Sonora. Para tornar a viagem mais agradável para o menino, Deborah combinou levarem seu melhor amigo. Infelizmente, as queixas e as lamúrias dos pré-adolescentes começaram bem antes de chegarem ao acampamento, e continuaram impávidas (apesar das promessas feitas de boa vontade e das ameaças sem tanta boa vontade) até voltarem para casa. Os meninos estavam *entediados*, e a viagem entrou para os anais da família como um irremediável desastre.

Entretanto, Deborah não virou a página desse desastre imediatamente. Ela reconheceu que a viagem fora um erro, e desejou ter prestado mais atenção à óbvia relutância do filho em acompanhá-los. Ela pensou durante algum tempo sobre o que a fizera cometer esse erro, e acabou percebendo que prestara mais atenção à sua imaginação de quão maravilhosa a viagem seria do que ao filho. Em seguida, ela pensou no que poderia ter feito para dar às hesitantes reações do menino a consideração devida. Isto a fez compreender que, se ela tivesse parado um instante para lembrar como era ter a idade do filho, teria percebido que a viagem (ainda) não era para ele. A última coisa que ela fez antes de arquivar a viagem foi imaginar-se no futuro, mais uma vez fazendo planos que incluíam o filho. Em suas palavras, ela o fez para praticar "vestir a idade do garoto, e avaliar se posso e se vou fazer o que preciso daqui em diante". Ela descobriu que podia fazê-lo, e, vendo como alternativa uma outra semana como aquela que haviam acabado de passar, soube que *iria* fazê-lo, também. Desde então Deborah fez questão de recordar momentaneamente como é ter doze anos ao fazer planos que incluíssem o filho.

Há dúzias de outros exemplos. Deborah percebeu que havia cometido um erro ao convidar toda a família para o jantar do Dia de Ação de Graças em sua pequena casa, em vez de concordar em manter as comemorações na casa dos pais, onde havia espaço de sobra e todo mundo teria ficado confortável. O erro de Deborah fora sua idéia de que o único modo de organizar a festa era fazê-la em sua casa, e decidiu que da próxima vez pediria à mãe para usar a casa dela para uma festa de família, de que *ela* (Deborah) se encarregaria.

Em outra ocasião Deborah permitiu que uma amiga a convencesse a comprar um vestido que ela na verdade ficaria sem graça de usar. Com esse episódio ela aprendeu a ficar alguns momentos sozinha em frente ao espelho antes de decidir comprar uma roupa, para que pudesse prestar atenção às suas próprias preferências. E num outro exemplo Deborah uma vez gritou com o filho por estar vendo televisão em vez de fazer o dever de casa, sem saber que ele não tinha deveres para fazer. Sua reação se originara da crença de que aquele era mais um exemplo dos engodos de que o seu filho já fora culpado algumas vezes. Mas não era, e a partir de então Deborah sempre perguntava primeiro se havia deveres antes de gritar.

A característica de todas as reações de Deborah é que, uma vez que ela reconheça seus erros, ela (1) descobre porque os cometeu, em seguida (2) descobre o que poderia ter feito para que as coisas ocorressem de modo mais satisfatório, e finalmente (3) considera se é ou não capaz de fazer o que precisa ser feito da próxima vez, e o quanto está motivada a fazê-lo. Essa atitude contrasta com a das pessoas que, tendo cometido um erro, não consideram o que fizeram que as levou a isso, e por isso cometem o mesmo erro repetidamente. Mesmo aqueles de nós que descobrem o que conduziu ao erro ainda assim provavelmente os repetirão, porque não há nenhuma identificação do que fazer no *lugar disso*, numa mesma situação futura. O ponto mais próximo que esses indivíduos conseguem chegar para corrigir seu comportamento propenso a erros é prometer-se nunca mais fazer o que fizeram. Mas as pessoas têm que reagir ao se verem numa dada situação, e os seres humanos têm uma tendência a optar pelo familiar. Assim, a promessa é freqüentemente esquecida, e o erro se repete. Por mais automática e natural que a reação corretiva de Deborah ao cometer um erro pareça, ela é, contudo, uma habilidade de raciocínio que pode ser modelada e aprendida.

O primeiro passo de Deborah — Identificar o erro   Como acontece com todo mundo, o que faz Deborah considerar se cometeu um erro é a percepção de que alguma conseqüência "indesejável" resultou de algo que ela fez. (Colocamos "indesejável" entre aspas para chamar sua atenção para o fato de que aquilo que é considerado indesejável varia consideravelmente de pessoa para pessoa.) Quando isso acontece, ela olha para trás, para o que aconteceu e o que ela fez, e tenta avaliar se poderia ou não ter reagido de modo diferente e melhor. Isto é, ela faz um teste passado com respeito ao critério das reações *alternativas*.

Se ela descobre que não podia ter agido de outro modo, ou que podia ter agido diferente, mas não melhor, então ela não percebe o que fez como um erro. Por exemplo, quando ela colocou uma caixa sobre uma prateleira no *closet* e a prateleira caiu, não foi um erro, porque ela não podia saber que a madeira estava podre e por isso não poderia ter agido de outro modo. Quando ela esperançosamente seguiu a receita de bolo de queijo e o resultado foi um fiasco, não foi, do mesmo modo, um erro, porque ela não podia ter seguido a receita melhor do que fez — embora no futuro ela vá usar uma receita diferente.

Se, contudo, ela percebe que podia ter agido de modo diferente e melhor, então ela considera seu comportamento um erro. Ao fazer essa avaliação, ela se baseia não apenas em suas lembranças pessoais do que ocorreu, mas também em sua experiência pessoal presente das conseqüências desagradáveis. A importante relação de causa e efeito que subjaz a essa avaliação do passado é que seu comportamento de algum modo causou as conseqüências desagradáveis.

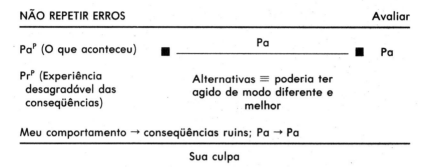

NÃO REPETIR ERROS			Avaliar
Pa^P (O que aconteceu)	■ ——————— Pa ——————— ■		Pa
Pr^P (Experiência desagradável das conseqüências)	Alternativas ≡ poderia ter agido de modo diferente e melhor		
Meu comportamento → conseqüências ruins; Pa → Pa			
	Sua culpa		

Todos nós podemos nos lembrar de alguém que conhecemos que tipicamente não dá nem o primeiro passo para descobrir que algo que fez teve uma conseqüência infeliz. Talvez pessoas assim careçam de uma relação de causa e efeito entre seu comportamento e as conseqüências ruins. Também pode ser que elas percebam essa relação de causa e efeito, mas não avaliem se poderiam ou não ter agido de outro modo. O resultado é que essas pessoas talvez lamentem o que aconteceu, mas o percebam como inevitável. A referência presente pessoal que Deborah usa quanto ao caráter desagradável das conseqüências lhe permite manter sua motivação para resolver a situação.

O segundo passo de Deborah — Identificar a relação de causa e efeito subjacente Uma vez que Deborah tenha identificado o que fez como um erro, ela inicia um procedimento operacional através do qual descobre a relação de causa e efeito subjacente ao seu infeliz comportamento real na situação problemática. Nesse procedimento operacional ela usa um teste passado relativo ao critério da compreensão, que para ela significa saber o que a levou a comportar-se daquele modo. Suas referências incluem não apenas as referências passadas pessoais relativas ao que aconteceu, mas também referências passadas pessoais de outras experiências semelhantes a referências passadas informacionais que possam ajudar a entender o que aconteceu. Esse procedimento operacional é alimentado por duas relações de causa e efeito: que um determinado conjunto de circunstâncias levou ao seu comportamento; e que compreender como cometeu o erro a ajudará a reagir de modo diferente no futuro.

Através dessas avaliações, Deborah identifica os fatores que estavam (potencialmente) sob seu controle na situação em que ela cometeu o erro. Por exemplo, quando ela estava pesquisando como havia se metido na confusão das férias com o filho, determinou que havia prestado mais atenção às suas imagens internas da viagem futura do que ao embaraço presente do filho. Assim, sua preocupação com os próprios planos

NÃO REPETIR ERROS   Identificar

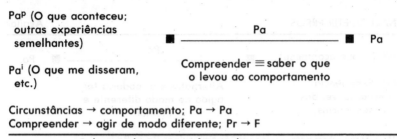

Circunstâncias → comportamento; Pa → Pa
Compreender → agir de modo diferente; Pr → F

Relações de causa e efeito subjacentes ao erro

era um fator causal do erro. A importância desse passo tem dois aspectos. Em primeiro lugar, ele proporciona informações importantes referentes a comportamentos causais relevantes que serão usados nos procedimentos operacionais subseqüentes. Em segundo, o mero reconhecimento de que seus comportamentos "causaram" o erro ajuda a garantir que ela perceba o resultado daquela situação como passível de escolha e não como um exemplo de algo predeterminado pelo mundo ou pela sua "natureza".

No caso da pessoa que sabe que cometeu um erro, mas não reconhece de que modo seus comportamentos estavam causalmente relacionados a esse erro, a reação mais comum é usá-lo como base de construção de uma equivalência de critério, ou como mais uma prova de uma equivalência de critério já existente. Por exemplo, sem esse procedimento operacional, Deborah poderia ter deduzido de seu erro das férias que ela era uma "boba", ou "estúpida", ou "superotimista", ou que o filho era um "choramingas", e por aí vai. O significado de se criar equivalências de critério em vez de relações de causa e efeito é que equivalências de critério pressupõem uma existência — o modo como as coisas *são* — e, portanto, são relativamente imutáveis. As relações de causa e efeito, por sua vez, pressupõem uma contingência — o modo como as coisas dependem uma da outra — e assim são potencialmente mutáveis.

O terceiro passo de Deborah — Especificar a relação de causa e efeito preferida Uma vez que ela saiba o que a levou a cometer esse erro, Deborah descobre então como poderia ter reagido de maneira preferível. Novamente, esse é um teste passado relativo ao critério da compreensão, mas compreender é definido nesse procedimento operacional como a identificação do que a teria levado a ter o comportamento alternativo preferido. A farinha referencial para esse moinho avaliativo inclui suas lembranças do que aconteceu, a relação de causa e efeito subjacente ao seu comportamento real, experiências semelhantes anteriores e informações relativas a tais situações e reações (de amigos, livros, etc.). Conduzir essa avaliação em particular do passado é uma relação de causa e efeito entre seu comportamento e as conseqüências, e uma relação de causa e efeito entre compreender o que teria funcionado melhor e ser capaz de reagir de um modo melhor no futuro.

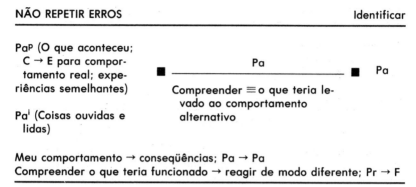

Efeitos de comportamentos diferentes

É óbvio que não basta saber o que *não* fazer. É preciso também saber o que *fazer*, e é essa a informação que Deborah obtém como resultado desse procedimento operacional. Essa é a diferença entre saber e mudar. Até que saibamos o que fazer, não há muitas alternativas além de repetir os erros, ou desejar que a situação não se repita, ou suportar mais "tentativa e erro" se ela acontecer novamente, etc. Entretanto, saber o que *fazer* nos dá muito controle, e garante uma melhora contínua.

O quarto passo de Deborah — Comprometer-se a ser diferente A última atividade em que Deborah se engaja para evitar repetir um erro usa as informações e a compreensão relativa ao que evitar e ao que fazer — informações e compreensão obtidas através dos procedimentos operacionais prévios. Equipada com suas novas descobertas, ela se aventura no futuro para testar sua decisão de ser diferente. Usando como referências o próprio incidente infeliz, o que aprendeu sobre as relações de causa e efeito subjacentes ao seu erro e sobre as relações de causa e efeito subjacentes a um modo alternativo e melhor de reagir naquela situação, Deborah imagina a mesma situação no futuro. Enquanto faz isso; ela avalia o que acontecerá se cometer novamente o mesmo erro, e o que acontecerá se usar o comportamento alternativo. Para fazer esse futuro o mais realista possível, e portanto tão mobilizador quanto possível, Deborah inclui tudo o que estaria vendo, ouvindo e sentindo. Além disso, essa avaliação é feita em relação ao critério da "estupidez"; e, por ser a sua equivalência de critério para estupidez *repetir erros*, esse critério se torna uma agressão à auto-estima de Deborah, sendo, portanto, mobilizador. Assim, imaginar a não-utilização do comportamento alternativo e correr o risco de cometer o mesmo erro no futuro lhe é repulsivo, e esse sentimento se manifesta em seu comportamento sob a forma de uma determinação em empregar o comportamento alternativo de modo consistente.

NÃO REPETIR ERROS		Testar
Pa^P (Erro e a sua relação de causa e efeito; comportamento alternativo)	■ $\dfrac{F\ (a,\ v,\ c)}{\text{Estupidez} \equiv \text{repetir erros}}$ ■	F
Usar comportamento alternativo → evitar erro; F → F		

Como será o futuro

Muitos de nós vasculhamos as cinzas dos nossos erros até encontrarmos aquelas fagulhas de comportamentos que nos fizeram cometer o erro. E alguns continuam a remexer nas cinzas até encontrar aquelas pérolas comportamentais que teriam possibilitado evitar o erro. Entre aqueles que chegam a descobrir "o que eu deveria ter feito", contudo, essa descoberta com freqüência conduz a um instante de remorso e auto-recriminação e a uma promessa de sair-se melhor da próxima vez. Então tudo é esquecido até a próxima ocasião em que se repete o erro. Ao repeti-lo, contudo, não há muita necessidade de repassar os dois procedimentos operacionais para compreender, e a pessoa fica livre para pular direto para o remorso e a auto-recriminação.

Por sua vez, o procedimento operacional final de Deborah garante seu total compromisso de corresponder à intenção de mudar seu comportamento. Sua equivalência de critério de que estupidez significa repetir erros transforma a possibilidade de repeti-los um exemplo de sua estupidez. Esse julgamento agrediria o cerne de sua auto-estima, e é por isso muito mobilizador. Não basta ter apenas um teste futuro que lhe permita reconhecer as terríveis conseqüências da não-utilização do comportamento alternativo. Para manifestar o mesmo grau de compromisso com a não-repetição do erro de Deborah, é preciso que o teste futuro das conseqüências de *não* ir até o fim seja avaliado em relação aos critérios ligados à sua auto-imagem — critérios que, se violados, violariam também a sua imagem de si.

Deborah foi uma das pessoas das quais extraímos os padrões para o talento de não repetir erros. Transformamos esses padrões em uma série de seqüências de instruções que qualquer pessoa pode usar para adquirir essa valiosa aptidão. "O procedimento EMPRINT para Transformar Erros em Lições" foi apresentado em uma diversidade de grupos[1]. Ele faz um grande sucesso com os pais. Eles o aprendem e o utilizam com os filhos para evitar a limitação ao velho discurso: "Eu já falei uma vez; não vou falar de novo..." As crianças vão cometer erros: é parte integrante do crescimento. Mas agora há uma maneira explícita de ensiná-las a usar os erros como estímulo para aprender e mudar. E parece-nos que é muito melhor ensinar o filho a não repetir erros do que ter que ouvir-se dizer: "Eu já falei uma vez: não vou falar de novo..."

A noção do momento certo

Ben é um bem-sucedido agente literário. Uma das coisas em que ele é particularmente bom é uma habilidade pouco apreciada, além de pouco e mal usada: a noção do momento certo. Como representante de escritores em um mercado literário competitivo e saturado, ele às vezes tem que desempenhar a difícil tarefa de dizer a um cliente que o seu manuscrito foi rejeitado, não tem chances de vender ou precisa ser reduzido à metade — além de outras mudanças menores. Mas, enquanto alguns portadores de más notícias se preocupam com a própria culpa ou desconforto, Ben se importa mais com os sentimentos da pessoa que recebe a notícia. Não é que ele fique particularmente apreensivo com os sentimentos do outro, pois ele vai ao ponto sem hesitar. Ao contrário, ele se preocupa em atingir exatamente seu alvo. Por isso, antes de falar ele observa se seu cliente está no estado de espírito mais favorável para receber a notícia.

Ben não controla apenas a ocasião de dar más notícias, mas também a de dar boas notícias. Por exemplo, ele ia almoçar com um editor, e queria vender-lhe um excelente manuscrito que havia acabado de receber de um cliente. No almoço, Ben reparou que o editor parecia estar irritado e aborrecido; por isso, guardou o manuscrito na maleta. Logo descobriu que dois dos maiores projetos do editor haviam sido recentemente destroçados pela crítica. Os golpes haviam sido mortais, e os livros estavam encalhados nas prateleiras das livrarias. O editor falava sobre "reagrupar" e colocar alguns de seus autores confiáveis novamente na lista dos *best-sellers* o mais rapidamente possível.

Ben percebia que o editor não estava com o espírito adequado para receber uma oferta de um escritor desconhecido, mas, por outro lado, achava que o livro guardado na maleta era exatamente o que o homem precisava. Vasculhou suas lembranças à procura do que sabia sobre o editor — com o que ele se importava, a que reagia —, buscando um modo de criar uma "janela de receptividade" nele. Lembrou-se de que o editor sempre o impressionara como uma pessoa que se deixava envolver facilmente pelo drama dos fracassos e dos sucessos do momento, esquecendo-se totalmente do infinito ciclo de vaias e aplausos que se repetem. Ben se solidarizou com ele, garantindo-lhe que sabia que ele só se dedicava a livros que considerava importantes. Concordaram que havia uma razão para se sentir magoado, desapontado e desanimado. Ben gentilmente ajudou o editor a recordar que o que vendera bem e o que fracassara no passado era em geral imprevisível, e que havia muitas variáveis que estavam além do controle do editor. O editor se relaxou um pouco. Ben trouxe à baila algumas das ocasiões anteriores em que o editor achara que a sua empresa iria à falência. O editor sorriu a essas lem-

163

branças. Ben apontou os muitos sucessos do editor, não deixando de mencionar os autores desconhecidos que ele havia apoiado e que, devido àquele inabalável apoio nos inevitáveis altos e baixos, haviam obtido reconhecimento e sucesso. O editor não pôde evitar sentir um pouco de orgulho. Ben lhe asseverou confidencialmente que iria perseverar no futuro com projetos e autores com que se importava, e que o compromisso do editor com aquilo que sabia ter valor seria novamente uma fonte de satisfação. Ben continuou nesse caminho até que ele e o editor estivessem especulando sobre o futuro. Julgando que finalmente o editor estava receptivo. Ben pegou o manuscrito, e eles o discutiram.

A mesma habilidade que Ben demonstra ter com o tempo em suas conversas de negócios fica evidente em suas interações com amigos e familiares. Um dia, ele recebeu um telefonema encantador de sua ex-mulher. Ele pretendia contar à atual esposa sobre o telefonema, mas, quando chegou em casa, encontrou-a deprimida e desconsolada. Sua ex-mulher não era de modo algum uma das pessoas de quem sua esposa mais gostava, e ele achou que a menção do telefonema só acrescentaria uma ponta de ameaça e indignação ao estado de espírito infeliz da esposa. Embora Ben tenha conseguido alegrá-la durante a noite, o gelo ainda estava fino e impróprio para patinar; então, ele não disse nada sobre o telefonema. A esposa de Ben acordou no dia seguinte com um sorriso para Ben e (o que era mais importante para ele) com um sorriso para si mesma. Ele viu que o mau humor da noite anterior havia desaparecido e que ela já estava se sentindo bem consigo mesma. Ele contou-lhe sobre o telefonema, e ela ouviu, sem problemas.

É fácil encontrar exemplos de pessoas que não parecem notar os estados emocionais dos outros e que, usando as pesadas botas da ignorância, saem pisando (mesmo sem querer) nos calos emocionais dos que as cercam. Quer elas percebam o estado emocional de suas vítimas ou o ignorem, quer elas simplesmente não percebam nada, o resultado é o mesmo. O adolescente animado está saindo com a primeira namorada quando o pai o chama para repreendê-lo pelo péssimo serviço que fizera no gramado e para dizer-lhe que terá que repará-lo na manhã seguinte. Vocês esperam visitas para o jantar e estão acabando os preparativos, correndo e se esbarrando na cozinha, quando o vizinho entra e se senta para bater um papo. Um amigo que recentemente usou muito sua amizade pede-lhe para pôr de lado seus planos para o fim de semana e ajudá-lo a se mudar. Depois que você o ajudou a alugar, carregar e descarregar o caminhão, seu humor e os seus modos estão compreensivelmente ásperos. Entretanto, ignorando todos os seus sinais, ele agora lhe pede para ajudá-lo a consertar o carro no próximo fim de semana.

A habilidade de Ben vai além de ajudá-lo a observar os estados emocionais dos outros. Se a outra pessoa não estiver no estado apropriado para ouvir o que Ben tem a lhe dizer, ele faz o que pode para ajudá-la a passar para um estado mais adequado. Esse passo comportamental está ausente do repertório de muitas pessoas, que são, contudo, capazes de reconhecer quando os estados de espírito de suas companhias são favoráveis ou não. Sem esse passo, há duas opções: lançar a notícia nas águas correntes e torcer para que sejam bem recebidas, ou segurá-las e esperar que o clima emocional se torne adequado. Em vez disso, Ben usa uma abordagem que é ao mesmo tempo respeitosa e estratégica e que, portanto, vale a pena modelar.

O primeiro passo de Ben — Avaliar a receptividade do outro O primeiro procedimento operacional de Ben para a noção do momento certo se inicia quando ele começa a interagir com alguém a quem ele precisa comunicar algo importante. Ben imediatamente começa a ter provas presentes da receptividade da outra pessoa. Para Ben, o critério "receptivo" significa *estar num estado emocional que capacite a pessoa a reagir apropriadamente*. Ben faz avaliações com base na mensagem particular que ele quer transmitir, em suas recordações dos estados de espírito e das reações da pessoa (uma referência passada que para ele é informacional), em suas observações presentes da outra pessoa (uma referência pessoal presente) e numa referência futura informacional da reação da outra pessoa se a comunicação for feita no momento certo. Motivando as avaliações de Ben está um poderoso conjunto de relações de causa e efeito, incluindo "aguardar o momento certo para que os outros ouçam e reajam bem", não saber o momento certo pode levar ao desperdício de uma comunicação e a arriscar o relacionamento, e "controlar o tempo conduz ao sucesso".

NOÇÃO DO MOMENTO CERTO	Avaliar

Pr^i (Mensagem a transmitir)

Pa^i (Estado de espírito, reações, etc., da pessoa)

Pr_c^p (Estado emocional da pessoa) ■ —————————— Pr ■ Pr

Receptividade ≡ ser capaz de reagir adequadamente

F^i (Reação apropriada)

Noção do momento → os outros ouvem e reagem bem; $Pr \rightarrow Pr$
Falta de noção do momento → má comunicação, relação em risco; $Pr \rightarrow F$
Noção de tempo → sucesso; $Pr \rightarrow F$

Estado emocional do outro

Todas as relações de causa e efeito com as quais Ben concorda conferem uma importância fundamental ao fato de que ele busque e reaja

165

à receptividade dos outros. Igualmente importante é o seu uso de um teste presente, o que lhe possibilita reagir ao estado *atual* da outra pessoa. As pessoas que avaliam a receptividade do outro usando provas passadas ("Ele sempre se interessou por isso") ou futuras ("Tenho certeza de que ela ficará interessada nisso") correm o risco de ficarem lamentavelmente fora de sintonia com a outra pessoa.

As transferências passadas e presentes de Ben estão de acordo com essa prova presente de receptividade, fornecendo-lhe informações sobre a pessoa com a qual está interagindo, em vez de voltá-lo para o seu *próprio* estado emocional. Desse modo, nem o entusiasmo que sente ao transmitir notícias agradáveis nem a relutância ao dar notícias ruins influencia suas avaliações quanto à melhor ocasião para falar. Novamente, Ben transmite notícias — agradáveis ou desagradáveis — *somente quando o receptor se encontra num estado de espírito adequado para reagir do melhor modo possível.*

O segundo passo de Ben — Gerar modos de criar receptividade Quando Ben percebe que a atual qualidade da terra é rochosa, em vez de continuar a arar de qualquer modo ou de esperar que as pedras se dissolvam, ele faz tudo para suavizar o caminho. Ele chama a isso "criar uma janela de receptividade", o que envolve fazer seus testes futuros relativos ao que pode fazer e dizer para tornar a outra pessoa mais receptiva. Qualquer coisa que ele possa fazer para suavizar o caminho o fará mais eficiente.

Ao elaborar esse plano, ele se baseia em suas experiências passadas com aquela pessoa, em suas experiências passadas com esse tipo de comunicação e na natureza atual de sua interação com a pessoa. Ele também mantém em mente a mensagem que precisa transmitir. Esse procedimento operacional é alimentado pela crença de que criar uma janela de receptividade lhe permitirá transmitir a mensagem de modo bem sucedido e preservar o relacionamento.

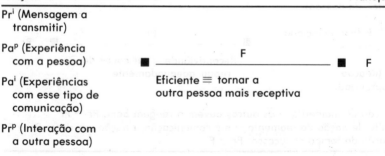

Maneiras de criar receptividade

É importante que Ben utilize um teste futuro em sua tentativa de criar uma janela de receptividade. Um teste presente provavelmente o levaria a simplesmente tentar várias abordagens até topar com uma que fosse eficaz. Se, em vez disso, ele usasse um teste passado, provavelmente tentaria sucessivamente as mesmas coisas que tivesse feito antes em situações semelhantes. O teste futuro de Ben permite elaborar um plano mais rico, capaz de levar em conta experiências passadas e circunstâncias presentes, bem como possibilidades ainda não experimentadas, e as possíveis influências dessas três fontes de informação.

Também é importante que Ben utilize o critério de ser "eficiente". Isso o direciona para a *meta*, em vez de orientá-lo apenas para suscitar um conjunto-padrão de reações emocionais, como curioso, feliz ou re-relaxado que são estados emocionais, que podem ou não ser apropriados para as notícias particulares que Ben precisa transmitir. Novamente, a intenção de Ben é que a outra pessoa esteja adequadamente receptiva, o que significará estados emocionais diferentes, dependendo da pessoa e das notícias.

O terceiro passo de Ben — Controlar a interação enquanto implementa o plano Após encontrar um modo de ajudar a outra pessoa a ficar mais adequadamente receptiva, Ben coloca seu plano em prática. Isso não é algo que ele faça *para* a outra pessoa; é algo que ele faz *com* a outra pessoa. Isto é, enquanto coloca o plano em prática e muda o modo de interagir com aquela pessoa, ele presta muita atenção para ver se sua estratégia está melhorando as coisas, piorando-as ou não exercendo nenhum efeito. Ele quer saber se a direção para a qual ele está dirigindo a interação é congruente com as inclinações da outra pessoa. Para fazer isso, Ben faz testes presentes contínuos a respeito da receptividade da outra pessoa, como no procedimento operacional. As relações de causa e efeito subscritas por Ben também são as mesmas do primeiro procedimento operacional. De fato, a diferença básica entre esse procedimento operacional e o primeiro é que agora ele tem um plano ao qual se refere enquanto interage.

A preocupação de Ben na interação em andamento é a mesma da primeira vez em que se sentaram juntos: ter certeza de que a pessoa está adequadamente receptiva à mensagem que ele tem a transmitir. A diferença é que agora Ben também tem um plano segundo o qual pode checar seu progresso ao influenciar o estado emocional da outra pessoa. Se em qualquer momento tornar-se evidente que seu plano não está dando certo, ele reorienta seu procedimento operacional para planejar. Em seguida, usa as reações da outra pessoa como informações adicionais para modificar seu plano ou desenvolver um novo curso de ação.

Ninguém gosta que lhe pisem os calos. E todo mundo detesta o gosto de sola de sapato que acompanha a comida enfiada à força na boca. Mas não basta apenas reconhecer essas verdades. O fato de Ben ser consistentemente capaz de evitar ambos os resultados se dá em função do modo que ele organiza seus processos internos relativos a importar-se e observar os estados emocionais dos outros, e a fazer o possível para provocar uma alteração útil nesses estados. Quando entrevistamos Ben para suscitar seus procedimentos operacionais para uma boa noção do tempo, descobrimos, como acontece com freqüência, que ele tinha outras habilidades que aumentavam sua destreza em escolher o melhor momento para fazer um comunicado. Por exemplo, Ben tem a capacidade de discernir, com um alto grau de exatidão, as emoções que os outros estão sentindo. Ele também é habilidoso em fazer uma pessoa *passar* de uma emoção a outra. Se você adotasse o programa de Ben para ter uma boa noção do tempo, mas descobrisse que também precisava dessas outras coisas para ser eficiente, também quereria modelar os procedimentos operacionais para essas novas capacidades.

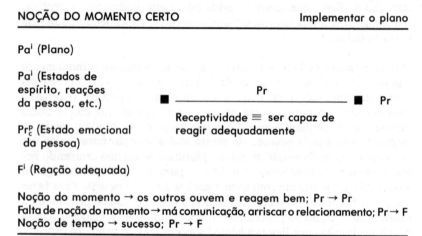

Progresso rumo à criação de janela de receptividade

Aprender a vida inteira

Para muitas pessoas, aprender é aquilo que se teve que fazer para sair da escola e conseguir um emprego. Esse emprego possivelmente requeria um pouquinho mais de aprendizagem — de capacidades e de informações, talvez. Uma vez passada essa fase, podia-se descansar em um abrigo confortável. Entretando, parece que o aforismo "ignorância é felicidade" tem seus dias contados. A cada dia torna-se mais óbvio que o ritmo progressivamente mais rápido da evolução técnica e informacional em breve fará de um aprendizado para a vida toda uma necessidade para qualquer pessoa que queira manter-se atualizada, profissional e culturalmente. Essa talvez seja uma má notícia para aquelas pessoas que estremecem só de pensar em livros que não os de ficção, salas de aula, seminários, bibliotecas e estudos, mas Sarah não ficará perturbada.

Sarah é uma estudante para a vida toda. Ela está sempre adquirindo novas informações e conhecimentos que pode usar para melhorar a si mesma ou ao mundo. A gama de seus interesses vai das formas de psicoterapia ao preparo de refeições saudáveis, passando pela comercialização de fitas cassete. Há poucas coisas por que ela não se interesse, mas a quantidade é tamanha que a obriga a escolher algumas. Por exemplo, há alguns anos Sarah começou um pequeno negócio de consultoria para o qual ela tem seus próprios livros (após aprender classificação de livros, é claro). À medida que o negócio crescia e que entrávamos na era do computador, ela decidiu estudar informática e comprar um computador para manter suas contas, escrever a correspondência e estar relativamente familiarizada com a era da informação. O computador que ela comprou permaneceu intocado por algum tempo, não porque Sarah houvesse perdido o interesse por ele, mas porque as outras coisas que ela estava estudando tinham preferência. Naquela época, Sarah estudava nutrição, vinho e o mercado de armazenamento. Sarah descreve ter diante de si "uma pirâmide de possibilidades de aprendizado que se perde de vista". Os assuntos que estão bem à sua frente são os mais claros e motivadores. Ela os persegue, enquanto o batalhão das outras perspectivas atraentes está no momento menos bem definido e espera nos bastidores. O computador, também, aguardava nos bastidores até que um telefonema do contador de Sarah (informando-a dos registros que em breve seriam necessários) trouxe o computador ao centro do palco. Redefinindo sua pirâmide de possibilidades de aprendizado, ela começou escolhendo seu caminho através de manuais e livros, familiarizando-se com os usos e o funcionamento do computador — uma tarefa que para ela era excitante e divertida.

Embora seja inegável que o mundo propicie um feixe interminável de coisas para se estudar, muitas pessoas simplesmente não as notam. Por exemplo, se o médico diz a uma dessas pessoas que ela não está se alimentando bem, ela simplesmente pergunta ao médico o que deve ou não comer. Nem lhe ocorre estudar nutrição. Esses indivíduos reúnem informações sobre o que comer, mas não têm qualquer entendimento de por que não estão saudáveis e qual a diferença sistêmica que as suas escolhas alimentícias fazem em seu organismo. Do mesmo modo, um grande número de pessoas passa a vida inteira reclamando, elogiando e se deixando mistificar pelas ações do governo e pela economia sem que jamais lhes ocorra aprender o funcionamento desse governo e dessa economia.

Também é comum que algumas pessoas reconheçam que há algumas coisas sobre as quais vale a pena aprender, mas que não consigam definir prioridades para essas possibilidades. Assim, aprender a escrever boas cartas comerciais (o que é necessário para Joe em seu trabalho) lhe é tão motivador quanto a possibilidade de aprender o melhor acabamento de uma pintura de carro, estudar história da filosofia e descobrir por que as estrelas têm cores diferentes. Estas três últimas áreas de exploração são certamente interessantes, mas provavelmente não são no momento tão importantes para Joe quanto aprender a escrever cartas comerciais. A pessoa incapaz de definir prioridades adequadas pode acabar desperdiçando seu tempo e energia.

E, finalmente, mesmo no caso daquelas pessoas capazes de definir prioridades, muitas delas acham que aprender é uma tarefa árdua demais. Com freqüência, o resultado é a evitação da tarefa, ou um lento sofrimento ao longo das etapas necessárias. Em geral, argumenta-se que o computador não é o xodó de todo mundo e que a excitação e a diversão de Sarah ao estudá-lo simplesmente indica que por acaso o computador a atrai. O fato, entretanto, é que uma vez que Sarah comece a estudar *qualquer coisa* ela fica animada e se diverte. Como Sarah pode ter uma pirâmide sempre em expansão de possíveis aprendizados, buscá-los de acordo com suas prioridades e achar essa busca excitante e divertida?

O primeiro passo de Sarah — Selecionar possibilidades de aprendizado A relação de causa e efeito que inicia o procedimento operacional de Sarah para selecionar o que vale a pena aprender é a sua crença de que "aprender é o único modo de conseguir o que quero". É essa relação de causa e efeito que a impele a procurar algo para aprender. Quando se torna consciente de uma possibilidade, Sarah avalia o grau em que o aprendizado daquela coisa em particular vai lhe permitir tornar-se mais capaz, o quanto será interessante ou divertido. Em outras palavras, ela avalia as possibilidades fazendo um teste futuro com os critérios de "capaz", "interessante" e "divertido". Qualquer possibilidade que atenda a um desses critérios é acrescentada à sua pirâmide de coisas a serem aprendidas. Ao fazer as avaliações, ela mantém a referência das coisas que quer e precisa, e presta uma atenção particular a possibilidades de aprendizado que estejam disponíveis através das pessoas próximas a ela.

APRENDER A VIDA INTEIRA		Selecionar
Pr^p (Desejos e necessidades)	■———————— F —————	■ F
$Pr^{p,i}$ (O que os outros têm a ensinar)	Capaz $\equiv$ tornar-se mais capaz de atender desejos e necessidades	
	Interessante $\equiv$ algo para descobrir ou resolver	
	Divertido $\equiv$ progredir	
Aprender $\rightarrow$ único modo de conseguir o que quero; Pr $\rightarrow$ F		
Aprender $\rightarrow$ capaz; F $\rightarrow$ F		

O que vale a pena aprender

Os três critérios de Sarah estão relacionados pela ordem de prioridade, com "capaz" sendo de longe o mais importante. Essas possibilidades de aprendizado que a tornarão mais capaz nas áreas que ela valoriza estarão colocadas muito mais perto do alto da pirâmide do que aquelas possibilidades meramente interessantes, embora, sem dúvida, os três critérios sejam compatíveis e realcem os demais. Por exemplo, para Sarah, estudar computadores é importante para sua capacidade futura, enquanto conhecer o funcionamento de um telefone é apenas interessante. Conhecer vinhos também é importante para sua capacidade futura, pois ela o considera um elemento necessário para sua capacidade de entreter os outros adequadamente, além de ser interessante e divertido.

Também é importante que seus testes se refiram ao futuro, em vez de ao presente ou ao passado. Usar um teste presente para escolher entre inúmeras opções o que aprender limitaria drasticamente suas alternativas, pois ela tenderia a descartar as possibilidades que não fossem importantes *no presente*. Quando um médico lhe disse que talvez tivesse uma predisposição para a osteoporose na velhice, ela imediatamente começou a estudar nutrição, pois a osteoporose diminuiria suas capacidades. Se, em vez disso, ela tivesse usado um teste presente, provavelmente não teria se sentido motivada a estudar nutrição, pois *sua capacidade atual não estava em perigo*. Muitas pessoas usam testes passados quando do consideram o que aprender, uma avaliação que invariavelmente as leva a aprender coisas sobre as quais já têm um certo conhecimento.

O segundo passo de Sarah — Definir prioridades entre as possibilidades Um segundo procedimento operacional resulta na definição de prioridades entre as possibilidades de aprendizado. (Esse passo não necessariamente se segue imediatamente ao procedimento operacional anterior, mas se torna relevante sempre que ela precise decidir a usar seu tempo e energia para aprender.) Novamente, ela faz testes futuros com respeito a uma hierarquia de critérios, mas, neste caso, os critérios têm a ver com o bem-estar. No topo da lista de Sarah está o bem-estar do filho, em seguida vem sua capacidade mental pessoal, seu compromisso com os outros, depois sua saúde física, etc. Sarah baseia essa avaliação naquilo que há para aprender (a pirâmide de opções), na necessidade atual dos outros e em referências futuras construídas daquilo que precisa ser feito no futuro relativamente próximo.

As prioridades com que Sarah define seus critérios a ajudam a separar de modo rápido e consistente essas possibilidades de aprendizado que estão a ponto de se tornarem importantes em termos do seu próprio bem-estar e dos outros (futuro próximo) daquelas possibilidades de aprendizado que são *relativamente* sem importância. A hierarquia permite que os aprendizados mais importantes para o bem-estar pessoal, da família e da relação emerjam claramente. As pessoas cujos critérios não estão organizados em uma hierarquia nitidamente definida ficam com freqüência indecisas quanto ao que fazer; o que resulta na falta de ação, ou passam rapidamente de um objetivo a outro sem levar em conta sua relevância. (Obviamente, os critérios variam de pessoa para pessoa. O que é mais importante para Sarah pode ser totalmente irrelevante para outra pessoa. Entretanto, ter uma hierarquia claramente definida de critérios será benéfico para qualquer pessoa.)

APRENDER A VIDA INTEIRA — Selecionar

Pr^p (Possibilidades de aprendizado)

■ ———————————— ■ F

F

Pr_c^p (Necessidades dos outros)

$F_c^{i \to p}$ (Coisas a serem feitas)

Bem-estar do filho $\equiv$ EqC

Capacidade pessoal mental $\equiv$ EqC

Compromissos com os outros $\equiv$ EqC

Própria saúde física $\equiv$ EqC

Não aprender o que *precisa* ser aprendido $\to$ não se sair bem na vida; $Pr \to F$

O que começar realmente a aprender

O sobrescrito da referência futura de Sarah ($i \to p$) é uma representação do fato de que, enquanto ela encara os vários compromissos em seu futuro, aqueles que não estão pressionando são informacionais; são vistos à distância, carecem de detalhes e não são motivadores. À medida que o prazo para o cumprimento de um compromisso se aproxima, entretanto, torna-se mais mobilizador, até que se transforma numa referência pessoal que necessita de ação. As diferenças qualitativas no modo pelo qual ela percebe os compromissos iminentes e remotos em seu futuro lhe possibilita sentir-se movida por essas possibilidades de aprendizado que estão pressionando, ao mesmo tempo em que não se sente sobrecarregada pelos diversos compromissos que ainda não são prementes.

Embora semelhante em conteúdo à relação de causa e efeito do primeiro procedimento operacional, a relação de causa e efeito desse procedimento operacional é muito diferente na orientação que gera para Sarah. No primeiro procedimento operacional ("aprender é o único modo de conseguir o que quero"), a relação de causa e efeito é expressa em termos positivos. Isto é, ela a orienta *para* o aprendizado daquilo que precisa aprender. No segundo procedimento operacional ("não aprender o que precisa ser aprendido me impedirá de obter sucesso na vida"), a relação de causa e efeito a orienta para *longe* das terríveis conseqüências de *não* aprender. Assim, a relação de causa e efeito que ela utiliza para descobrir coisas que vale a pena aprender é, acertadamente, inclusiva, ao passo que a forma que a relação de causa e efeito assume durante a definição de prioridades é exclusiva — o que é apropriado quando ela se defronta com a divisão do seu tempo e energia limitados entre várias possibilidades de aprendizado.

172

O terceiro passo de Sarah — Aprender para compreender Um terceiro aspecto impressionante da capacidade de Sarah como uma aprendiz da vida toda é o fato de que, uma vez que ela esteja engajada no processo de aprender algo (não importa o quão banal um assunto possa parecer para os outros), ela sente animação e alegria. A avaliação contínua que realiza enquanto aprende se refere a se compreende ou não algo agora, o que para ela significa descobrir algo novo. A base referencial para essa avaliação contínua inclui todas as suas experiências passadas e presentes informacionais e pessoais que ela pode usar como apoio para aprender, bem como uma referência futura de já ter alcançado os benefícios provenientes de aprender aquele tópico em particular.

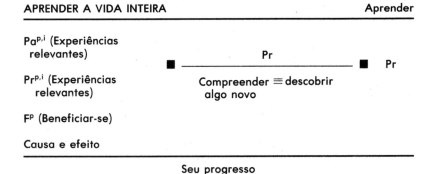

Sarah sabe que está entendendo algo quando descobre algo novo. Para ela, enfrentar o desafio de um novo quebra-cabeça é excitante e divertido. Assim, cada vez que se engaja em juntar novas informações Sarah compreende que está aumentando seu entendimento, e ao mesmo tempo se divertindo e sentindo-se excitada. Ela fica encantada a maior parte do tempo; e quase sempre está aprendendo. Ela aprende pela alegria de aprender. Mas ela não se perde nessa alegria. Enquanto aprende, ela lança mão de todas as suas experiências para ajudá-la a descobrir o que é novo e o que não o é, e mantém-se direcionada com aquela referência futura da meta diante de si.

O critério mais eficaz para aprender é exatamente aquele empregado por Sarah: compreender. Mas para a maioria das pessoas isso não passa de bobagem. Um critério muito mais comum do que "compreender" se refere a alcançar a meta em si mesma (como conclusão, sucesso, correção, etc.). Sarah ofereceu um exemplo revelador da diferença entre usar um critério de conclusão e usar um critério de compreensão enquanto se mantém a meta como referência. Ela mandou instalar novas linhas de telefones comerciais em sua casa, mas os telefones não funcionavam. Seguindo os fios, descobriu um terrível emaranhado que de algum modo amarrava os telefones, secretária eletrônica e computador. Sentindo-se desconsolada com a rede de fios, decidiu que queria aprender como tudo aquilo funcionava. Passou algum tempo seguindo vários fios, reconectando-os e testando o resultado. Finalmente achou uma combinação que deu certo. Ela conseguira, *mas ainda não estava satisfeita.* "Eu consegui, mas me chateava porque não tinha entendido como acertara; por isso, quando o técnico chegou, eu o fiz me explicar como os telefones funcionam... é realmente incrível!"

Ao transferir para outras pessoas a aptidão de Sarah de aprender para a vida inteira, descobrimos um padrão comum. Sarah tem uma relação de causa e efeito que diz que aprender leva a "ser capaz", enquanto aqueles que precisam da sua aptidão costumam ter uma equivalência de critério com a forma geral "não saber significa que sou incapaz". Instalando a relação de causa e efeito de Sarah, pudemos quebrar essa equivalência de critério, libertando a pessoa para obter conhecimentos que de outro modo nunca teria buscado. Essa relação de causa e efeito quebrou os laços de uma equivalência de critério que fazia de "ser capaz" uma questão de "se *já* se sabia como fazer algo", em vez de "se a pessoa podia ou não aprender a fazê-lo".

Não queremos que esses exemplos dêem a impressão de que todas as metas envolvem três ou quatro procedimentos operacionais. Algumas metas envolvem apenas uma atividade e um procedimento operacional, enquanto outras envolvem uma dúzia ou mais. Os exemplos usados aqui foram selecionados para apresentar-lhe a alguns conjuntos e seqüências objetivos de procedimentos operacionais, em vez de precipitá-lo em exemplos complexos e intrincados. Felizmente, a maioria das capacidades que modelamos foram de fato muito objetivas, não envolvendo mais do que cinco ou seis procedimentos operacionais.

Como dissemos no começo deste capítulo, a excelência pode ser encontrada em pessoas com quem você interage diariamente. Sarah, Ben, Deborah e Al provavelmente são pessoas de quem seus amigos e conhecidos não pensam serem seres humanos excepcionais. De fato, eles provavelmente se descreveriam como pessoas comuns que lutam com os desafios comuns da vida cotidiana. Concordamos que são, como a maioria de nós, pessoas comuns. Mas também reconhecemos que, como cada um de nós, eles têm alguns talentos extraordinários.

Felizmente, não é necessário reverenciar ou mesmo gostar da pessoa de quem você quer adquirir um talento particular. Basta reconhecer sua competência especial. Ao contrário das relações de modelo prévias que exigiram meses ou anos de contato, as informações de que você precisa sobre os procedimentos operacionais podem ser obtidas em horas. Procurar as habilidades extraordinárias que existem nas pessoas comuns pode não levá-lo a reverenciá-las, mas o ajudará a desenvolver uma maior admiração pelos homens — bem como os meios para uma realização pessoal e profissional.

O fato de que algumas pessoas tenham a capacidade de reconhecer e apreciar talentos que de outro modo estariam desprezados é em si mesmo uma manifestação de uma aptidão valiosa. É uma aptidão que lhe permitirá tirar vantagem das capacidades extraordinárias que esperam para ser descobertas. É uma aptidão que o método EMPRINT pode ajudá-lo a desenvolver e aplicar.

PARTE III

Fazendo o método funcionar para você

9 Selecionando uma meta

No capítulo anterior apresentamos o princípio organizador e o conjunto de distinções utilizados no método EMPRINT. Apresentamos também o pressuposto fundamental sobre o qual o método está estabelecido — o de que, se é possível para qualquer pessoa possuir uma habilidade ou traço particular, é possível para qualquer outra pessoa adquirir e manifestar essa mesma qualidade. Mas tornar real essa possibilidade requer mais do que conhecimento — exige ação inteligente.

A ação inteligente a que nos referimos é a ação necessária para especificar os procedimentos operativos subjacentes a um comportamento ou experiência que você queira ter ou transmitir a outra pessoa, e colocar essa informação em prática. O método EMPRINT é uma fonte de conhecimento sobre a direção a imprimir a suas ações dessas maneiras úteis. Por ser um processo de *aquisição* de capacidades, o método EMPRINT demarca os passos necessários para *transferir* capacidades, bem como para entendê-las e apreciá-las. O processo de aquisição do método para acrescentar talentos de outras pessoas ao seu repertório de capacidades requer que você atravesse três estágios principais.

O primeiro deles implica determinar sua meta, descobrir pelo menos uma pessoa que realize bem aquilo que você quer ser capaz de fazer e identificar as atividades e os procedimentos operativos envolvidos para alcançar essa meta. Uma vez que isso esteja feito, você está pronto para o segundo estágio, que implica a eliciação e especificação de cada uma das variáveis dos procedimentos operativos necessários. O estágio final dessa seqüência é a instalação desses procedimentos operativos detalhadamente especificados em si mesmo ou em outras pessoas.

Este capítulo propõe sugestões e indicações que o ajudarão a manobrar com êxito durante o primeiro estágio, aquele que determina sua meta e identifica os tipos de atividade e procedimentos operativos necessários para se atingir a meta. Os próximos dois capítulos incluem um conjunto de técnicas de eliciação e descoberta que facilitarão o primeiro estágio e que o conduzirão ao segundo estágio, em que serão especificadas as variáveis para os procedimentos operativos individuais que você deseja adotar. Em seguida, no capítulo 12, você será apresentado a alguns exemplos de seqüências de instalação que você pode usar (inclusive com outras pessoas) para adotar realmente os procedimentos operativos e assim adquirir as capacidades e os traços desejáveis.

Já passamos muitas vezes por esses estágios. Exploramos os meandros dessas trilhas e descobrimos alguns riscos que precisam ser evitados. Enquanto o guiamos pelo caminho, apontaremos os perigos, e nos asseguraremos de que você permaneça em solo seguro. Cada passo o levará não apenas para mais perto de seu destino escolhido, mas também revelará um novo aspecto da viagem, antes escondido. Ao fim de nossa trajetória, você estará familiarizado com o terreno para explorá-lo por sua própria conta.

A meta

O passo inicial mais importante consiste em especificar exatamente a meta que você quer modelar e o contexto em que ela ocorre. Obter informações sobre as atividades e procedimentos operativos subjacentes sem dar o primeiro passo, considerado vital, é o mesmo que provocar confusão e frustração. Sem estabelecer uma meta explícita, você se descobrirá obtendo informações sobre múltiplos contextos simultaneamente, sem condições de classificar essas informações em procedimentos operativos distintos. Seria como perguntar a um estranho se você deveria dobrar à direita ou à esquerda na próxima esquina, sem ter primeiro decidido para onde ir. Antes de dar qualquer outro passo, procure saber a capacidade específica que você quer adquirir ou ser capaz de transmitir para outras pessoas.

A realização dessa primeira etapa começa quando você responde à pergunta: "O que outras pessoas podem fazer que eu quero ser capaz de fazer (ou quero ser capaz de ensinar outras pessoas a fazer)?" Há algumas pessoas no mundo, e você provavelmente conhece algumas delas, que costumam organizar seu tempo e atividades de maneira a serem produtivas, ou pontuais, ou a terem tempo livre para o lazer. Outras são investidores astutos, exercitam-se constantemente, reagem a reveses frustrantes com autoconfiança benevolente e ações construtivas, comem com moderação, levantam-se cedo, nunca se comprometem demais sem, contudo, deixar de manter relacionamentos produtivos com os outros, organizam festas de sucesso, e assim por diante. Como dissemos acima, a gama de opções de experiências e comportamentos é infinita.

Como os exemplos de possíveis objetivos relacionados acima ilustram, aquilo que se define como comportamento não se limita àquelas coisas que manifestamos externamente. Normalmente, quando falamos de comportamento estamos nos referindo ao que podemos realmente ver ou ouvir uma pessoa fazer. Contudo, lembre-se de que, no método EM-PRINT, comportamento é *qualquer coisa* que uma pessoa faça. Portanto, uma reação interna, como uma reação emocional de conforto e confiança mesmo num momento de crise, é um comportamento. Então, para esse indivíduo, a reação comportamental no contexto de ser criticado é sentir-se à vontade e confiante.

Além dos estados emocionais, comportamentos internos também podem abarcar processos cognitivos. Por exemplo, enquanto avalia a definição posta em evidência aqui — ou seja, que os processos cognitivos são comportamentos internos —, você pode buscar em suas experiências pessoais informações e exemplos que podem ou não combinar com a definição, poderá medir as evidências, considerar as implicações de tal definição, e assim por diante. E mais: tudo isso pode acontecer muito rapidamente. Poucas pessoas que o olhassem sentado, fazendo esses extensos cálculos e avaliações internas, perceberiam que você está fazendo alguma coisa além de ler um livro, mas com certeza você não diria que não está fazendo nada, além de ler. De fato, você estaria profundamente envolvido em processar comportamentos internos, em reação à necessidade de avaliar o que está lendo. (Como contraste, talvez você possa recordar momentos em que leu as palavras de uma página, mas não se engajou no processo interno que torna essas palavras compreensíveis.) De forma semelhante, fazer somas de cabeça, avaliar as próprias necessidades ou as de outras pessoas, planejar o que fazer amanhã ou pelo resto da vida, comprometer-se a fazer uma mudança e motivar-se a aparar a grama são todos exemplos de comportamentos internos. *Assim, qualquer reação externa, emocional ou cognitiva, a um contexto ou em um contexto particular, serve como uma meta apropriada.*

Especificando sua meta em termos positivos   A simples identificação de um comportamento que você gostaria de incorporar ou de transmitir a outras pessoas não constitui base suficiente sobre a qual começar a eliciar e modelar. Em primeiro lugar, a meta comportamental que você selecionou deve se tornar *apropriada* para a eliciação.

Ao estabelecer para si mesmo uma meta apropriada, é importante que você a expresse em termos do que você *quer*, em vez do que você *não* quer. Por exemplo, você não adquire a capacidade de não dormir demais, você adquire a capacidade de *levantar-se cedo*. Em vez de não comer demais, você adquire a capacidade de *comer de forma sensata*. Identificar a meta desejada em termos positivos — especificar o que você quer fazer, em vez do que quer evitar — é essencial para o sucesso. Nossa experiência mostra que os procedimentos implícitos em qualquer forma de ''não fazer'', no melhor dos casos, são incômodos, ricos em oportunidades para confusão no que diz respeito à contextualização apropriada e inadequados para aquisição.

Se uma meta é expressa sob forma de não fazer ou de evitar alguma coisa, nós a remodelamos, especificando exatamente o que queremos ser capazes de fazer em termos de experiência e comportamento. Por exemplo, a meta de ser capaz de reagir como um certo político que "reage a perguntas provocativas ou difíceis sem tentar se justificar" pode ser traduzida numa reação mais útil, como "reagir a perguntas difíceis expressando confortavelmente suas opiniões genuínas". Igualmente, a meta de "não remoer e sentir-se oprimido por cada fracasso" poderia ser traduzida como "reagir aos fracassos como se fossem experiências de aprendizado e com sentimentos de confiança".

A virtude de tal transformação para termos positivos é que ela especifica o que você está procurando, o que lhe dá um ponto de referência que lhe permita avaliar de modo progressivo se os processos internos que você está eliciando e eventualmente instalando em si mesmo ou em outras pessoas estão ou não de acordo com a meta almejada. Sem esse ponto de referência explícito para sua meta, você poderá descobrir-se obtendo muitas informações inúteis, redundantes ou incoerentes.

Contextualizando sua meta   Depois de especificar o que você quer ser capaz de fazer, a próxima consideração importante se refere ao contexto: quando, onde e com quem. A pergunta a ser respondida aqui é: "Em que situações eu quero manifestar o comportamento almejado?" Não basta simplesmente determinar uma meta, digamos, ser capaz de expressar confortavelmente opiniões pessoais, manter a confiança diante do fracasso, garantir-se a si mesmo, seguir a dieta, ou ser positivo. Além do comportamento em si, você também deve especificar em que contextos quer ter acesso a ele. Em que contextos você quer garantir-se sozinho? Quando interage com seus iguais? Com as pessoas amadas? Com seus superiores? O tempo todo? Se a meta é seguir uma dieta, sua intenção e desejo é segui-la o tempo todo, em todos os contextos, sem exceção? E quando você estiver viajando, ou comendo na casa de seu chefe, ou quando levar o marido para celebrar o aniversário de casamento?

Na verdade, você pode ter um contexto específico em mente no qual usar o comportamento que almeja. É importante especificar o(s) contexto(s) em que deseja ter acesso ao comportamento almejado, porque *os procedimentos operativos para os mesmos comportamentos em contextos diferentes podem ser substancial e significativamente diferentes.* Assim, se quer ser capaz de garantir-se frente a seu patrão no trabalho e elicia os procedimentos operativos para essa meta de alguém que se garante com *as pessoas de quem gosta*, você pode descobrir da maneira mais difícil que as reações recentemente adquiridas estão longe de serem satisfatórias quando utilizadas no escritório. Então, é importante que, ao modelar um comportamento, você use como fontes de informações pessoas que não apenas reajam da maneira desejada, mas que o façam nos contextos em que você quer manifestar esses comportamentos.

182

Comportamentos intrínsecos e intencionais A próxima consideração importante sobre a meta é determinar se você precisa modelar um comportamento *intrínseco* ou *intencional*. Os comportamentos intrínsecos são aqueles que um indivíduo adquiriu através dos anos como resultado natural da interação em seu ambiente. Quando tais comportamentos são reconhecidos, normalmente são chamados de talentos, capacidades naturais, dons ou aptidões. O jovem que compreende rápida e facilmente a lógica de uma programação de computador e seu companheiro de turma que não se importa em absoluto com computação, mas que valoriza prontamente aqueles que têm tal talento, exemplificam o que são para *eles* comportamentos intrínsecos. O comportamento intrínseco do primeiro jovem é a capacidade de entender programação de computadores, ao passo que o comportamento intrínseco do segundo é a capacidade de valorizar os talentos de outras pessoas. Para finalidades de aquisição, qualquer comportamento adquirido casualmente (como a maioria dos nossos comportamentos) é classificado simplesmente como "intrínseco".

Por outro lado, comportamentos intencionais são aqueles que foram adquiridos *deliberadamente*. Isto é, o indivíduo determinou a necessidade de um comportamento em especial e conseguiu instalar em si mesmo esse comportamento. Assim, a distinção entre comportamentos intrínsecos e intencionais é exemplificada pela diferença entre a pessoa que é "naturalmente" boa em caligrafia e a pessoa que costumava ser péssima em caligrafia, mas que finalmente aprendeu a escrever bem. Embora ambas apresentem no final das contas o mesmo comportamento (e provavelmente com os mesmos procedimentos operativos subjacentes), *há uma diferença significativa entre elas em termos do que cada uma teve que fazer para obter essa capacidade*. A diferença é que o bom letrista intrínseco não precisou fazer muitas coisas de forma deliberada para ter acesso a essa capacidade, ao passo que o letrista intencional teve que passar por uma seqüência de aprendizado, motivar-se para aprender essa capacidade, realmente aprendê-la, e assim por diante. Essas reações, comportamentos e experiências que levam uma pessoa à aquisição de um comportamento, mas que não estão envolvidas na manifestação desse comportamento, são chamadas de *atividades preliminares*.

Um exemplo comum da distinção entre um comportamento e suas atividades preliminares ocorre com o fumo. Muitos fumantes sabem que deviam parar de fumar e podem até mesmo saber como fazê-lo, mas não parecem capazes de se motivarem para realmente parar. Isso é uma demonstração de que não somente a meta comportamental de desistir dos cigarros, mas também as atividades preliminares para decidir fazê-lo, motivação, planejamento, e assim por diante, podem ser fundamentais para se renunciar ao fumo.

Além dos procedimentos operativos para a meta propriamente dita, *como um indivíduo* você pode também necessitar de procedimentos operacionais para as atividades preliminares que compõem esses comportamentos, que levam à obtenção da meta desejada e a mantém. Na prática, a não ser que você tenha, desde o início, consciência de que precisa da determinação, do comprometimento ou da motivação, fundamentais para tornar realidade sua almejada meta, sugerimos que comece modelando a meta propriamente dita. Após instalar os procedimentos operacionais para a meta, você descobrirá rapidamente se precisa ou não também das preliminares. Se você adotou de forma bem sucedida a capacidade de gerar sua meta comportamental, mas descobriu que não o faz, ou que não *continua* a gerá-la nos contextos apropriados, você precisa de uma ou mais preliminares. As atividades preliminares serão discutidas mais detalhadamente na seção "Atividades".

Quem é o modelo Ao escolher um modelo, você precisa procurar uma pessoa que faça o que você quer ser capaz de fazer no contexto em que você deseja fazê-lo. Na prática, isso nem sempre é uma exigência tão óbvia. Nesse ponto, um passo em falso comum é usar como objeto para modelo alguém que não satisfaz *estritamente* as exigências da meta. Por exemplo, freqüentemente atendemos indivíduos que tentavam aprender a parar de fumar com pesoas que nunca consideraram a possibilidade de fumar. Apesar de ser, talvez, uma modelagem importante, a capacidade de *evitar* os cigarros não é a mesma de *desistir* dos cigarros. A pessoa que quer parar de fumar precisa de um modelo que tenha fumado e parado de fumar.

Se você sabe desde o início que precisará de comportamentos e atitudes preliminares, bem como da própria meta comportamental, também precisará selecionar como modelo alguém para quem a meta comportamental seja intencional. Se acha que não precisa de preliminares, então seu modelo pode tanto ser alguém cuja meta comportamental seja intrínseca quanto alguém para quem seja intencional.

Se for possível, tente assistir a uma demonstração real da reação desejada por parte de seu modelo, no contexto em que você está interessado em tê-la. Se não teve a oportunidade de observar essa pessoa no contexto em que você quer realizar mudanças, tente criar uma oportunidade, talvez armando essa situação para seu modelo. Por exemplo, se uma de suas companheiras de trabalho tem a reputação de ser particularmente competente em avaliar vendas em potencial, mas você nunca esteve por perto quando ela fazia suas avaliações, poderia pedir para ir com ela da próxima vez em que fosse encontrar um cliente em potencial. Você também poderia passar algum tempo com ela logo depois do encontro, para fazer as perguntas apropriadas. Um modo mais simples de atingir esse mesmo resultado consiste em interagir com ela enquanto você interpreta o papel do cliente em potencial. De qualquer das maneiras (ou qualquer outra semelhante que você crie), você será capaz de assegurar-se de que seu modelo reage de fato do modo como você gostaria de aprender a reagir. Uma virtude adicional de se criar o contexto para sua meta, e, por isso, a oportunidade para uma demonstração imediata da aptidão do seu modelo, é que você tem um exemplo recente a partir do qual seu modelo pode retirar as respostas para suas perguntas eliciativas.

Sempre tentamos descobrir ao menos três pessoas que exemplifiquem o que queremos ser capazes de adquirir ou transferir para outros. Essa amostra permite fazer comparações entre os indivíduos, e conseqüentemente descobrir que padrões são subjacentes às capacidades que queremos modelar. Quando usamos o método EMPRINT para descobrir padrões que são característicos de pessoas em geral ou de certas atividades em geral, empregamos uma grande e variada amostra para confirmar nossas descobertas. Contudo, se nossa meta é a aquisição de um comportamento, nossa experiência mostra que mais de três exemplos somente levarão a informações redundantes.

Atividades

Neste ponto você já estabeleceu sua meta e localizou ao menos uma pessoa capaz de manifestá-la, e de quem você pode eliciar as informações necessárias sobre os procedimentos operacionais. Agora você precisa reconhecer que o que parece ser um comportamento relativamente simples, direto e rápido de se evocar, pode ser, na verdade, o produto final de um conjunto completo de atividades. Por exemplo, a meta de escrever um artigo técnico é obviamente o resultado do cumprimento bemsucedido de atividades como especificar um tópico, pesquisar, formular uma estrutura para a apresentação, escolher um estilo, e assim por diante.

As *atividades* são as etapas que um indivíduo atravessa a fim de manifestar um comportamento em particular. Assim, "selecionar um tópico" e "pesquisar" "são duas atividades subjacentes à capacidade de escrever um artigo técnico. Do mesmo modo, o uso do método EMPRINT para eliciação implica as atividades iniciais de especificar uma meta, identificar a necessidade de um comportamento intrínseco ou intencional e as atividades.

Nenhuma das duas metas descritas acima (escrever artigos técnicos e fazer eliciações) é inerentemente organizada em termos das atividades que relacionamos para cada uma delas. As atividades que relacionamos foram tiradas de indivíduos que manifestam esses comportamentos almejados, mas a descrição das atividades subjacentes era *deles*. Isto é, o conjunto de atividades eliciado de um indivíduo representa a maneira de essa pessoa organizar sua experiência, e é importante para tornar possível a manifestação do comportamento pretendido na maneira particular com que essa pessoa o manifesta. Para uma pessoa, a meta comportamental "levantar-se e dançar" implica apenas uma atividade — fazê-lo —, ao passo que para outra dançar implica um conjunto completo de atividades, incluindo "decidir como quero me sentir", "descobrir o que meu parceiro gostaria" e "imaginar o que poderia fazer de modo original". Para cada um desses dançarinos, o conjunto de atividades que usam é "indicado" para reagir da maneira particular em que cada um reage quando dança. A pessoa cujos procedimentos operacionais estamo eliciando é o árbitro final de como fazer o que faz da maneira que o faz.

Atividades preliminares   Você será mais bem sucedido se adquirir um comportamento intrínseco ou intencional dependendo de sua necessidade: se ela é simplesmente saber como fazer "isso", ou se você também precisa de preliminares comportamentais, como motivação e compromisso. Como indicamos acima, você sempre pode testar isso conseguindo os procedimentos operacionais para a meta comportamental desejada de alguém que a tenha como um comportamento intrínseco ou intencional e usando esses procedimentos para guiar suas reações no contexto necessário. Se você *pode* ter esse comportamento, mas *não o tem*, é sinal de que precisa dos procedimentos operacionais adicionais para atividades preliminares, como decisão, motivação, planejamento e compromisso.

Essas quatro atividades — decisão, motivação, planejamento e compromisso — são de longe as atividades preliminares mais importantes. Você pode já saber pela sua experiência que, para você, um comportamento preliminar está ausente ou não é apropriado. Por exemplo, após anos pensando em voltar à escola para se diplomar em uma outra área, você pode já ter descoberto que...

você foi incapaz de *decidir* se essa seria ou não uma boa idéia, ou

você decidiu que seria uma boa idéia, mas não foi capaz de *motivar-se* a fazer algo a respeito, ou

você esteve investigando as possibilidades, mas não foi capaz de elaborar um *plano* coerente de procedimento, ou

você tem um plano, mas não se *compromete* a colocá-lo em prática.

Peguemos outro exemplo, em que um pai que deliberadamente conseguiu mudar seu comportamento, de gritar para argumentar racionalmente ao lidar com o filho de dez anos. Uma pessoa que atualmente grite com os filhos talvez precise saber...

Como ele decidiu mudar suas reações?

Como ele se motivou a fazer o esforço para mudar suas reações?

Como ele formulou um plano viável para mudar suas reações?

Como ele se comprometeu o suficiente para sentir-se motivado a levar adiante seu plano?

Novamente, o ponto a ser destacado quanto às atividades preliminares é que elas incluem os procedimentos operacionais que levam ao uso dessas atividades e procedimentos operacionais subjacentes à manifestação da meta em si. Se já de início você sabe que precisa de uma ou mais atividades preliminares para uma determinana meta, procure obter primeiro essas informações, e obtê-las de indivíduos para quem essa meta seja um comportamento intencional.

Atividades e procedimentos operacionais   Como você descobriu no capítulo 3, assim como uma meta pode ser o resultado de um conjunto de atividades distintas, da mesma maneira cada uma dessas atividades pode por sua vez ser composta de mais de um procedimento operacional. Cada um desses procedimentos operacionais resulta em algum tipo de comportamento externo, emocional ou cognitivo. Nessa etapa da seqüência de eliciação, seu objetivo deve ser especificar a meta em termos da seqüência de procedimentos operacionais subjacentes a essa meta.

Você pode encarar a meta como sendo o resultado final de um conjunto de submetas, com cada uma dessas submetas sendo atividades e procedimentos operacionais. Usando a redação de um artigo técnico como exemplo de meta desejada, descobrimos com nosso exemplo, Bob, que a meta é composta de três atividades: selecionar um tópico, pesquisar e escolher um estilo literário. Com um questionamento aprofundado, nosso informante explica que a atividade de pesquisar é ela mesma composta de três procedimentos operacionais distintos, em que ele decide o que precisa saber, descobre onde poderá encontrar essas informações e obtém informações importantes das referências. Entretanto, não é preciso que haja mais de um procedimento operacional para cada atividade. Para o escritor que estamos usando aqui como exemplo, selecionar um tópico e escolher um estilo literário são atividades que envolvem apenas um procedimento operacional cada uma.

Embora com freqüência seja preciso completar a avaliação em um procedimento operacional para engajar-se no próximo, os procedimentos operacionais também podem ocorrer simultaneamente, ou serem recorrentes, etc. Ocorre com freqüência que em um procedimento operacional se dê a geração de informações ou experiências usadas nos procedimentos operacionais subseqüentes. Em outras palavras, as conclusões comportamentais, informacionais e experienciais de um procedimento operacional tornam-se uma fonte de referências para outro procedimento operacional. Por exemplo, considere os procedimentos operacionais iniciais para a meta de escrever.

Obviamente, para que a seqüência de procedimentos operacionais que compõem a atividade de pesquisar possa ser adequadamente iniciada, é preciso primeiro selecionar um tópico. O tópico selecionado aparecerá então como uma importante referência passada em cada um dos procedimentos operacionais que constituem a atividade de pesquisar. O

tópico selecionado será usado pela pessoa como referência passada nas avaliações sobre as informações necessárias, onde podem ser encontradas e sobre o melhor meio de obter as informações adequadas das fontes.

Embora possa parecer óbvio que não se pode pesquisar sem primeiro selecionar um tópico, para as pessoas que não escrevem artigos técnicos isso pode ser uma revelação. O fato é que muitas pessoas começam a escrever sem ter uma idéia clara de seu tópico, ou tendo em mente um tópico vasto demais, e assim com freqüência acabam perdendo tempo e energia vagando pela literatura a esse respeito, coletando informações aleatórias, etc. As conclusões do procedimento operacional em que o escritor decide o que precisa saber aparecem como referências no procedimento operacional que ele utiliza ao identificar onde obter essas informações e no procedimento operacional que utiliza para extraí-las dos materiais de que dispõe.

Os exemplos acima são ambos exemplos das conclusões de uma etapa que, *seqüencialmente*, fornece referências para outras etapas. Mas, como mencionamos antes, as conclusões dos procedimentos operacionais também podem informar e complementar umas às outras simultaneamente, recorrentemente, etc. Os procedimentos operacionais do escritor proporcionam um exemplo desse fato na interação que ocorre entre as etapas de decidir o que precisa saber e obter as informações. Embora o que ele precise saber seja uma referência informacional importante no procedimento de "extração", as informações que ele extrai também podem funcionar simultaneamente como referências informacionais importantes para o procedimento "o que ele precisa saber". Isto é, as informações que ele extrai podem alterar suas noções relativas ao que ele precisa saber. Em geral o resultado é um artigo melhor.

Por exemplo, suponha que ele esteja pesquisando para um artigo sobre avanços recentes na tecnologia de computadores. Enquanto pesquisa, ele se depara com referências que mencionam os efeitos de longo prazo da tecnologia sobre as interações sociais humanas, um aspecto que ele não havia previamente considerado. Operando com o procedimento "o que ele precisa saber", ele pára e considera se "efeitos colaterais sociais" são algo que ele precisa investigar. Embora tal avaliação possa parecer óbvia, o fato é que muitos indivíduos, uma vez que tenham escolhido sua área de interesse, passarão *automaticamente* por cima de qualquer informação que não se encaixe na área escolhida. A capacidade de que o nosso escritor goza nesse contexto se deve em parte aos procedimentos operacionais que usa, e em parte resulta de sua flexibilidade em trocar informações entre esses dois procedimentos operacionais.

Se você dedicar alguns momentos a revisar o material que cobrimos até aqui, compreenderá que dispõe agora de diretrizes a seguir para determinar sua meta, avaliar sua adequação, selecionar para modelar indivíduos que manifestam a meta desejada da maneira e nas situações em que você a deseja e compreender os tipos de atividade e procedimentos operacionais envolvidos na realização dessa meta. Você acaba de passar pela primeira etapa. Vamos agora avançar rumo à exploração da segunda etapa, as técnicas de eliciação e descoberta que você pode usar para obter informações sobre metas e atividades e para revelar as variáveis que compõem os procedimentos operacionais para o talento e a competência.

10 Identificando atividades e procedimentos operacionais

Sempre que as pessoas falam, revelam indícios de seus processos internos. Esses indícios são as palavras que usam para descrever suas experiências. Por exemplo, em nossa cultura é fácil saber quando uma pessoa está falando sobre o que aconteceu, em oposição ao que está acontecendo ou o que poderá acontecer no futuro; basta prestar atenção ao tempo verbal. Mas as pessoas deixam muito mais marcas lingüísticas do que apenas as distinções entre passado, presente e futuro. Quando falam, elas também revelam distinções sobre todos os passos comportamentais — as atividades e os procedimentos operacionais — que estão dando. Felizmente, todos nós que crescemos nesta cultura possuímos decodificadores lingüísticos que recebemos como parte de nossa herança biológica e cultural. Todos nós usamos, reconhecemos e reagimos à linguagem, e essa é a chave para elucidar o mistério de nossos processos internos.

As distinções lingüísticas mais importantes para revelar a seqüência de procedimentos operacionais que uma pessoa utiliza são os advérbios que indicam continuidade — como "então", "e então", "depois", "a seguir", "mais tarde", "primeiro", e assim por diante. Quando utilizados para separar verbos que especificam algum tipo de ação ou atividade, tais advérbios são usados para marcar o fato de que naquele ponto houve uma mudança significativa na atividade. Por exemplo, em resposta à questão propositalmente genérica: "Como você começa a escrever um artigo técnico?", Bob (o indivíduo que usamos como exemplo no capítulo anterior) respondeu:

"Eu começo decidindo *primeiro* um tópico específico, *e então* faço as pesquisas necessárias. *Então*, quando isso está feito, decido que estilo literário usar, planejo — o artigo, quero dizer — e aí começo a escrever".

Nessa declaração, Bob nos informa que ele organiza a tarefa de escrever um artigo técnico em cinco atividades básicas: selecionar um tópico, pesquisar, escolher um estilo literário, planejar o artigo e escrever. Em todas as etapas, com exceção de uma, ele marcou uma mudança de atividade usando "então" ou "e então". Quando Bob escreve artigos técnicos, essas atividades constituem etapas *separadas* — embora, como vimos no capítulo anterior, não sejam necessariamente etapas *independentes*.

Os advérbios são usados comumente para marcar mudanças em atividades, mas não são usados *sempre* — Bob marcou a atividade de planejar sem usar um advérbio que indicasse continuidade. Nesse caso, a mudança na atividade é evidente pelo fato de que os comportamentos especificados em cada uma das três fases da resposta são comportamentos diferentes. Se uma pessoa usa um novo verbo (decidir, planejar, escrever, etc.) para especificar uma ação diferente, essa ação é a manifestação comportamental de outro procedimento operacional ou conjunto de procedimentos operacionais. Os advérbios que indicam uma seqüência podem ou não estar lá para auxiliar a marcar essas mudanças de atividade.

Para Bob, escolher um estilo literário e planejar o artigo são atividades concebidas e tratadas como separadas, como foi demonstrado pelo fato de que numa descrição superficial do processo ele especificou cada uma delas e o fez sem incluir uma na outra. Uma outra pessoa, para quem escrever um artigo técnico não inclua uma avaliação sobre estilo, ou para quem selecionar um estilo literário for considerado simplesmente parte do planejamento do artigo, provavelmente descreveria seu processo desta maneira: "Eu escolho um tópico, então faço a pesquisa, então planejo, e finalmente começo a escrever".

Ao responder à nossa pergunta, Bob foi muito prestativo, e aparentemente deu uma resposta completa. Entretanto, não se costuma pedir às pessoas que descrevam em detalhes seus processos internos, e mesmo quando isso acontece elas podem facilmente se esquecer de mencionar uma etapa que parece trivial para elas ou que consideram evidente. Então, como se pode saber se se eliciou ou não todo o conjunto de atividades que sustentam um objetivo em particular? Isso é conseguido ao se perguntar à pessoa sobre as fronteiras dessas atividades que já foram eliciadas. Isto é, descobrir se há quaisquer outras atividades que acontecem antes ou depois daquelas já conhecidas. As perguntas que quase sempre eliciarão essas informações são variantes das que se seguem. Há alguma coisa que você tenha que fazer ou considerar *antes* (de selecionar um tópico)?

Uma vez que você tenha (selecionado um tópico), está *então* pronto para começar sua pesquisa?

Não obstante o modo como se faça a pergunta, sua função é conseguir que a pessoa considere se ela, *no que lhe concerne*, deixou uma etapa comportamental fora da descrição.

Uma vez que se tenha uma descrição das atividades responsáveis pela manifestação da meta comportamental, é preciso a seguir determinar se quaisquer dessas atividades são ou não a manifestação de mais de um procedimento operacional. Pode-se eliciar essa informação aplicando a cada uma das atividades a mesma pergunta que foi originalmente utilizada para o comportamento pretendido.

Como é que você (escolhe o tópico)?

Ao responder a essa pergunta, a pessoa ou descreverá um conjunto de avaliações (cada uma das quais indica provavelmente um procedimento operacional em separado), ou começará a descrever apenas um procedimento operacional para essa atividade. Obviamente, se ela apresenta um conjunto de avaliações, então cada um desses procedimentos operacionais constitui um passo comportamental que talvez seja preciso explorar e especificar. Se, em lugar disso, a pessoa responder à pergunta descrevendo uma única avaliação, então é possível conferir para se assegurar de que há somente um único procedimento operacional fazendo-se perguntas nessa forma genérica.

Há quaisquer outras considerações que entrem na (escolha de um tópico)? O que você descreveu para mim é a única coisa que avalia antes de (escolher um tópico)?

Esse processo pode ser representado da seguinte forma.

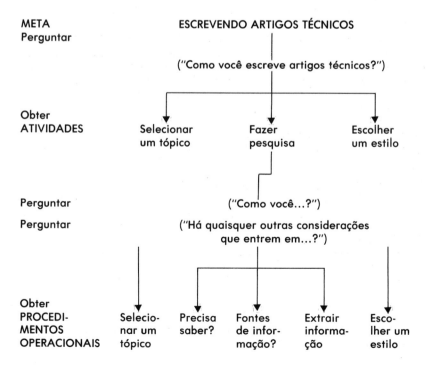

A respeito da eliciação dos procedimentos operacionais há mais uma distinção lingüística importante: o uso da conjunção "e". Como os advérbios que indicam seqüência, o uso do "e" entre a descrição de duas avaliações indica que os dois procedimentos operacionais são etapas distintas. Além do mais, o uso do "e" *por si mesmo* também indica que esses dois (ou mais) procedimentos operacionais ocorrem *simultaneamente*. Nós eliciamos a seguinte descrição de uma mulher, uma coreógrafa muito competente.

"Bom, frente a um fragmento musical, tenho uma intuição quanto ao que a música sugere *e* sinto os passos que se encaixam ritmicamente... *e depois* que tenho um pouco desses fragmentos crio imagens na minha cabeça *e então* crio imagens de passos conectados."

A seqüência que ela descreve aqui envolve quatro procedimentos operacionais. Ela se engaja nos dois primeiros desses comportamentos (*intuir o que a música sugere e encaixar passos no ritmo*) ao mesmo tempo, como é indicado pelo uso que faz da conjunção "e". Os procedimentos operacionais para cada um desses comportamentos são diferentes (como foi revelado pelas perguntas adicionais, os critérios e referências são diferentes), mas eles combinam simultaneamente sua experiência e seu comportamento.

O próximo trecho de eliciação contém exemplos de todas as distinções que fizemos até aqui com referência à identificação do número e dos tipos de atividade e procedimentos operacionais subjacentes à manifestação de uma meta. Neste exemplo, o sujeito, Alan, tem um talento especial para construir coisas. Suas criações, embora simples, têm um acabamento primoroso. Um alimentador de pássaros que Alan terminara recentemente foi utilizado como pretexto para a eliciação. (Nós acrescentamos a ênfase para tornar as distinções mais aparentes.)

ML: Como você constrói um alimentador de pássaros?
Alan: Bem, eu passo um tempo *planejando-o,* ENTÃO eu simplesmente o *construo*.

A primeira reação de Alan revela que ele faz uma distinção entre a atividade de planejar e a de construir. Essas são etapas seqüenciais, como é indicado pelo uso que ele faz do "então".

ML: Como você o planeja?
Alan: Eu *descubro que funções* o alimentador de pássaros precisará cumprir E *com que materiais* confeccioná-lo.
ML: O que você quer dizer com "funções"?
Alan: Tem que conter a semente e mantê-la seca. É preciso haver um lugar para os pássaros pousarem. Esse tipo de coisa.

A pergunta "Como você o planeja?" pretende eliciar se, para Alan, planejar é ou não constituído por mais de um procedimento operacional e, se for, quais são eles. Alan responde descrevendo dois comportamentos: descobrindo funções e escolhendo materiais necessários. Esses dois comportamentos provavelmente são simultâneos, como é indicado pelo uso que ele faz do "e", em vez do "e então". Como descobrimos mais tarde, as funções a serem satisfeitas influenciam a escolha que ele faz dos materiais necessários. Isto é, as conclusões do procedimento operacional "escolha funcional" mostram-se como referências informacionais no procedimento operacional "escolha de materiais". A pergunta "O que você quer dizer com funções?" pretendia começar a especificar a equivalência de critério para "funções".

ML: OK. Há alguma coisa que você tem que fazer para começar a descobrir funções, e assim por diante?
Alan: Não, na verdade não, a não ser que eu esteja construindo algo para outra pessoa. ENTÃO eu primeiro *descobriria o que essa pessoa quer.*
M L: Vamos presumir que você esteja construindo esse alimentador para você mesmo.
Alan: OK.

O autor faz testes quanto a etapas anteriores àquela da "avaliação da função e dos materiais" e descobre que há um comportamento anterior de "obtenção de informações" no contexto especial de construção de um projeto para outra pessoa. (Se houvesse interesse em construir coisas para outras pessoas, então se poderia querer descobrir os procedimentos operacionais que Alan usa para obter tais informações.)

ML: Logo depois de descobrir as funções que o alimentador precisa satisfazer e que materiais usar, você está então pronto para construí-lo?
Alan: Ah, não. ENTÃO eu *decido que forma* dar a ele E *considero que materiais tenho à mão* e que poderia usar. Gosto de usar os materiais que já tenho, se puder.

O autor então verifica se as avaliações de funções e materiais são ou não tudo o que entra no planejamento de Alan. Não são. Verifica-se que ele não "decide a forma" e (simultaneamente) "avalia os materiais à mão".

ML: OK. Após decidir a forma e os materiais, você está pronto para construir o alimentador?
Alan: Bem, tirando a obtenção de materiais, as ferramentas e tempo disponível, estou.

A atividade de planejar o alimentador de pássaros termina quando do ele chega a algumas conclusões sobre a forma e possíveis materiais à mão. Essas conclusões aparecerão como referências passadas informacionais na atividade subseqüente de encontrar os materiais e ferramentas e nas atividades envolvidas na construção efetiva (informando como usar os materiais, a ordem em que as coisas precisam ser feitas, e assim por diante).

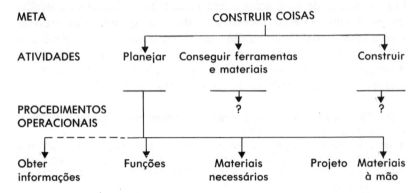

Uma vez que se tenha especificado o conjunto de procedimentos operativos subjacentes a um objetivo, como fizemos com Alan, pode-se começar a eliciação dos procedimentos operativos para cada uma dessas etapas. É claro que, no processo de especificar a meta, as atividades e o número de procedimentos operativos, com freqüência pode-se eliciar inadvertidamente informações concernentes ao conteúdo desses procedimentos operativos. Por exemplo, ao escrever as etapas que ele atravessa ao elaborar um projeto para outra pessoa, Alan revelou que um dos critérios utilizados por ele dentro do procedimento operacional para obter informação é *o que a outra pessoa quer*.

Se lhe parecer que no procedimento de eliciação descrito até aqui estamos sugerindo a necessidade de realizá-lo integralmente, você está certo. Se nossa única intenção fosse sermos capazes de admirar Alan, não necessariamente precisaríamos obter todas essas informações. Poderíamos nos satisfazer com a admiração que já sentíamos pelo prodígio de seu acabamento primoroso. O que descobrimos sobre Alan certamente intensifica nossa admiração, mas lançamos nossa rede de perguntas com a intenção de capturar muito mais do que sentimentos de admiração. Queremos reproduzir em nós mesmos o talento especial de Alan. E reproduzir, por definição e na prática, requer uma perfeita equiparação de todos os detalhes e variáveis. Reproduzir uma habilidade é mais difícil do que apenas admirá-la, mas a recompensa em termos de expansão de percepções e capacidades é imensa.

11 Eliciação e descoberta das variáveis

Uma vez que você tenha identificado uma meta e determinado o número de atividades e procedimentos operacionais subjacentes, pode começar a especificar as sete variáveis para cada um dos procedimentos operacionais. Este capítulo lhe fornecerá as técnicas de eliciação e descoberta para realizar essa tarefa.

Todos os exemplos de eliciação dados nesta seção pressupõem que os primeiros passos vitais abordados no capítulo anterior já tenham sido realizados. As variáveis são discutidas na ordem que descobrimos ser a mais útil. A eliciação das variáveis do procedimento operacional é ilustrada por fragmentos adequados retirados de eliciações mais extensas de modo a trazer à tona os padrões relevantes para a distinção específica descrita no momento em questão.

Há ainda um ponto importante a assinalar antes de prosseguirmos. Durante a coleta de informações relativas aos procedimentos operacionais de uma atividade epecífica, às vezes descobrimos que a manifestação daquela atividade na verdade depende de um ou mais procedimentos operacionais de que você não estava ciente. Quando isso acontecer, pare de especificar as variáveis e isole a seqüência subjacente dos procedimentos operacionais. Após ter uma compreensão clara da nova seqüência, volte ao ponto em que parou e continue a explorar as variáveis.

Categoria de teste

Estrutura de tempo e critérios   A categoria de teste acompanha a avaliação que está sendo feita em um procedimento operacional particular. Os critérios são aqueles padrões que se aplicam ao se fazer a avaliação, e a estrutura temporal do teste especifica se é importante que os critérios sejam atendidos no passado, no presente ou no futuro.

A melhor maneira de eliciar um procedimento operacional é especificar primeiro a estrutura temporal do teste e dos critérios. Há duas razões para isso. Em primeiro lugar, as duas informações são as mais aparentes e fáceis de se dar a respeito de qualquer uma das variáveis. E, em segundo, especificar primeiro a estrutura temporal do teste e dos critérios ajuda a garantir que você especificou suficientemente a seqüência inteira de procedimentos operacionais. Cada procedimento operacional será caracterizado por uma estrutura temporal e um conjunto de critérios únicos (exceto no caso de testes simultâneos em um procedimento operacional); por isso, se a eliciação descobrir dois ou mais testes para um procedimento operacional particular, você pode usar essas informações para identificar se esses testes realmente representam procedimentos operacionais distintos, ou se ocorrem simultaneamente no mesmo procedimento operacional.

Por ser a estrutura temporal do teste e dos critérios quase sempre indicada quando uma pessoa especifica os critérios, em geral os critérios e estrutura temporal de teste são eliciados juntos. A eliciação de critérios envolve saber das pessoas os padrões importantes que utilizam ao fazer sua avaliação em um contexto particular. As seguintes perguntas são a forma mais eficaz de se eliciar critérios.

O que é importante para você quando você (comportamento)?

A que você presta atenção quando você (comportamento)?

O que é importante quando eles (comportamento)?

Quando você (comportamento), o que você está avaliando?

As considerações importantes quando você (comportamento), então, são...?

Em resumo, qualquer pergunta ou afirmação que peça ao seu informante para refletir e informar os padrões que usa ao fazer uma avaliação quando está engajado em um procedimento operacional particular provavelmente eliciará uma lista de critérios relevantes. Essa lista, é claro, pode conter apenas um critério, ou muitos. Os critérios também podem estar relacionados de acordo com a prioridade ou ter uma importância relativamente igual. Você pode descobrir se identificou até o momento todos os critérios importantes fazendo uma pergunta como a que se segue.

Há alguma outra coisa que seja importante (significativa, a que você preste atenção) quando você (comportamento)?

Uma vez que você tenha eliciado os critérios, pode eliciar a estrutura temporal do teste fazendo perguntas que direcionem a atenção do informante para o fato de estar considerando os critérios em relação ao passado, o presente ou o futuro. Embora distinções como critérios e estruturas temporais de teste não estejam normalmente na superfície da consciência das pessoas, elas *são* parte de suas experiências, e ao serem perguntadas elas quase sempre são capazes de fornecer informações referentes a essas distinções. Exemplos dessas perguntas:

Você está avaliando o passado, o presente ou o futuro?

Quando você considera (critério), você pensa em como você foi (critério), como é (critério) ou como será (critério)?

Essas considerações são sobre o passado, o presente ou o futuro?

Você está prestando atenção a como (critério) afetou o seu passado, como o afeta agora ou como o afetará no futuro?

Qualquer pergunta ou afirmação que especifique o critério, seja explicitamente ou pelo contexto da pergunta, e que peça ao informante para refletir e informar a estrutura temporal a que ele está aplicando esse critério, provavelmente possibilitará a ele identificar a estrutura temporal que está usando.

Nem sempre é necessário perguntar explicitamente quais são os critérios ou a estrutura de tempo do teste. Ao descrever suas experiências e seus processos internos, as pessoas costumam incluir tanto os critérios quanto as estruturas temporais de teste que estão usando. O capítulo anterior deu o exemplo de eliciação da capacidade de Alan de elaborar projetos. Uma de suas reações foi: "Então eu descobriria o que essa pessoa *quer* em primeiro lugar".

Uma das coisas que Alan nos disse foi que um critério que ele usa ao obter informações é "querer" (em oposição a, digamos, "precisar" ou "apreciar").

A estrutura temporal do teste ficará evidente no tempo verbal que o sujeito usar ao descrever seus critérios. Por exemplo, no trecho tirado da elicitação de Alan, ele fala sobre descobrir o que a pessoa *quer*. O tempo verbal é o presente, como provavelmente é a estrutura de tempo do teste desse critério. Alan está preocupado com o que essa pessoa quer *agora*, e não com o que ela quis (tempo e estrutura de tempo passados) ou quererá (tempo e estrutura temporal futuros). A despeito de como você agir para eliciar informações do sujeito, mantenha em mente que é preciso especificar tanto os critérios que ele está usando para fazer suas avaliações quanto a estrutura temporal que está sendo avaliada com respeito a esses critérios.

Os trechos seguintes proporcionam muitos exemplos da eliciação de critérios e de estruturas temporais de testes. Utilizamos caracteres em itálico para tornar as distinções mais evidentes. No primeiro exemplo, Bill, o homem que estamos entrevistando, tem a capacidade de barganhar efetivamente (meta comportamental) quando negocia o preço de uma obra de arte (contexto). Um de seus procedimentos operacionais é para "obter informações".

> **ML:** O que é importante quando você está obtendo informações para negociações desse tipo?
>
> **Bill:** Basicamente, o *valor relativo* da peça e o *preço mais baixo possível* para comprá-la.
>
> **ML:** Se você estivesse engajado numa dessas negociações agora, você estaria preocupado com o valor relativo e com o preço mais baixo possível no presente, com o seu valor e seu preço mais baixo no passado ou com os valores no futuro?
>
> **Bill:** Com o preço mais baixo que posso conseguir *agora*. Levo em consideração os preços da obra do artista no passado, mas só para me dar uma idéia do quão baixo *é* possível pagar para tê-la *agora*.

Os critérios que Bill usa ao obter informações são "valor relativo" e "preço mais baixo possível", e a estrutura temporal desse teste é o presente.

Morgan é muito boa na edição (meta comportamental) de vídeos educacionais (contexto). O procedimento operacional sobre o qual estamos fazendo perguntas é aquele referente à decisão do o que editar.

> **ML:** Enquanto você vê a fita, com base em que você decide fazer uma determinada edição?
>
> **Morgan:** Bem, a fita tem que ser *clara*. Tudo tem que estar claro para o espectador, para que ele aprenda.
>
> **ML:** O que você considera é se os pontos a serem ensinados estão claros para você neste momento ou para alguém no futuro, que esteja vendo a fita?
>
> **Morgan:** Ah, definitivamente, para a pessoa que eu imagino que a *estará* vendo.

Ao editar um vídeo educativo, Morgan usa o critério de "clareza". A estrutura temporal em que ela faz o teste de clareza é o futuro. Isto é, ela avalia se as pessoas *serão* ou não capazes de entender a fita, em vez de se ela é ou foi anteriormente capaz de entendê-la.

O gênio particular de Betty é a sua capacidade de planejar refeições nos feriados que todo mundo aprecia. A eliciação seguinte é para o seu procedimento operacional para escolher um cardápio.

> **ML:** Quais são as considerações importantes ao se escolher um cardápio?
>
> **Betty:** Tenho que escolher pratos que as pessoas achem *gostosos*.
>
> **ML:** São pratos que você acha gostosos agora ou que foram gostosos, ou que você imagina que serão gostosos?
>
> **Betty:** Em geral, volto e penso no que as pessoas que estão vindo jantar *gostaram* realmente e procuro escolher o cardápio entre esses pratos.

Para Betty, o critério "gostoso" é avaliado com relação ao passado. Ela avalia especificamente quais *foram* os pratos mais agradáveis para seus convidados e procura incluir esses cardápios anteriores.

Ray gosta de planejar festas e aniversários para crianças, e o faz com muita competência. O trecho seguinte trata de seu procedimento operacional para planejar a festa.

ML: Quando você estava planejando a última festa de aniversário de sua filha, o que você avaliava?
Ray: Na verdade, no que eu *teria gostado de ter tido* numa festa quando tinha a idade dela.

Ray faz um teste passado do que ele teria gostado em criança, e usa o critério de "gostado" (em oposição a entendido, apreciado, se beneficiado, etc.). Nesse exemplo, a única resposta de Ray revelou tanto o critério quanto a estrutura temporal do teste.

Sally reage aos elogios com embaraço e observações autodepreciativas.

ML: Em que você pensa quando alguém lhe faz um elogio?
Sally: Se a pessoa quer dizer aquilo mesmo ou se está falando por falar, ou até debochando de mim.
ML: Então você pensa se a pessoa está sendo *sincera* ou não?
Sally: Sim.
ML: Você sempre fica sem jeito e começa a se depreciar quando alguém a elogia?
Sally: Não, nem sempre. Se eu me sinto *à vontade* com ela, aceito superbem os elogios.

Ao pedir um contra-exemplo, descobrimos que há um contexto em que Sally reage de fato de modo bem diferente aos elogios — aquele em que se sente à vontade com a pessoa — e por meio disso descobrimos também outro critério: estar à vontade. A reação de Sally aos elogios se origina de seu teste presente relativo a estar ou não à vontade com a pessoa e a sinceridade dessa pessoa.

A reação de John aos elogios contrasta com a de Sally. Não importa quem o está elogiando, John reage com um prazer evidente e um sincero "obrigado".

ML: O que você está avaliando ao ser elogiado?
John: Ah, não sei.
ML: Em que você pensa ao ser elogiado?
John: Em *como é bom*.
ML: Mais alguma coisa?
John: Não, não mesmo. É só uma *sensação boa*.

Quando John está sendo elogiado, ele faz um teste presente relativo ao critério "sentir-se bem".

Bob e Sam foram recusados em um emprego. A reação de Sam foi uma sensação de confiança em que se sairia melhor da próxima vez, enquanto a de Bob foi sentir-se desanimado e mesmo desistir de procurar um emprego.

ML: O que você estava avaliando quando foi recusado para o emprego?
Bob: Eu não estava avaliando nada. Tudo o que eu sabia era que eu não tinha conseguido o emprego. Não importa o que eu faça, *não vou conseguir um emprego.*

Bob faz testes futuros relativos a se ele vai conseguir um emprego ou não. Infelizmente, as referências que ele usa para construir seu teste futuro são de fracassar no passado e de não ter um emprego no presente. Com essa constelação de variáveis, ele está condenado a se sentir desencorajado e derrotado. Mas pensemos em Sam.

ML: O que você estava avaliando quando foi recusado para aquele emprego?
Sam: Basicamente, em como *agir de outro modo da próxima vez* — o que *eu poderia fazer da próxima vez* que *funcionaria melhor.*
ML: Melhor no sentido de conseguir um emprego?
Sam: Certo, de conseguir o emprego.

Assim como Bob, Sam faz testes futuros. Ao contrário de Bob, contudo, os critérios de Sam são "agir diferente" e "funcionar melhor". A diferença em suas reações à recusa se deve em larga medida à diferença nos critérios que utilizam. Bob está fazendo um teste para "conseguir um emprego/não conseguir um emprego", o que (como ele tem muitas referências passadas e presentes para não ter um emprego) torna mais fácil gerar um futuro que também não pareça promissor em termos de empregos. O teste de Sam o leva a considerar mudanças em seu comportamento futuro e pressupõe que, se ele fizer as mudanças adequadas, conseguirá um emprego.

No dia das eleições, Willie fica em casa e Sarah sai para votar.

ML: Você realmente decidiu ficar em casa e não votar ou simplesmente se esqueceu?
Willie: Eu decidi ficar em casa. Não sou bobo.
ML: Em que você estava pensando ao tomar essa decisão?
Willie: Meu voto *não vai fazer nenhuma diferença,* e eu *não gosto* de nenhum dos candidatos, de qualquer modo.
ML: E os candidatos na cédula? Você considerou algum deles?
Willie: Não.
ML: Suponha que houvesse um candidato na cédula que você gostasse. Você votaria?
Willie: Provavelmente, sim.

A decisão de Willie de ficar em casa era o resultado de um procedimento operacional que continha dois testes. Um era um teste futuro relativo a se o seu voto faria ou não diferença, e o outro era um teste presente referente a se ele gostava ou não dos candidatos. Na medida em que ele não gosta de nenhum deles, não há conflito entre os dois testes. Entretanto, se ele gostar de um candidato, surge um conflito entre os dois testes. Willie resolve o conflito subordinando os critérios relativos a fazer diferença no futuro aos critérios referentes a gostar de um candidato no presente.

> **ML:** Você decidiu se votaria ou não, ou vota automaticamente nas eleições?
> **Sarah:** A primeira. Eu estava tentada a não votar na última eleição. Eu tinha muitas coisas para fazer e ir até o local da votação naquele dia iria me atrapalhar.
> **ML:** Então, o que era tão importante que a fez votar de qualqur jeito?
> **Sarah:** Pensei em como me *sentiria* a meu respeito se não votasse.
> **ML:** E como você se sentiria se não tivesse votado?
> **Sarah:** *Irresponsável.*

Assim como Willie, a decisão de Sarah envolvia um procedimento operacional com dois testes — um deles, um teste presente relativo ao critério da "conveniência", e o outro, um teste futuro relativo ao critério da "responsabilidade". Os dois testes geraram conclusões conflitantes na última eleição, compelindo-a a subordinar a inconveniência do presente a sentir-se uma pessoa responsável no futuro.

Equivalência de critério Ter um nome para um critério não é a mesma coisa que saber o que esse critério significa. Como definimos no capítulo 4, um critério é um nome para um certo conjunto de percepções ou comportamentos. Duas pessoas podem estar usando o mesmo critério (naquilo que diz respeito ao *nome* do critério) e, contudo, ter idéias muito diferentes quanto a percepções e comportamentos que constituem esse critério. Por exemplo, os dois membros de um casal podem atribuir um alto valor a "respeito"; mas, para o marido, respeito significa não fazer ou dizer coisas que possam magoar o outro, enquanto para a esposa significa expressar tudo o que lhe vá à mente que diga respeito à outra pessoa. Tanto o marido quanto a esposa tentarão atender a seu desejo de tratar o outro com respeito, *mas cada um o fará à sua maneira.*

Uma vez que você saiba os critérios que o seu informante está usando, você pode eliciar equivalências de critério para cada um deles, pedindo-lhe para especificar o que quer dizer com um critério particular ou como ele sabe que um determinado critério foi atendido. Por exemplo, você pode fazer perguntas de forma genérica.

O que (critério) significa?
Como você sabe quando você ou outras pessoas estão sendo (critério)?
O que você precisa ver, ouvir ou sentir para saber que você está sendo (critério), ou que outras pessoas estão sendo (critério)?
Quando alguém está sendo (critério)?

Como você descreveria (critério)?

Assim, qualquer pergunta ou afirmação que direcione uma pessoa para especificar as percepções e comportamentos em particular que ela utiliza para reconhecer um determinado critério provavelmente revelará sua equivalência de critério.

Em seguida, há alguns exemplos em que eliciamos informações sobre critérios e equivalências de critério. O primeiro é com Paul, um famoso escritor de ficção. Seu talento especial é criar personagens multifacetados e cenas evocativas.

ML: O que você busca quando escreve uma cena? O que é importante para você?

Paul: Se ao lê-la tenho ou não uma *experiência completa*.

ML: O que você quer dizer com "experiência completa"?

Paul: Quero dizer que *todos os sentidos estão atendidos — o que eu vejo, ouço, cheiro, provo, sinto*. Se não for assim, posso me distrair. Algum aspecto de minha experiência pode ser invadido por algo que não está ocorrendo no livro. Não quero que as pessoas comam enquanto lem o livro. É uma experiência completa.

ML: E se alguma coisa que você escreveu não fizer isso?

Paul: Eu reescrevo até que faça.

A estrutura temporal do teste de Paul é o presente, e o critério, a "experiência completa". A equivalência de critério para uma experiência completa (isto é, como ele sabe que ele ou seu leitor está tendo uma experiência completa) é que todos os sentidos estejam ocupados pelo livro.

Perguntamos a Frank, um excelente professor, como ele sabe quando pode passar à próxima etapa de instrução dos seus alunos.

ML: Quando você passa para a próxima informação ou nível de instrução?

Frank: Quando vejo que mais alunos estão *competentes* naquilo em que estamos trabalhando no momento.

ML: Como você sabe quando os alunos estão competentes?

Frank: Quando vejo que, numa certa medida, podem *reproduzir o que demonstrei*, no papel se são cálculos, ou no laboratório; daí eu sei que estão competentes e que podemos ir adiante.

O critério de Frank para "competência" é testado no presente, e a sua equivalência de critério para competência é a capacidade de seus alunos de reproduzirem o que ele demonstrou.

Perguntamos a Alexis, gerente do pessoal, o que ela procura num empregado.

Alexis: Estou sempre procurando a pessoa certa para o emprego certo. Não apenas a *melhor* pessoa, mas a pessoa *certa*.

ML: O que "certa" significa para você nesse contexto?

Alexis: Parece-me que a pessoa e o emprego são ambos uma *oportunidade*, um para o outro. É como se o emprego estivesse vivo, como a pessoa.

ML: O que você quer dizer com "oportunidade"?

Alexis: *Eles dão um ao outro o que o outro precisa.* Ambos se beneficiam.

ML: E o que você quer dizer com a melhor pessoa?

Alexis: Melhor é *querer o que pode conseguir.*

ML: Você está decidindo se o emprego e a pessoa são oportunidades um para o outro agora, ou se serão no futuro, ou se foram oportunidades um para o outro no passado?

Alexis: Ah, oportunidades agora. As pessoas e os empregos não mudam tanto; por isso, se eles se encaixarem agora provavelmente durarão o suficiente para valer a pena.

Alexis faz um teste presente relativo a se o candidato é adequado para o emprego. Ela define "certo" em termos de oportunidade. Contudo, a noção de oportunidade ainda não está no nível da percepção e do comportamento; por isso, pedimos-lhe uma maior especificação e conseguimos a equivalência de critério de *dar um ao outro o que o outro precisa*.

Sistemas de representação   Não é incomum encontrarmos critérios que só podem ser atendidos por experiências de um ou outro sistema representacional. Em um exemplo anterior Frank diz que sabe que os alunos estão competentes quando pode *ver* que são capazes de reproduzir suas demonstrações. Ouvir ou ter uma impressão sobre suas capacidades não significa muito para Frank. Ele precisa *ver* a evidência.

O sistema representacional é parte da equivalência de critério e, como a própria equivalência de critério, pode ser diferente entre pessoas diferentes que usam um critério com o mesmo nome. Por exemplo, enquanto uma pessoa sabe que alguém está sendo sincero pelo *tom da voz*, outra reconhece a sinceridade pelo *modo como eu me sinto*, e uma outra pode reconhecer a sinceridade pela *aparência* da pessoa enquanto fala.

Assim como as pistas lingüísticas do tempo verbal nos ajudam a descobrir a estrutura de tempo em que um indivíduo está operando, há pistas lingüísticas que nos auxiliam a descobrir o sistema representacional que a pessoa está usando. As palavras que denotam certos sistemas representacionais (como "tom", "voz", "sentir", "ver" e "aparentar" nos exemplos acima) são chamadas *predicados*. A seguir, há exemplos de predicados comuns em cada um dos sistemas representacionais. (O gustativo e o olfativo estão combinados porque a maioria das pessoas não faz distinções experienciais entre eles.)

VISUAL
claro, foco, imagem, visão, obscuro, ponto de vista, mostrar, assistir, ver, olhar, vislumbrar.

CINESTÉSICO
sentir, quente, agarrar, tropeçar, suave, áspero, firme, tatear, relaxado, pressão.

AUDITIVO

ouvir, harmonia, sintonia, tagarelar, resmungar, tom, escutar, falar, gritar, amplificar.

OLFATIVO/GUSTATIVO

gosto, sabor, amargo, picante, cheiro, malcheiroso, paladar, essência, aroma.

Considere o papel dos sistemas representacionais no exemplo seguinte, de um *designer* de interiores. Dean, para obter informações de Brian e Sue sobre a redecoração da sala de estar.

Dean: O que vocês tinham em mente?
Sue: Quero que a sala seja bem confortável.
Dean: Como você saberia se ela está confortável?
Sue: Você sabe, *macia e quente*; você pode *se esparramar* em qualquer lugar.
Dean: Isso lhe parece bom, Brian?
Brian: Ah, não sei. Não seria confortável se parecesse *atravancado*.
Dean: Atravancado?
Brian: É, com almofadas por todos os lados.
Dean: E o que seria confortável para você?
Brian: Os espaços precisam estar claramente definidos. Não me importo com *cores* reconfortantes, mas elas precisam estar bem separadas, serem *claras, distintas*.

Não há dúvida de que as equivalências de critério de Brian e Sue para uma sala confortável são diferentes, mas também é surpreendente a sua especificação de sistemas representacionais particulares para o atendimento de seus critérios. Para Sue, o conforto é atendido *cinestesicamente* (macia, quente, esparramar-se). A experiência de conforto de Brian, contudo, é atendida *visualmente* (parecer, claramente, cores, claras, distintas).

Assim, identificar informações pertinentes sobre o sistema representacional é simplesmente uma questão de descobrir os predicados que o sujeito usa quando descreve seus testes, critérios e equivalência de critério[1].

Categoria de referência

A categoria de referência especifica a *base de informações* que você está usando para avaliar seus critérios em um procedimento operacional particular. As referências podem ser do passado, presente ou futuro; reais ou construídas; e pessoais ou informacionais. Ao eliciar referências, pedimos ao sujeito para considerar a base — as fontes de experiências e informações — que ele está usando para avaliar um critério. As questões para eliciar essas informações são do seguinte tipo:

Em que você baseia sua conclusão (ou decisão, sensação, etc.) de que há (critério)?

Que informação você está usando (ou usou) para saber que está (critério)?

Fazemos perguntas como essas para cada um dos critérios em um procedimento operacional, porque a base de dados para critérios diferentes pode ser diferente mesmo dentro do mesmo teste. Enquanto o sujeito descreve suas referências, prestamos atenção aos tempos verbais usados na descrição. Os tempos verbais nos dizem se as referências pertencem ao passado, ao presente ou ao futuro.

ML: Em que você baseia sua conclusão de que não é um bom aluno?
Art: Em todas as vezes em que *tentei e fracassei*.

Art usa referências passadas, como indica o tempo verbal "tentei" e "fracassei".

ML: Que informações você usa para saber que aprendeu algo novo?
Sue: Fácil. Como *serei* mais eficiente em minha vida.

Sue usa referências futuras, como indica o tempo verbal "serei".
Ao fazer essa distinção, é necessário separar as informações sobre as próprias referências de qualquer apresentação ou explicação sobre elas.

ML: Em que você baseou sua decisão?
Jim: Bem, em como as coisas poderiam resultar no melhor. Foi o que fiz da última vez, de qualquer modo.

Tanto as estruturas temporais do passado quanto as do futuro estão representadas nesse exemplo, mas cada uma delas descreve um aspecto diferente da experiência de Jim. Quando está de fato revelando sua referência ("como as coisas poderiam resultar no melhor"), ele revela através do tempo futuro "poderiam" que está usando uma referência futura. O tempo verbal passado "fiz" pertence a uma frase explicativa que veio *depois* que ele havia especificado a referência. Com isso não queremos dizer que os sujeitos responderão sempre embutindo suas especificações de referências em introduções e explicações. Mas às vezes isso ocorre, e, portanto, antes de observar a estrutura temporal de uma referência, é preciso separar cuidadosamente a descrição da referência do restante das respostas do sujeito.

Referências reais e construídas Em geral, a própria descrição da referência evidencia se ela foi retirada de experiências reais ou construídas. Como descrevemos no capítulo 5, se a referência for futura, sabemos então que é construída. Do mesmo modo, se for uma referência de imaginar-se tendo as sensações, percepções ou experiências de outra pessoa, também é construída. Se houver qualquer dúvida quanto a se a referência é real ou construída, podemos eliciar essa informação perguntando:

Você realmente vivenciou isso (ou, Isso realmente aconteceu), ou você o imaginou, ou leu ou ouviu algo a esse respeito e aí imaginou?

Lembre-se, o que você está averiguando aqui não é se a referência *parece* real, mas se ela provém ou não da experiência real.

Referências pessoais e informacionais   A distinção entre referências pessoais e informacionais envolve fazer com que o sujeito distinga entre ter as sensações e emoções que são *de* uma experiência de referência e apenas saber *sem sentir ou revivenciar*. A eliciação dessa distinção envolve perguntas como:

Ao evocar isso, você tem as sensações que teve na ocasião, ou apenas se lembra de que isso aconteceu?

Ao imaginar isso, você sente o que sentiria se estivesse fazendo-o, ou você se vê fazendo-o, ou talvez apenas descreva para si mesmo o que estaria fazendo?

Isso é apenas uma informação para você, ou uma experiência de carne e osso?

Você tem as mesmas sensações de estar lá, ou simplesmente se lembra *de que* esteve lá?

Você está sentindo como seria *ser* essa pessoa, ou está descrevendo para si mesmo como deve ser a experiência dela?

As questões padronizadas a partir desses exemplos fornecem ao sujeito ambas as possibilidades (pessoal e informacional), bem como o contraste entre elas, ajudando-o assim a distinguir entre as duas. Entretanto, freqüentemente essa ajuda não é necessária. As pessoas não precisam estar conscientes de seus processos internos para reportá-los de modo preciso. Descobrimos que geralmente basta a seguinte pergunta para eliciar as informações relativas a se uma referência é pessoal ou informacional.

A que você presta atenção quando está (fazendo a avaliação)?

Voltamo-nos em seguida para a resposta da pessoa para descobrir se ela revela ou não reações sensoriais e emocionais congruentes com a situação que está avaliando. Por exemplo, suponha que estejamos conversando com uma amiga que está animada com um encontro. Em resposta à nossa pergunta: "A que você presta atenção quando pensa sobre o encontro?", ela responde: "Fico excitada — já posso sentir os lábios dele nos meus". Ela obviamente está usando uma referência pessoal, prestando atenção a sensações e sentimentos que acompanham o estar junto do namorado. Suponha que outra amiga, na mesma situação, respondesse: "Observo que as pessoas lá parecem estar se divertindo, que estou me dando bem com os recém-chegados — esse tipo de coisa. Acho que vou descobrir como será o encontro quando chegar lá". Essa segunda pessoa está usando uma referência informacional — ela presta atenção a percepções, processos cognitivos e comportamentos externos, mas não às sensações ou emoções que acompanham o próximo encontro.

Os trechos seguintes contêm exemplos de eliciação e descoberta de todas as várias referências. Como fizemos antes, usamos o itálico para ajudar a assinalar palavras e frases-chave. Além disso, algumas das informações de referência serão apresentadas nos procedimentos operacionais em que de fato ocorrem. Esse uso da notação ajudará a familiarizá-lo com o efeito da interação de referências com as outras variáveis.

Numa seção anterior, eliciamos de Ray algumas informações sobre sua capacidade de planejar festas de aniversário divertidas para crianças. Ray faz testes passados a respeito dos critérios "o que eu teria gostado" e "o que teria me deixado feliz".

ML Ray, o que você está usando como evidência para o que teria deixado você feliz?

Ray: Eu apenas me lembro *como era ter seis anos e o que eu queria que a minha mãe fizesse para mim*. Eu também me lembro *de festas de outras crianças a que eu fui*, das quais gostei e das quais não gostei.

Essas são referências reais passadas, experiências da sua história pessoal.

ML: Ao recordar-se disso, você tem as sensações de ter seis anos e de querer que sua mãe fizesse determinadas coisas, ou você apenas recorda que queria que sua mãe fizesse essas coisas?

Ray: Ah, *é uma volta aos seis anos. Eu sinto a excitação, a expectativa.*

Já que Ray tem as sensações que tinha de fato aos seis anos, essa é uma referência passada real pessoal.

ML: Enquanto recorda as festas das outras crianças — as que você gostou e as que não gostou —, você tem as mesmas sensações que tinha quando estava nessas festas, ou você apenas se lembra *de que* gostou ou não delas?

Ray: Eu me lembro de me sentir chateado em algumas delas, feliz em outras.

ML: Sim, mas quando você se lembra das festas chatas você sente algo daquela chateação agora?

Ray: Entendi. *Sinto, sim.*

Novamente, a referência passada real de Ray é pessoal.

Ray
CRIANDO FESTAS INFANTIS BEM-SUCEDIDAS   Planejamento

	Pa	
Pa^P (O que eu queria) ■		■ Pa
Pa^P (Suas próprias festas infantis)	Gostar ≡ EqC Felicidade ≡ EqC	
Causa e efeito		

O que as crianças gostariam

A abordagem de Ann para planejar festas infantis é bem diferente. Seu planejamento envolve testes futuros em relação à "felicidade da criança" e a "dar tudo certo". A sua equivalência de critério para "felicidade" é que as crianças estejam rindo, sorrindo e entretidas em atividades amistosas entre si. Sua equivalência de critério para "dar tudo certo" é que a festa possa ser feita no tempo e orçamento disponíveis e que não exija um esforço excessivo.

ML: Como você sabe que o que está planejando deixará sua filha feliz?
Ann: *Eu já a vi em algumas festas*; por isso, tenho uma boa idéia do que ela gostou e do que não gostou.
ML: Mais alguma coisa?
Ann: Bem, *eu pergunto a ela sobre os planos* quando tenho alguma idéia para checar acerca dos desejos dela.

Ann descreve duas referências. Uma é uma referência passada real ("eu a vi..."), e a outra, uma referência presente real ("eu pergunto a ela...").

ML: A que você presta atenção quando ela reage aos planos para a festa?
Ann: Prestar atenção? *Ao que ela tem a dizer.*
ML: E quando você a observou em outras festas?
Ann: *Se ela parecia* feliz, se divertindo ou não... e *ao que ela tinha a dizer* depois sobre a festa.
ML: Você sente alguma das sensações que ela deve estar tendo nessas festas?
Ann: Não, *apenas a minha própria curiosidade.*

A reação de Ann não inclui nada acerca de uma experiência vicariante das sensações ou emoções da filha. Ela presta atenção ao comportamento da filha, indicando que suas referências reais passadas e presentes são informacionais.

ML: Como você sabe que o que está planejando vai funcionar, que haverá tempo, dinheiro e esforço suficientes?
Ann: Simplesmente imagino *o que será necessário.*
ML: E se for preciso mais tempo, dinheiro ou esforço do que você pode dispor?
Ann: Bem, aí tenho que mudar os planos.

210

Ann usa referências futuras construídas como base para seus testes relativos a "tudo dar certo".

ML: A que você presta atenção quando imagina o tempo necessário, o dinheiro, e o que terá que fazer para conseguir aprontar tudo?

Ann: Na loucura que vai ser... se não vou conseguir ou se vai dar para fazer tudo sem muita tensão.

ML: OK, então você presta atenção na maluquice e na tensão. Enquanto se imagina pondo o plano em prática, você se sente realmente maluca se tudo parecer confuso, ou se sente relaxada se tudo parecer mais tranqüilo? Ou é só uma coisa que você vê acontecendo nas imagens que surgem em sua cabeça?

Ann: Ah, *eu sinto.*

Ann vivencia algumas das sensações que teria se estivesse de fato engajada nas atividades que está imaginando. Suas referências futuras construídas são, portanto, pessoais.

Ann
CRIAR FESTAS INFANTIS BEM-SUCEDIDAS   Planejamento

Pa^i (Festas passadas)

                                                          F
Pr^i (Pergunta à filha)   ■ ——————————————————— ■   F
                               Felicidade $\equiv$ crianças rindo,
F^P (Imagina as   sorrindo, interagindo
     etapas)
                               Tudo dando certo $\equiv$
                               tempo, dinheiro e
                               esforço suficientes

Causa e efeito

O que as crianças apreciariam

Numa seção anterior apresentandos Morgan, que é muito habilidosa na edição de vídeos educacionais. Já sabemos que ao editar ela faz testes futuros quanto ao critério de clareza. Sua equivalência de critério para clareza é que os pontos a serem ensinados estejam separados e que cada ponto suceda naturalmente os anteriores.

ML: Como você sabe que editou de modo claro um segmento?

Morgan: *Eu vejo* o segmento com os olhos de um principiante e *vejo se está claro para mim como principiante.*

Morgan baseia suas avaliações de clareza de um determinado segmento em sua percepção imaginada do efeito desse segmento sobre um principiante. Essa é uma referência presente construída.

> **ML:** A que você presta atenção ao ver o segmento como se fosse um principiante?
>
> **Morgan:** Como eu disse, está claro? Cada ponto se segue naturalmente ao anterior e se soma a eles?
>
> **ML:** Então, quando alguma coisa não está clara você apenas nota o fato, ou também sente a confusão do principiante?
>
> **Morgan:** Ah, sinto, é isso que vem primeiro. Estou sentada lá vendo o segmento como se fosse uma novata e é quando *eu fico confusa, irritada ou aborrecida* que *eu olho de novo e começo a pensar: "Por que aquilo não estava claro?"*

Assim, para Morgan, a experiência de referência presente de assistir ao vídeo é pessoal, e quando algo não lhe parece claro ela passa a ver o vídeo de sua própria perspectiva de editora, fazendo essa nova referência presente, real e informacional.

Morgan
FAZER VÍDEOS EFICIENTES Editar

Pr^i (Revê o vídeo)	■ ——————— F (v) ——————— ■	F
Pr_c^p (Olhos de principiante)	Clareza $\equiv$ pontos separados e em seqüência natural	
Causa e efeito		

Edição feita

Já falamos de Bill, hábil em barganhar na compra de obras de arte. Já sabemos que os dois critérios que Bill considera ao barganhar são "valor relativo" e "preço mais baixo possível". Para Bill, o valor relativo é o valor da obra de arte em relação ao preço de outros trabalhos do mesmo artista. O preço mais baixo possível significa o melhor preço que ele pode conseguir *sem deixar de manter uma boa relação com o negociante*. Ambos os critérios são avaliados no presente. A importância que Bill atribui ao critério de manter uma boa relação está em que "o negociante quererá fazer negócio comigo *de novo* e me dará tratamento preferencial". Assim, para o critério de manter uma boa relação, ele faz testes futuros.

> **ML:** O que você usa como evidência para o preço mais baixo que pode conseguir?

Bill: Essencialmente, isso é determinado pelo que sei sobre *os preços do trabalho desse artista* e pelo *tipo de reações que estou percebendo no negociante enquanto regateamos.*

A referência de Bill para o preço mais baixo possível é passada, real e informacional quanto à variação dos preços do artista, e real e presente quanto às reações do negociante às ofertas de Bill.

ML: De que reações você está falando?
Bill: Se estamos nos entendendo, se ele parece estar ofendido com uma oferta, se ele está ansioso, ou ansioso demais — esse tipo de coisa.
ML: E como você sabe que ele está ansioso e não ansioso demais?
Bill: Vejo nos olhos dele — se estão duros e anormalmente abertos, então ele está ansioso demais. Também observo se a cadência da fala se altera ou se seus movimentos estão um pouco espasmódicos e exagerados.
ML: Você experimenta a sensação de estar ansioso demais quando ouve e vê essas reações?
Bill: *De jeito nenhum. Eu só as observo.*

Bill simplesmente observa as reações do negociante sem sentir-se do mesmo modo como imagina que o negociante se sinta. A referência presente relativa às reações do negociante são, assim, informacionais.

ML: E a que você presta atenção para saber que terá um bom relacionamento com esse negociante no futuro?
Bill: A mesma coisa. A aparência dele, a voz, o modo de agir.

Assim a referência presente informacional das reações do negociante também funciona como referência para o seu teste de uma relação futura com aquele negociante.

Bill
COMPRAR BEM OBRAS DE ARTE   Negociar

Pa^i (Histórico dos preços do artista)	Pr (v, a)	
	Valor relativo ≡ comparação com outras obras	
Pr^i (Reações do negociante) ▪	Preço mais baixo possível ≡ ainda manter bom relacionamento ▪	Categoria de mobilização
	F (v, a)	
	Boa relação ≡ querer negociar comigo, tratamento preferencial	

Duro, porém justo → tratamento preferencial; Pr → F

O que pagar

Hazel sempre entregou sua declaração de renda no prazo. Isso requer a atividade de planejar, que por sua vez é composta por dois procedimentos operacionais. O primeiro é uma avaliação presente do que precisa ser feito. A equivalência de critério para "precisa ser feito" é qualquer coisa que trará conseqüências desagradáveis se não for realizada. A segunda é definir a seqüência das coisas a fazer, o que envolve um teste futuro relativo ao critério do "mais fácil". A equivalência de critério para mais fácil é a seqüência que exigirá menos tempo e esforço.

ML: Como você sabe o que precisa ser feito?

Hazel: *Checando a lista* que meu contador me dá, e eu também me lembro bem *do que precisei fazer no ano passado.*

ML: De que você se lembra quando recorda o que precisou fazer no ano passado?

Hazel: Ah, checar os telefonemas de negócios das contas de telefone, reunir as notas das refeições das viagens de negócios, recibos de correio — esse tipo de coisa.

Hazel utiliza para o seu procedimento operacional "precisa ser feito" uma referência presente real informacional (o que foi precisou fazer no ano passado).

ML: Como você sabe qual será a seqüência mais fácil?

Hazel: *Imagino o que tem que ser feito e os diferentes modos de fazê-lo.* Se eu não souber, aí *pergunto ao meu contador ou a alguém que pareça conhecer* essas coisas.

ML: Enquanto imagina o que tem que ser feito, você simplesmente relaciona essas coisas, ou sente como seria estar fazendo-as?

Hazel: *Eu me vejo fazendo-as.*

ML: Há alguma outra coisa que você use — qualquer informação ou experiência, como base para decidir o que precisa ser feito ou qual a seqüência mais fácil para fazê-lo?

Hazel: Deixe-me ver. Não, acho que é só isso.

Ao avaliar a seqüência mais fácil, Hazel usa uma referência informacional futura (imagina o que tem que ser feito; vê a si mesma fazendo-o), e às vezes uma referência presente informacional (pergunta).

Hazel
PREPARAR A DECLARAÇÃO A TEMPO   Planejar

Pr^i (Checar a lista)   ■ ————————— Pr ————————— ■ Pr

Pa^i (Ano passado)   Precisa ser feito $\equiv$ conseqüências desagradáveis se não for feito

Não fazer o que precisa ser feito $\rightarrow$ conseqüências desagradáveis; $Pr \rightarrow F$

O que fazer

214

Hazel
PREPARAR A DECLARAÇÃO A TEMPO   Planejar

Pr^i (O que precisa ser feito
— resultado de procedimento
operacional anterior)
                                    ■ ————— F. (v) ————— ■ F

F^i_c (Fazer de modos diferentes)   Mais fácil ≡ menos
                                        tempo e esforço

Pr^i (Perguntar aos outros)

Causa e efeito

Seqüência a usar

Sarah vota em todas as eleições; ela se sentiria irresponsável se não votasse. Sarah está fazendo um teste futuro a respeito do critério de "responsabilidade", cuja equivalência, nesse contexto, é o ato de votar.

ML: O que você usa como base para saber que se sentiria irresponsável se não votasse?

Sarah: *Sempre me lembro da minha mãe se sentindo culpada por não ter votado numa eleição na escola quando eu era criança.* Tinha sido um daqueles dias muito difíceis e ela estava ocupada demais. Ela se sentiu muito mal, e isso me impressionou muito.

ML: Então você acha que se sentiria do mesmo jeito?

Sarah: Ah, sim. Sempre voto, mas *sei que se não votasse me sentiria péssima.* Nossos pais nos ensinaram que votar era ao mesmo tempo um grande privilégio e uma responsabilidade essencial.

Sarah menciona duas referências. A primeira é uma referência passada real da reação de sua mãe após não ter conseguido votar, e a outra, uma referência futura construída de como ela se sentiria se não votasse.

ML: Você disse que o fato de sua mãe não ter votado a impressionou muito. Quando você se lembra dela não ter votado, a que você presta atenção?

Sarah: Na dor e na vergonha dela por não ter feito o que ela sabia que devia ter feito.

ML: Quando se recorda disso, você sente a dor e a vergonha dela, ou apenas sabe que ela se sentia desse modo?

Sarah: *Sinto — a vergonha.* É isso que torna essa lembrança tão forte para mim.

A sua referência passada da mãe é, assim, pessoal.

ML: OK. Como você sempre votou, como sabe que se sentiria péssima se não votasse?

Sarah: Boa pergunta. Bem, eu sei que *sempre me senti bem quando votei, e quando me imagino não votando me imagino com uma sensação péssima... irresponsável.*

215

Sarah descreve uma outra referência — a referência passada real de como se sentiu em resultado de ter votado — e especificou que a referência futura de não votar é pessoal (Eu imagino *me sentindo* péssima).

ML: Quando se recorda de como se sentiu bem por ter votado no passado, você sente a mesma sensação de novo, ou apenas sabe que se sentiu desse modo?
Sarah: Sinto de novo.

A referência passada de como ela se sentiu após votar também é, portanto, uma referência pessoal.

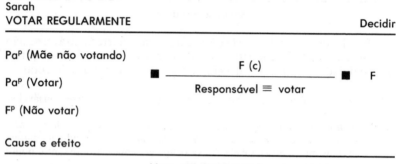

Votar ou não votar

Ao contrário de Sarah, Willie raramente vota. Com base em nossa eliciação, sabemos que o procedimento operacional subjacente à sua decisão de não votar inclui dois testes. Um é futuro, relativo a se o seu voto faria ou não diferença, e o outro, presente, relativo a se ele gosta ou não de algum dos candidatos.

ML: O que você quer dizer com "fazer diferença?
Willie: Que eu possa *ver alguma mudança* nas coisas, que daqui a quatro anos as coisas não estejam como estão agora ou como estavam há quatro anos.
ML: E como você sabe quando gosta de um candidato?
Willie: Saber? Sei lá, apenas sei. Se gosto dele, *gosto dele*.

A sua equivalência de critério para diferença é "ver alguma mudança", e para o critério "gostar", a equivalência é um estado emocional de gostar.

ML: Como você sabe que seu voto não fará diferença?
Willie: Apenas sei.
ML: Como? O que você vê, ouve ou sente fora ou dentro de você que mostra isso?

Willie: Olhe, *são tantas pessoas*. Eu sou só uma. Faça a conta e você vai ver que o meu voto não importa. Além disso, não importa o partido que ganhar, *as coisas acontecem como sempre aconteceram.*

As referências indicadas aqui são uma referência presente real (são tantas pessoas), e uma referência passada relativa aos resultados de adminstrações passadas.

ML: Como você sabe disso?
Willie: Não nasci ontem. Eisenhower, Johnson, Nixon, Ford, Carter, Reagan... e daí?
ML: Você se lembra deles quando pensa em votar?
Willie: Vividamente.
ML: Em que você presta atenção quando se lembra desses presidentes?
Willie: *Como todos fizeram as mesmas coisas* e como no fundo não tinha muita importância o que eles faziam.

Assim, a referência passada é informacional.

ML: Você estava falando sobre a conta que podíamos fazer. A que você presta atenção quando pensa nisso?
Willie: *Só nos números* — números altos.

A referência presente, então, também é informacional.

ML: Notei que você não mencionou Kennedy quando relacionava os presidentes.
Willie: Eu gostava dele.
ML: Em que se baseava esse gostar dele?
Willie: Não sei, ele parecia esperançoso... sincero.
ML: E como você sabia disso?
Willie Observando e escutando, só observando e escutando.
ML: É o que você observava e escutava?
Willie: O que ele dizia, como dizia. *Eu sentia tanta confiança* nele!
ML: Você votou nele?
Willie: Sim.

Ao avaliar se gosta ou não de um candidato, Willie usa uma referência presente real pessoal.

Willie
VOTAR APENAS OCASIONALMENTE   Decidir

Pr^i (Chances do meu voto
fazer diferença; estado
do país)

$$\frac{F\ (v)}{\text{Diferença} \equiv \text{mudar}}$$

■   ■ Pr

Pa^i (Administrações
passadas)

Pr^P (Reação ao
candidato)

$$\frac{Pr\ (c)}{\text{Gostar} \equiv \text{estado interno}}$$

Causa e efeito

Votar ou não votar

Causa e efeito

A variável de causa e efeito expressa as relações contingentes em que um indivíduo se baseia em um procedimento operacional particular. Essas relações contingentes podem se dar entre qualquer combinação de comportamentos externos, percepções, emoções, processos cognitivos, circunstâncias, etc. O que caracteriza uma relação de causa e efeito é que se acredita que "uma coisa" conduz necessariamente a "outra coisa". A vitamina C cura resfriados, ver outras pessoas felizes me deixa feliz, concentrar-se na existência de um lugar para estacionar faz surgir um quando preciso, e estar diante de tarefas grandes melhora meu desempenho — esses são exemplos de relações de causa e efeito. Trata-se de crenças em que a ocorrência de um fenômeno é a *conseqüência* natural ou necessária da ocorrência de outro fenômeno.

As crenças das relações de causa e efeito são uma incorporação da experiência passada expressa como conseqüência. Como generalizações acerca de conseqüências, as relações de causa e efeito propiciam a base ou para ir em direção ou para distanciar-se das causas dessas conseqüências. Assim, a pessoa que tem um resfriado e acredita que a vitamina C cura resfriados está, por conta dessa crença, propensa a tomar vitamina C. A pessoa que não quer se sentir mal e acredita que ver outras pessoas sentindo dor a faz sentir-se mal está, por conta dessa crença, inclinada a evitar pessoas que estão com dor. E a pessoa que quer ter um melhor desempenho e acredita que tarefas grandes a fazem atuar melhor está, por conta disso, disposta a procurar ou criar tarefas grandes.

As crenças de causa e efeito são detectadas através da atenção ao uso que uma pessoa faz de determinadas formas lingüísticas que pressupõem relações de causa e efeito. Uma das duas formas mais comuns é "se... então".

Se você me acompanhar, *então* ficarei feliz.

Se eu souber o que estou fazendo, *então* o trabalho vai bem.

Ele será habilidoso, mas só *se* trabalhar duro.

Ele vê outro jeito? *Então* terá que aceitar.

A forma "se-então" pressupõe que algum "se" (a causa) leva a alguma conseqüência ou "então" (o efeito). Como ilustramos no terceiro e quarto exemplos acima, as palavras "se" e "então" não precisam ser usadas explicitamente para que a afirmativa tenha a forma e o sentido de uma construção "se-então".

Além dessa forma, há outras formas lingüísticas que com freqüência assinalam uma relação contingente. As mais comuns incluem "assim", "portanto", "conseqüentemente", "porque" e "quando".

Fiz as coisas a tempo; *assim*, ele ficará aliviado.

Ela vem fazendo muitos novos contatos: *portanto*, seu negócio deve se recuperar logo.

A *conseqüência* da atenção dele é que o trabalho foi feito.

Estou feliz *porque* você está aqui.

Porque eu sabia o que estava fazendo, o trabalho correu bem.

Ele será habilidoso, *por causa* de seu esforço.

Fico feliz *quando* você está aqui.

Quando eu sabia o que estava fazendo, o trabalho corria bem.

Ele será habilidoso, mas somente *quando* vier a trabalhar duro.

O fato de que uma pessoa utilize "se-então", "assim", "portanto", "conseqüentemente", "porque" ou "quando" ao descrever a relação entre dois acontecimentos não significa necessariamente, contudo, que ela tenha acabado de descrever uma relação de causa e efeito. Uma outra possibilidade é que ela esteja expressando uma equivalência de critério. A pessoa que diz "Eu gosto de você porque gosto de estar com você" pode querer dizer tanto que "Gostar de estar com você *faz com que* eu goste de você" (gostar de estar com → gostar; causa e efeito) ou "É por gostar de estar com você *que eu sei* que gosto de você" (gostar ≡ gostar de estar com; EqC). Do mesmo modo, a afirmativa "Se você está sorrindo, então você está feliz" poderia significar ou que sorrir *causa* felicidade ou que sorrir *significa* felicidade.

Com freqüência, o contexto em que a afirmativa é feita, o modo como é dita e o que já foi eliciado permitem dizer se uma pessoa está falando de uma relação de causa e efeito ou de uma equivalência de critério. Se você tiver qualquer dúvida se o seu informante está expressando uma equivalência de critério ou uma relação de causa e efeito, você pode eliciar a distinção entre as duas perguntas:

Você está dizendo que (sorrir) *faz com que* você fique (feliz) ou que o modo como você sabe que está (feliz) é que você está (sorrindo)?

Entretanto, há uma forma lingüística que é inequívoca. Essa forma é demarcada pelo uso de verbos que *pressupõem* relações causais. São os seguintes:

Ver você me *faz* ficar feliz.

Ver você *resulta* em me sentir feliz.

Ver você *produz* em mim um sentimento de felicidade.

Ver você *cria* em mim um sentimento de felicidade.

Afirmativas no formato "Algo (verbo causal) algo" são invariavelmente afirmativas de uma crença em uma relação particular de causa e efeito.

Além do conteúdo de uma relação de causa e efeito (isto é, o que causa o quê), cada relação de causa e efeito pressupõe uma relação causal também entre estruturas temporais — por exemplo, que algo no presente causará algo no futuro, ou que algo no passado é a causa de algo no presente. Como todas as outras variáveis, a percepção de relações causais entre estruturas temporais organiza as percepções e o pensamento de acordo com certas diretrizes, e assim contribui significativamente para o comportamento manifesto como resultado do procedimento operacional do qual a relação de causa e efeito faz parte. Por exemplo, "Se eu *tivesse trabalhado* duro eu *seria* um sucesso" não é de modo algum a mesma coisa que dizer "Se eu *trabalhar* duro eu *serei* um sucesso", nem levará às mesmas reações. A descoberta de relações causais pressupostas entre as estruturas temporais se baseia na percepção dos tempos verbais que o informante usa ao identificar a causa e o efeito.

"O modo como meus pais me *trataram* é a razão de eu ser como *sou*."

Tratamento → modo como sou; Pa → Pr

"Se eu *trabalhar* duro, *vou* finalmente ter sucesso."

Trabalho → sucesso; Pr → F

Eu sempre *serei* agradecido pelo que você me *ensinou*."

Ensino → gratidão; Pa → F

Quando as relações de causa e efeito não estiverem evidentes no que o sujeito já disse, você pode fazer testes e eliciá-las usando perguntas com a seguinte forma.

Por que (o critério) é importante?

O que torna (o critério) importante?

Essas perguntas motivam o sujeito a dar justificativas para os critérios que está usando; e em geral esses critérios se encontram sob a forma de uma relação de causa e efeito. Por exemplo, ao descrever como elabora um projeto, Alan revelou que um critério que utiliza para selecionar materiais é "disponibilidade".

ML: Por que usar materiais que estão disponíveis é importante?
Alan: Usar o que está "disponível" me força a ser um pouco mais criativo para construir as coisas.
(Usar o que está disponível → mais criativo; Pr → Pr)

A justificativa para Alan usar materiais que estão disponíveis é a relação causal que ele percebe entre usá-los e a qualidade de seu trabalho.

Os exemplos seguintes demonstram uma variedade de métodos para eliciar e descobrir relações de causa e efeito, bem como alguns tipos diferentes de relações de causa e efeito e sua influência em um procedimento operacional. Nosso primeiro informante é Sally, que, como vimos, reage a elogios com embaraço e autodepreciação.

ML: Você sempre fica embaraçada e autodepreciativa quando alguém lhe faz um elogio?
Sally: Não, nem sempre. *Se* eu me sinto à vontade com a pessoa, *então* recebo os elogios superbem.

Sally especifica a relação de causa e efeito entre estar à vontade e receber bem elogios (à vontade → receber bem elogios; Pr → Pr). Essa relação de causa e efeito é expressa na forma "se-então".

Mary reage a situações de pressão que envolvem prazos finais diminuindo o ritmo e tornando-se muito cuidadosa em seu trabalho.

ML: Por que você diminui o ritmo?
Mary: Para que eu possa me concentrar inteiramente no que estou fazendo. Sei que qualquer erro que cometa vai tornar *necessário* que eu faça tudo de novo, e odeio isso.

Mary opera com uma relação de causa e efeito entre cometer erros e ter que fazer de novo (cometer erros → fazer de novo; Pr → F). A expressão "tornar necessário" indica a relação de causa e efeito.

Ao descrever os processos por que passa ao escrever ficção, Paul identificou um critério que ele está tentando atender em seu trabalho como sendo a criação de uma "experiência completa".

ML: O que você quer dizer com uma experiência completa?
Paul: Quero dizer que todos os sentidos estejam preenchidos — o que eu vejo, ouço, cheiro, provo e sinto. *De outro modo*, posso me distrair.

Aqui a relação de causa e efeito ocorre entre todos os sentidos estando preenchidos e a atenção total (sentidos preenchidos → atenção total; Pr → Pr). "De outro modo" equivale a dizer "*se* não, *então*".

Ao descrever como faz para editar vídeos educacionais, Morgan disse: "Bem, tem que ser claro. Tudo tem que estar claro para o espectador *se* ele for aprender". Morgan está expressando sua crença em uma relação de causa e efeito entre clareza e aprendizado (clareza → aprendizado; Pr → F). Assim como no caso de Sally, a relação de causa e efeito está na forma "se-então" — *se* ele for aprender, *então* tem que estar claro.

Morgan
FAZER VÍDEOS EFICIENTES   Editar

Pr^i (Revê vídeo)

Pr^p_c (Olhos de principiante)

Clareza ≡ pontos separados e em seqüência natural

F (v)   ■ ——————————— ■ F

Clareza → aprendizado; Pr → F

Edição existente

Ao descrever seu comportamento usual como eleitora, Sarah menciona sua experiência de referência de ver sua mãe sentindo-se péssima após não votar.

ML: Então você acha que se sentiria do mesmo jeito?
Sarah: Acho. Eu sempre voto, mas sei que *se* não votasse eu me *sentiria* péssima.

A relação de causa e efeito ocorre entre não votar e sentir-se péssima (não votar → sentir-se péssima; Pr → F).

Sarah
VOTAR REGULARMENTE   Decidir

Pa^p (Mãe não votar)

Pa^p (Votar)

F^p (Não votar)

F (c)   ■ ——————————— ■ F

Responsável ≡ votar

Não votar → sentir-se péssima; Pr → F

Votar ou não votar

Fica claro a partir das coisas que Willie tinha a dizer quanto a votar que ele não percebe qualquer relação causal entre votar e seu critério de fazer diferença, ou entre quem se elege e fazer diferença. Será que isso significa que Willie não tem relações de causa e efeito relativas a fazer diferença?

ML: Pelo que você disse até aqui, o fato de que você não vê a diferença que seu voto possa fazer o deixa desmotivado para votar. Por que fazer diferença é tão importante?

Willie: *Se* eu puder votar e ver que o meu voto contou, *então eu saberei* que eu conto também.

Em vez de uma relação de causa e efeito, Willie reage descrevendo como saber que seu voto conta satisfaz ao menos em parte sua equivalência de critério para "eu conto" (se... então eu *sei*). Em outras palavras, ao menos um dos modos como Willie sabe que ele conta é vendo que seu voto conta. Embora essa seja uma equivalência de critério interessante, não faz parte de seu procedimento operacional para decidir se vota ou não (embora talvez isso seja relevante para o procedimento operacional que ele usa ao avaliar sua auto-estima).

ML: Entretanto, pelo que você disse, mesmo que pudesse ver que seu voto contava, ainda assim você não votaria, porque para você parece não fazer diferença quem se elege.

Willie: Acho que sim.

ML: Então por que fazer diferença em termos de quem se elege é importante?

Willie: Porque ninguém, nenhum partido ou pessoa, tem todas as respostas. Mas *se* alguém fosse eleito, alguém que fizesse realmente coisas diferentes, *então isso faria* todo mundo pensar no que estava fazendo e em novos modos de fazer as coisas.

Willie realmente acredita numa relação de causa e efeito entre fazer as coisas de modo diferente e catalisar novas abordagens (diferentes $\rightarrow$ catalisar novas abordagens; Pr $\rightarrow$ F).

ML: Você disse que também considera se gosta ou não do candidato. De fato, você votou em Kennedy porque gostava dele. O que faz com que gostar de um candidato seja importante?

Willie: Porque, *se* você gosta dele, *então* ao menos você poderá sentir que poderia se relacionar com ele, mesmo que você não goste do que ele está fazendo.

Willie expressa uma relação de causa e efeito entre gostar de uma pessoa e sentir que poderia se relacionar com ele (gostar $\rightarrow$ capaz de relacionar-se; Pr $\rightarrow$ F).

Willie
VOTAR APENAS OCASIONALMENTE   Decidir

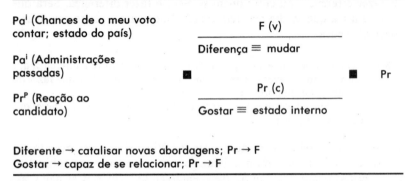

Diferente → catalisar novas abordagens; Pr → F
Gostar → capaz de se relacionar; Pr → F

Votar ou não votar

Categoria de mobilização e subordinação

A categoria de mobilização especifica os testes feitos em um procedimento operacional que resultam no comportamento. A importância da categoria mobilizadora está em que, embora seja possível fazer muitas representações e avaliações diferentes, algumas das representações e avaliações irão, mais do que outras, conduzir ao comportamento.

Para identificar a estrutura temporal da categoria mobilizadora basta saber os testes, critérios e reações comportamentais reais em um procedimento operacional determinado. A estrutura temporal da categoria mobilizadora será a mesma estrutura do teste que resulta no comportamento manifesto. Por exemplo, o planejamento real que Ray fez para as festas infantis era uma função de testes passados que ele havia feito quanto ao que o deixava feliz em criança. Assim, nesse contexto, o que é mobilizador para ele é o passado.

Ray
CRIAR FESTAS INFANTIS BEM-SUCEDIDAS   Planejar

Pa^p (O que eu queria)   Pa
                                ■ ─────────────────────── ■ Pa
Pa^p (As próprias festas   Gostar ≡ EqC
infantis)   Felicidade ≡ EqC

Causa e efeito

O que as crianças gostariam

O planejamento de Ann, contudo, era a manifestação comportamental de *testes futuros* relativos à felicidade e a dar tudo certo.

Ann
CRIAR FESTAS INFANTIS BEM-SUCEDIDAS   Planejar

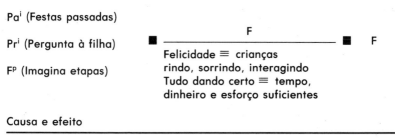

Pa^i (Festas passadas)

Pr^i (Pergunta à filha)

F^p (Imagina etapas)

F

Felicidade ≡ crianças rindo, sorrindo, interagindo
Tudo dando certo ≡ tempo, dinheiro e esforço suficientes

Causa e efeito

O que as crianças gostariam

    Se, como nesses dois exemplos, apenas um teste estiver sendo feito, então a estrutura temporal da categoria mobilizadora é, por omissão, a mesma do teste. Entretanto, ocorre com freqüência que mais de um teste esteja sendo feito em um procedimento operacional particular. Suponha que são dez horas da noite e que você ainda não tenha começado um relatório que tem que entregar na manhã seguinte. Ao decidir se fica ou não acordado e faz o relatório, você considera tanto que *está cansado e quer ir para a cama* (teste presente) quanto que *será repreendido amanhã se não estiver com o relatório pronto* (teste futuro). Para chegar a uma decisão, você precisa subordinar um desses testes. Ou você irá para a cama e encarará a bronca amanhã (subordinação dos critérios futuros), ou beberá café hoje à noite e entregará o relatório amanhã (subordinação dos critérios presentes).

    Ao descrever seu comportamento como eleitor, Willie nos proporcionou outro exemplo de subordinação. O resultado de seu teste futuro referente a se o seu voto fará diferença e o seu teste presente referente a se gosta de um candidato é que ele raramente vota. Em geral, os resultados dos dois testes são compatíveis entre si (isto é, ele não acha que seu voto fará diferença *e* não gosta de nenhum dos candidatos). Willie deu uma alternativa, contudo, ao revelar que havia votado em John Kennedy porque "gostava dele".

ML: Quando votou em Kennedy, você acreditou que seu voto faria diferença?
Willie: Não; na verdade, não.
ML: E você achou que Kennedy faria diferença?
Willie: Para ser honesto, diria que não. As chances eram contra ele, mas eu gostava dele, por isso acabei votando nele.

    Willie teve que subordinar um de seus testes que disputavam entre si. Para Willie, nesse contexto gostar de um candidato é uma experiência mais mobilizadora do que sua estimativa sobre o impacto que seu voto terá, e por isso ele subordina o futuro ao presente. O fato de que ele só vote ocasionalmente se deve em larga medida ao fato de que ele raramente encontra um candidato de que goste.

Willie
VOTAR APENAS OCASIONALMENTE — Decidir

Pr^i (Chances de meu voto fazer diferença; estado do país)	F (v)
	Diferença ≡ mudança
Pa^i (Administrações passadas) ■	■ Pr
Pr^P (Reação ao candidato)	Pr (c)
	Gostar ≡ estado interno

Diferente → catalisar novas abordagens; Pr → F
Gostar → capaz de relacionar-se; Pr → F

Votar ou não votar

Durante a eliciação de um procedimento operacional que envolva mais de um teste, o sujeito talvez não ofereça espontaneamente um exemplo de subordinação. Neste caso, você não será capaz de identificar o teste mais mobilizador. Um exemplo disso é o procedimento operacional de Bill ao negociar obras de arte. Ao negociar, ele faz dois testes. Um é presente, referente ao valor relativo e ao menor preço, e o outro, um teste futuro relativo a ter um bom relacionamento comercial com o negociante. Como Bill não nos deu nenhum exemplo em que não fosse possível satisfazer a ambos os critérios, não sabemos que teste o mobiliza mais e qual ele subordinaria.

Entretanto, poderíamos descobrir o teste mais mobilizador, perguntando: "Recorde alguma ocasião em que achou que poderia conseguir uma obra de arte por um bom preço, mas às custas de perder o bom relacionamento com o negociante. O que você fez?" Ou poderíamos fazê-lo reagir a uma situação imaginada, perguntando: "Suponha que você pudesse conseguir uma obra de arte que queria por um preço muito bom, mas que fazê-lo arriscaria seu relacionamento com o negociante. O que você faria?" Ambas as abordagens criarão uma situação de testes competidores, e a resposta nos dirá qual deles é mais mobilizador.

ML: E se você estivesse em situação de persuadir o negociante a vender-lhe uma obra por um preço excepcionalmente bom, mas o negócio destruiria sua relação com ele a longo prazo?
Bill: Eu não o faria, não importa quão bom fosse o preço.
ML: você já esteve numa situação dessas?

Bill: Claro, mas simplesmente não valia a pena arruinar um relacionamento de trabalho que talvez algum dia pudesse ser ainda mais valioso em termos de ser bem tratado, ter preferência para ver primeiro novas peças, etc.

E assim, se necessário, Bill subordina o presente ao futuro. As possibilidades futuras de uma boa relação são mais motivadoras para ele do que o bom negócio no presente.

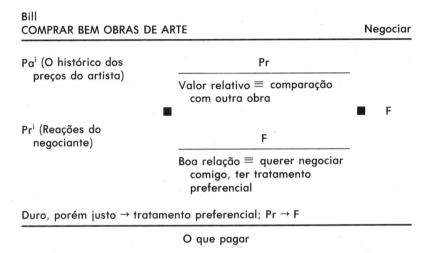

Uma observação final sobre a categoria mobilizadora e a subordinação: o ato de ter que subordinar um teste e seus critérios correspondentes cria geralmente conflitos internos. *Ao detectarmos indicações de conflitos internos enquanto o sujeito descreve seus testes, critérios e reações comportamentais, verificamos se ele está avaliando alguma outra coisa dentro de seu procedimento operacional que ele ainda não tenha descrito para nós.*

Resumo de procedimentos de eliciação e descoberta

O procedimento de eliciação para o método EMPRINT começa com a especificação de meta desejada, seguida pela determinação de se é necessário tomar como modelo alguém em que a meta seja intrínseca ou para quem ela seja intencional; seleciona-se em seguida um sujeito, e então obtém-se dele informações quanto ao número e aos tipos de atividade e procedimentos operacionais subjacentes à habilidade daquela pessoa de manifestar a meta.

A *meta* é a especificação daquilo que você gostaria de ser capaz de fazer que ao menos uma outra pessoa já seja capaz de fazer. As metas não incluem apenas comportamentos externos, mas também reações emocionais e processos cognitivos. A meta precisa ser definida de modo positivo ("dormir profundamente" *versus* "não estar sem repouso"), e precisa ser especificada quanto ao contexto em que você quer manifestá-la.

Os *comportamentos intrínsecos* são aqueles que um indivíduo adquiriu coincidentemente como o resultado natural de suas experiências de vida, enquanto os *comportamentos intencionais* são aqueles que o indivíduo buscou e instalou em si mesmo. A diferença básica entre os comportamentos intencionais e intrínsecos é que a aquisição de um comportamento intencional é quase sempre precedida de um conjunto de *atividades precursoras* que inclui considerações como motivação, compromisso, planejamento, etc. Os procedimentos operacionais subjacentes aos comportamentos intrínsecos ou intencionais provavelmente serão inúteis *se* você ainda não tiver reações precursoras congruentes com o engajar-se e o utilizar esses procedimentos operacionais.

A seleção de um sujeito envolve encontrar alguém que faça o que você quer ser capaz de fazer nos contextos em que você quer ser capaz de fazê-lo. Além disso, se você precisa das reações precursoras, o modelo escolhido também precisará ter o comportamento visado como o resultado de aquisição intencional (e não intrínseca). Se possível, presencie ou crie uma demonstração da capacidade do sujeito de engajar-se de fato no comportamento que você quer modelar. Além disso, se possível, modele ao menos três pessoas que manifestem o comportamento visado de modo a separar os padrões importantes de procedimentos operacionais. ·

As *atividades* são os comportamentos que se combinam para possibilitar a manifestação do comportamento visado. Cada atividade é o resultado de um ou mais procedimentos operacionais. A *eliciação* da seqüência de atividades e procedimentos operacionais começa com o pedido para que o modelo descreva sua ação para alcançar a meta. A *descoberta* das atividades e dos procedimentos operacionais depende do reconhecimento de pistas lingüísticas na descrição do sujeito que especifiquem comportamentos diferentes. Cada atividade ou procedimento operacional distinto é geralmente marcado como uma frase e/ou pelo uso de advérbios como "então" e " e então". Etapas adicionais ou omitidas são eliciadas por meio de perguntas como "Há algo que você tenha que fazer *antes* de _____?" e "Uma vez tendo feito _____, você está pronto para passar à próxima etapa?"

O *procedimento operacional* é um conjunto de sete variáveis que podem ser especificadas por meio de uma combinação de técnicas de descoberta e eliciação. A seqüência mais útil e eficiente para a eliciação dessas variáveis começa com testes e critérios, seguidos por equivalências de critério, referências, relações de causa e efeito e subordinação. Lembre-se, contudo, de que muitas das informações que especificam essas variáveis estão presentes simultaneamente nas descrições que um sujeito oferece quanto à sua experiência, o que torna as informações disponíveis para aqueles que são capazes de descobrir as variáveis sem necessariamente recorrer à seqüência recomendada.

A estrutura temporal do teste e dos critérios é geralmente descoberta e eliciada ao mesmo tempo, uma vez que o teste *é* a aplicação de critérios a uma estrutura temporal específica. Os *critérios* são quaisquer padrões aplicados ou usados em um contexto particular, e *estrutura temporal do teste* é descoberta por meio da atenção aos tempos verbais usados na especificação desses critérios ("Serei feliz?": critério de "feliz"; teste futuro). A eliciação de critérios é alcançada com perguntas que fazem com que o sujeito considere os padrões que utiliza em um contexto particular ["O que é importante para você quando você (comportamento)?"; "Quando você (comportamento), o que você está avaliando?"]. A estrutura temporal do teste é eliciada através de perguntas que direcionam o sujeito a prestar atenção especificamente às suas avaliações em relação ao passado, ao presente e ao futuro ("Você está avaliando o passado, o presente ou o futuro?"; "Você está atentando para o (critério) no passado, no presente ou no futuro?").

A *equivalência de critério* é descoberta quando o sujeito explica, explícita ou implicitamente, o que tem que ver, ouvir e/ou sentir para saber que um critério está atendido. As descrições explícitas de equivalências de critério podem geralmente ser detectadas pelo uso por parte do sujeito de formas lingüísticas como "(critério) *significa* (equivalência de critério)", ou "quando (equivalência de critério) eu *sei* que (critério)". A eliciação de equivalências de critério envolve pedir ao sujeito para especificar como sabe quando um critério específico está sendo atendido ["O que (critério) significa para você?"; "Como você sabe quando é (critério)?"].

As *referências* requerem normalmente a eliciação. As referências são eliciadas através de variações da pergunta "Em que você baseia seu (teste)?" Cada referência será caracterizada por pertencer a uma das estruturas de tempo; pela sua autenticidade (algo que realmente aconteceu ou que foi construído); e pelo envolvimento emocional (pessoal ou informacional). A estrutura temporal da referência é descoberta pelo tempo verbal que o sujeito aplica a uma referência particular. Pode-se descobrir se a referência é real ou construída pelo contexto e pela descrição que o sujeito faz de sua experiência. Se a distinção não estiver clara, pode ser eliciada pela pergunta "Você realmente vivenciou isso, ou o imaginou, ou talvez leu ou ouviu algo a esse respeito e então o imaginou?" Todas as referências futuras são construídas. As referências pessoais e informacionais podem geralmente ser descobertas pela atenção à presença (pessoal) ou ausência (informacional) de palavras específicas referentes a sensações e emoções na descrição que o sujeito faz dessa referência. A distinção pode ser explicitada por perguntas como "Enquanto recorda isso, você tem as sensações que teve na ocasião, ou apenas lembra *que* isso aconteceu?".

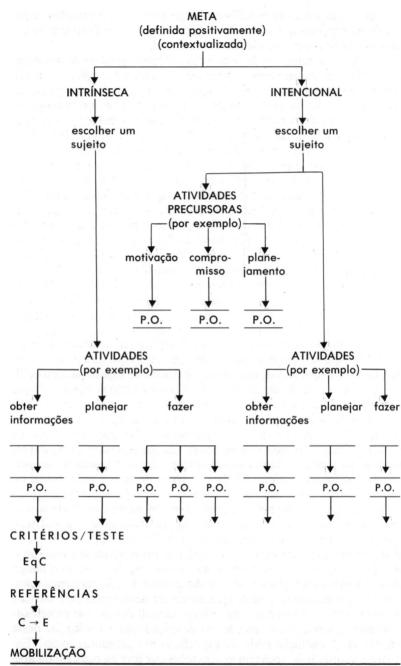

Seqüência geral de eliciação

As *relações de causa e efeito* são descobertas pela atenção às formas lingüísticas que indicam uma pressuposição de uma relação contingente entre duas ocorrências quaisquer ("ocorrências" sendo quaisquer experiências, comportamentos, percepções, situações, etc.). Essas formas lingüísticas incluem construções do tipo "se-então", "assim", "portanto", "porque", "quando" e a classe de verbos que denotam relações causais (como "causa", "faz", "leva a", etc.).

A especificação da relação de causa e efeito inclui não apenas o conteúdo da relação, mas também as estruturas de tempo (por exemplo, $Pr \rightarrow F$). As relações entre as estruturas temporais nas relações de causa e efeito são descobertas com base nos tempos verbais usados em conjunção com cada "lado" da relação de causa e efeito ("Se eu correr agora, ficarei cansado"; $Pr \rightarrow F$). As relações de causa e efeito relevantes para um procedimento operacional em particular são aquelas que propiciam a justificativa experiencial para os critérios. As relações de causa e efeito são eliciadas por meio de um pedido para que a pessoa justifique seu critério em termos de suas conseqüências, fazendo perguntas como "O que torna o (critério) importante?".

A estrutura temporal da *categoria mobilizadora* em um procedimento operacional é a mesma do teste manifesto no comportamento. Quando há dois ou mais testes irreconciliáveis, o teste que não está subordinado (e, portanto, que se manifesta no comportamento) é o teste mobilizador. O teste de mobilização pode ser eliciado fazendo-se com que o sujeito recorde uma situação em que seus testes eram irreconciliáveis, ou fazendo-o imaginar uma situação desse tipo.

Esse procedimento de eliciação do método EMPRINT nos habilita a converter o complexo comportamento humano em um código que podemos usar como base para compreender, prever e transferir aptidões para outras pessoas, ou reproduzi-las em nós mesmos. Esse processo de codificação é rigoroso. Para tornar fácil o processo de eliciação e descoberta é preciso praticá-lo. E cada vez que o praticarmos estaremos nos aproximando ainda mais do acesso ao tesouro da competência humana.

12 Reproduzindo a competência

Após identificar um comportamento pretendido que valha a pena modelar, e torná-lo apropriado para eliciação; encontrar ao menos uma outra pessoa que o faça bem; identificar as atividades e procedimentos operacionais subjacentes e eliciar as variáveis para cada um dos procedimentos operacionais, você estará pronto para transferir esses procedimentos operacionais para outra pessoa, ou para adotá-los você mesmo. Esse passo final supera a distância entre apreciar uma habilidade ou traço e a capacidade de reproduzir essa habilidade ou traço em si mesmo ou nos outros. As informações e exemplos deste capítulo pretendem atuar como ponte entre essa apreciação e a reprodução das habilidades.

Ao começarmos a investigar como transferir uma habilidade, é importante lembrarmos que todas as habilidades, inclusive traços de caráter, são a manifestação de procedimentos operacionais subjacentes. E procedimentos operacionais são compostos de certas constelações de sete variáveis de processamento interno diferentes. Assim, quando você transfere uma habilidade, o que está realmente transferindo é um (ou mais) procedimento operacional — o procedimento operacional que resulta naquela habilidade em particular. E, quando transfere um procedimento operacional, o que está realmente transferindo é um conjunto de variáveis — as variáveis que compõem aquele procedimento operacional em particular. A transferência de qualquer habilidade, portanto, é uma questão de transferir variáveis individuais, não importa quantos procedimentos operacionais estejam envolvidos. A única diferença entre transferir uma habilidade composta de um procedimento operacional e uma habilidade mais complexa composta de muitos procedimentos operacionais é o tempo que demanda a transferência. A habilidade mais complexa demorará mais tempo para ser transferida, não porque seja mais di-

233

fícil consegui-lo, mas porque estamos mudando ou colocando em prática maior número de variáveis.

O que significa "transferir uma variável"? Quando transferimos uma variável, instalamos seu uso no processamento interno de uma pessoa em um contexto particular. Por exemplo, se um de seus sócios realiza testes para o critério "o que poderia dar errado" cada vez que vocês discutem uma nova oportunidade, e você consegue fazê-lo passar a testar "isso tem algum mérito", você transferiu uma variável. Você instalou um novo critério no contexto da avaliação de novas oportunidades. Antes de abordarmos as técnicas e exemplos específicos de instalação, queremos dar uma visão panorâmica do processo de instalação.

Visão panorâmica

Ao instalar procedimentos operacionais você fará melhor se se preocupar com uma variável de cada vez. Esse processo tem a vantagem de ser relativamente simples. Por exemplo, suponha que você tenha eliciado em uma colega bem-sucedida seus procedimentos operacionais para habilidades em negociar, e agora queira transferir esses procedimentos operacionais para um amigo. Se você tentar ensinar seu amigo a gerar e usar algumas das variáveis de um dos procedimentos operacionais de uma vez (ou pior, alguns procedimentos operacionais de uma vez), ambos provavelmente acabarão sobrecarregados, e seu amigo ficará, sem dúvida, confuso. Se, por outro lado, você introduzir uma variável de cada vez, *assegurando-se de que essa variável esteja no lugar certo antes de passar à próxima*, será fácil para seu amigo seguir sua orientação. Impor variáveis demais ao amigo de uma vez e esperar que ele seja capaz de usá-las equivale a aumentar o volume de seis rádios ao mesmo tempo, sintonizados em diferentes estações musicais, e pedir-lhe para prestar atenção às letras. Ou pedir-lhe para prestar bastante atenção a uma das sensações de seu corpo enquanto cinco outros amigos o tocam, apertam, empurram e puxam com intensidades diferentes e em várias direções ao mesmo tempo. Lembre-se: *quando você transferir uma habilidade, instale uma variável de cada vez*.

Ao começar a transferir uma habilidade, talvez descubra que muitas das variáveis necessárias já estão em seus lugares. O fato de uma pessoa não manifestar um comportamento em particular não significa que ela não esteja usando qualquer das variáveis subjacentes ao comportamento pretendido. Por exemplo, estávamos trabalhando com um casal que se dedicava à mesma atividade e que freqüentemente tinha reações bem diferentes quanto a encontros de negócios próximos: ele ficava otimista e confiante; ela, preocupada e desconfortável. Descobrimos que ambos estavam fazendo testes futuros de como seria o encontro, ambos estavam testando o critério do sucesso, ambos tinham uma relação de causa e efeito de futuro para futuro de que sua atuação na reunião determinaria o sucesso, o futuro era para ambos molibizador e estavam usando as mesmas referências. Qual a diferença? Para ela, o sucesso significava negociar e garantir um acordo para um contrato *ao final do encontro*. Como resultado dessa equivalência de critério, ela se preocupava em falhar e se sentia inadequada para a tarefa se imaginava *qualquer* possibilidade de algo impedi-la de fechar um acordo antes do fim do encontro. Seu parceiro sabia que teria sucesso se pudesse imaginar-se *avançando* rumo a um acordo, e avançar pode incluir qualquer coisa, de reagir a problemas a fazer apresentações adicionais para estabelecer uma relação pessoal que possa ser recompensada no futuro. Ele podia sair de um encontro sem selar um acordo com um aperto de mãos e não sentir que havia falhado. Nenhum deles questionava sua própria equivalência de critério, como a maioria das pessoas. Nunca ocorrera a nenhum deles que o outro tivesse uma idéia diferente do que constituía sucesso:

Ela: E se as coisas não derem certo?
Ele: Do que você está falando? É claro que vai dar certo. Essa é uma ótima oportunidade.
Ela: Só espero não estragá-la. Seria tão fácil perdê-la!
Ele: Nós ainda nem nos encontramos com eles! Por que você tem sempre que ser tão negativa?

Havia apenas uma diferença em seus procedimentos operacionais nesse contexto, e quando mostramos a ela como mudar sua equivalência de critério para sucesso para acompanhar a dele, ela imediatamente ficou mais à vontade. Obviamente, nem toda mudança é fácil. Também trabalhamos com pessoas cujos procedimentos operacionais em uma sitação particular são completamente inadequados àqueles necessários para a habilidade que desejam. Isso não os desqualifica para a aquisição da habilidade: significa apenas que é preciso fazer mais ajustes, e que, portanto, é preciso dedicar mais tempo ao processo. Uma vez que você conheça as variáveis, o tempo envolvido na aquisição de uma habilidade complexa composta de uma dúzia de procedimentos operacionais pode ser medido em horas, espalhadas ao longo de alguns dias. A aquisição de uma habilidade composta de poucos procedimentos operacionais pode ser realizada em duas ou três horas. (A mudança que fizemos na mulher do exemplo acima levou cinco minutos.)

Mais adiante neste capítulo apresentamos exemplos de mudanças de equivalências de critério, bem como métodos para mudar ou colocar em prática todas as outras variáveis. É raro que todas as variáveis em todos os procedimentos operacionais precisem ser ajustadas ao transferirmos uma habilidade. Se tiver destreza com todas as variáveis, contudo, e se quiser investir o tempo necessário para isso, você terá as ferramentas de que precisa para transferir qualquer habilidade, para qualquer pessoa, em qualquer contexto.

Uma vez que você esteja pronto para instalar em si mesmo ou em alguém uma habilidade particular, não é necessário modelar primeiro os procedimentos operacionais que você ou a outra pessoa já estejam usando. Para cada habilidade que modelar usando o método EMPRINT, você terá, se tiver seguido todas as diretrizes até o final, uma lista de atividades e procedimentos operacionais completa — um pacote completo. Isto é, você terá uma receita que relacionará todos os ingredientes e incluirá todas as instruções para o preparo daquela habilidade em particular. Você sabe como preparar o prato, e tem todos os ingredientes. Nada o impede de limpar a mesa de trabalho, reunir os ingredientes e preparar a refeição.

As receitas são como *softwares* de computador para os seres humanos. Todos compartilhamos os mesmos *hardwares* biológicos e neurológicos, que nos possibilita perceber e avaliar informações nos cinco sistemas sensoriais. Podemos ver as coisas à nossa volta, bem como criar imagens internas, podemos ouvir os outros falarem, bem como conversar intimamente conosco mesmos. Percebemos a diferença entre o frio e o quente, o pesado e o leve, o suave e o áspero, o salgado e o amargo. Podemos recordar músicas, emoções, visões, sons, conversas, etc. As informações que estamos *realmente processando* através de nossos sistemas sensoriais em um contexto particular — as avaliações que fazemos, as lembranças que evocamos, as sensações a que prestamos atenção, etc. — são o *software* que estamos utilizando nesse contexto. Mude o *software* e você mudará o resultado. Se você der a partida em um programa de processamento de textos em seu computador, obterá um processador de texto. Dê a partida no programa para jogar "come-come" e seu computador não mudará, mas a tarefa que ele desempenha *vai* mudar. Você não pode usar seu computador para escrever uma carta enquanto o programa do "come-come" estiver rodando. Rode o programa para otimismo e confiança e você ficará otimista e confiante. Rode o programa para preocupação e desconforto e é isso que terá.

Uma vez que você disponha da receita ou do programa para uma habilidade, pode passar diretamente à sua execução. Essa é a abordagem que usamos em outro de nossos livros, *Know How: Guided Programs for Inventing Your Own Best Future*. Esse livro contém seqüências de instruções que instalam no leitor os procedimentos operacionais para algumas habilidades importantes na vida. Vale a pena estudar esses procedimentos de instalação. Eles contêm centenas de exemplos de transferências de cada uma das variáveis no método EMPRINT. A maioria dos exemplos usados ao longo do resto deste capítulo é retirada do livro *Know How*[1].

Uma outra abordagem que pode ser utilizada quando se quiser instalar uma nova habilidade consiste em identificar primeiro as variáveis que você ou outra pessoa está usando, e em seguida acrescentar ou mudar apenas aquelas variáveis que precisam de mudanças, como fizemos

236

com a mulher de negócios no exemplo acima. Você está familiarizado com o método para determinação das variáveis que uma pessoa já está usando em um contexto particular; o método é o processo de eliciação e descoberta apresentado no capítulo anterior. A única diferença é que agora você está usando as mesmas técnicas para a identificação de atividades existentes, procedimentos operacionais e variáveis não para modelar uma habilidade, mas para determinar o que já está no lugar que pode ser usado, e o que precisa ser acrescentado ou modificado. Devido à etapa de eliciação acrescentada, essa abordagem demorará mais do que a outra, mais direta. Entretanto, apesar desse aparente retrocesso, a segunda abordagem tem uma vantagem, e com freqüência a achamos preferível.

A vantagem aparece exemplificada no nosso exemplo anterior da equipe de negócios formada por marido e mulher. Poderíamos ter simplesmente eliciado o procedimento operacional e em seguida o transferido para ela, sem eliciar primeiro o procedimento operacional dela. Afinal, o procedimento operacional dela a fazia se sentir preocupada e inadequada, um resultado que a maioria das pessoas não consideraria uma habilidade a ser modelada. Mas há uma pérola escondida num canto de seu procedimento operacional. Antes de ir para um encontro, ela considera integralmente objeções e problemas em potencial. Como resultado desse teste futuro, ela fica bem informada de quaisquer obstáculos que estejam no caminho ou que provavelmente venham a surgir. Já a sua equivalência de critério precisa de uma mudança. Entretanto, o teste futuro que ela faz é valioso e merece ser mantido. Ele lhe propicia um conjunto de referências que pode usar para planejar e afastar possíveis dificuldades. É um teste que o marido precisava para moderar seu otimismo incontido. É um teste que muitas pessoas poderiam usar, e talvez não o tivéssemos descoberto se não tivéssemos eliciado os procedimentos operacionais dela. A modelagem dos procedimentos operacionais de qualquer pessoa, para qualquer contexto, provavelmente revelará ao menos alguns aspectos interessantes que sejam valiosos ou em algum outro contexto ou quando usados no mesmo contexto com uma constelação ligeiramente diferente de variáveis.

Uma vez que você conheça os procedimentos operacionais que quer transferir, a instalação de uma habilidade através do método EMPRINT envolve duas etapas principais. A primeira é ensinar ao seu "aluno" (ou a si próprio) como aceder ou gerar cada uma das variáveis requeridas. A segunda etapa consiste em instalar as variáveis através do uso repetido — prática — e de uma forma especial de ensaio chamada *ponte para o futuro*.

Aprender a gerar variáveis e praticar o seu uso é um processo análogo àquele por que você passaria para aprender um esporte. Por exemplo, suponha que você esteja de férias em um local onde haja quadras de tênis. Se se sentir atraído pelos movimentos agressivos, porém sol-

237

tos, dos melhores jogadores e pelo rangido dos tênis na quadra, mas nunca tiver jogado tênis, poderá se apresentar ao professor e combinar uma aula introdutória. Durante a aula o professor lhe explicaria os fundamentos do jogo. Ele mostraria como segurar a raquete e como mover os pés, joelhos, ombros, braços e a cabeça quando quiser dar um *forehand* ou um *backhand*. Ele lançaria bolas em sua direção para que pudesse praticar as jogadas. Durante todo o tempo ele estaria observando-o com atenção, dizendo-lhe quando dobrar os joelhos, para onde olhar, quando mover o pé direito em vez do esquerdo, como e quando virar a raquete, etc. Ele sabe quais movimentos são novos para você, e que é preciso praticá-los para dominá-los. Ele também sabe que o jeito que você usar ao praticá-lo será o jeito que será instalado; por isso, ele se assegura de que você esteja desenvolvendo os hábitos corretos.

Como qualquer principiante, você estaria tentando se concentrar em tudo ao mesmo tempo. Você provavelmente seria desajeitado e certamente ainda não estaria pronto para jogar, mas, ao final da primeira aula, você teria uma experiência do jogo de tênis, ao menos no nível dos principiantes. À medida que você continue a treinar, os movimentos se tornarão cada vez mais automáticos, até que você jogue tênis e preste atenção a outras coisas ao mesmo tempo, como estratégia de jogo, sem ter que se preocupar com os fundamentos. É o treino — a repetição dos movimentos individuais necessários — o responsável pela melhora e pelo domínio alcançado ao final.

Do mesmo modo, quando ensinamos alguém a gerar variáveis e procedimentos operacionais, é preciso ter em mente que a pessoa está aprendendo algo de novo, e que é preciso ajudá-la a praticar até que ela pegue o jeito da coisa. Ficar ao lado dela enquanto pratica algumas vezes permite verificar que ela esteja gerando e usando corretamente as variáveis. Em outras palavras, o procedimento de instalação no método EMPRINT faz pelas aptidões e habilidades mentais o que outros métodos de ensino alcançaram para habilidades físicas como esqui, golfe e tênis.

Depois que seu aluno tiver praticado o novo procedimento operacional algumas vezes, estará familiarizado com as metas a serem alcançadas com o seu uso. É preciso então garantir que ele usará o novo procedimento operacional nos contextos em que precisa dele. A ponte ao futuro permite conectar o procedimento operacional a contextos futuros. A ponte ao futuro é uma forma de ensaio mental. Imaginando como seria estar de fato nas situações que ela espera que ocorram no futuro, e imaginando a utilização do seu novo procedimento operacional e a manifestação completa do comportamento pretendido, ela vincula o procedimento operacional àqueles contextos futuros. Esse treino adicional ajuda a garantir que ela usará automaticamente no futuro o novo procedimento operacional.

A melhor ordem para se instalar variáveis é diferente da ordem em que sugerimos que deveriam ser eliciadas. Quando modelamos uma habilidade para revelar as variáveis subjacentes, o processo em que nos engajamos é análogo a abrir um relógio de bolso para examinar e limpar seu mecanismo. Começamos por remover a tampa externa, o que nos dá acesso à primeira camada de rodas e molas. Passamos então a próxima camada, uma de cada vez, com cada peça removida dando acesso à próxima, até o fim da tarefa. Para remontar o relógio, reunimos as partes numa ordem diferente daquela utilizada para retirá-las. A mesma coisa ocorre na transferência de habilidade.

Cada procedimento operacional se assemelha a uma estrutura distinta, com as referências e as relações de causa e efeito formando uma base para os testes, que juntos fornecem à estrutura temporal mobilizadora a sua sustentação contínua. Se estivéssemos construindo uma casa colocaríamos primeiro a base e instalaríamos o telhado somente depois que as paredes estivessem prontas. Do mesmo modo, quando transferimos uma habilidade, é necessário instalar primeiro as referências e as relações de causa e efeito. É com esses materiais que os testes são construídos. E, sendo a estrutura temporal mobilizadora a manifestação de um ou mais testes que são feitos, seria inapropriado (se não inútil) preocupar-se com a categoria de mobilização antes de instalar os testes requisitados.

É preciso assinalar um último ponto antes de completar essa visão geral do processo de instalação. O que se segue não é uma apresentação exaustiva. Poder-se-iam escrever volumes inteiros sobre os diversos métodos de instalação de procedimentos operacionais. Há muitos temas diferentes que podem ser seguidos na instalação de variáveis, e há variações sobre cada um desses temas. Nos nossos treinamentos gastamos mais tempo com a instalação do que com qualquer outro aspecto do método; às vezes, devotamos mais tempo à teoria e à técnica da instalação do que reservamos a todos os outros aspectos combinados. O tópico da instalação não pode ser integralmente explorado em um livro, e certamente não cabe em um capítulo. Assim, apresentamos somente os pontos básicos aqui[2].

Voltamo-nos agora para as técnicas básicas de instalação de cada variável. As variáveis são discutidas na ordem em que sugerimos que sejam instaladas.

Referências

Quer o percebamos quer não, já somos proficientes na capacidade de fazer com que outras pessoas usem referências específicas para suas avaliações, e a praticamos incessantemente com a família, os amigos e os colegas de trabalho. Acedemos ao uso de referências passadas quando dizemos a uma criança: "Antes de fazer isso, lembre-se do que aconteceu da última vez que bateu em sua irmã", ou quando perguntamos: "Eu sei que os aspargos têm uma cara engraçada, mas você também achou os brócolis engraçados da primeira vez que viu — e quando provou, gostou. Lembra-se disso?''. Você está pedindo que seu parceiro comece a usar uma referência presente quando diz: "Eu sei que você quer sair hoje à noite, mas dê uma olhada no que precisamos fazer em casa", ou: "A roupa já secou?" Você está criando e trazendo uma referência futura para o centro da cena quando diz a um colega: "Imagine como você se sentirá feliz e aliviado quando terminar esse relatório".

As referências passadas, presentes e futuras são alcançadas através de perguntas ou afirmativas que, (1) para que sejam respondidas, é preciso que o sujeito considere ou recorde as informações ou experiências que você quer que sirvam de referências, e (2) contenham o tempo verbal que seja consistente com a estrutura de tempo da referência a que você quer chegar. Por exemplo, se você estivesse instalando um procedimento operacional relativo à saúde e quisesse chegar a uma referência passada relativa a ter um nível particular de resistência, poderia dizer: "Busque em seu *passado* até encontrar um exemplo de *ter tido* o tipo de resistência que quer ter novamente". Se você estivesse instalando um procedimento operacional que requeresse uma avaliação de como uma pessoa está melhor financeiramente hoje do que no passado, e que, portanto, requeresse uma referência passada, poderia dizer: "*Recorde como era* sua situação financeira *há cinco anos*". Se estivesse instalando um procedimento operativo para reanimar e motivar um trabalhador desanimado, você poderia aceder a uma referência passada relativa à recompensa pelo trabalho árduo no passado, perguntando: "Quando *você trabalhou* duro e *alcançou* um objetivo, e, por causa disso, *sentiu* muito prazer e satisfação?" Se você estiver instalando um procedimento operacional para planejar o melhor modo de pedir um aumento, uma das referências necessárias seriam informações passadas sobre como o patrão da pessoa reagiu no passado a pedidos semelhantes, e você poderia chegar a essa informação perguntando: "Como você ou qualquer um de seus colegas conseguiu negociar um bom aumento com o patrão no passado?"

A única diferença ao instruir uma pessoa a usar uma referência presente é o tempo verbal utilizado em suas perguntas e afirmativas. Usando os mesmos exemplos do parágrafo anterior, se o procedimento operacional para implementar o plano de pedir um aumento exigisse uma referência presente das reações do patrão para fazer testes relativos a continuar ou a mudar o plano, você poderia dizer: "Agora imagine que você está se encontrando com o patrão e pedindo o aumento. À medida que começa a seguir seu plano, observe cuidadosamente como ele *está* reagindo. Ele *parece* receptivo ou sensível ao que você *está* dizendo? Ele *parece* compreensivo?" Para a avaliação financeira, você talvez precise também de uma referência presente, à qual você pode chegar perguntando: "Qual *é* a sua situação financeira hoje?", ou: "Considere agora o estado *atual* das suas finanças".

Do mesmo modo, se você precisasse instalar uma referência futura dos benefícios de se ter resistência no seu procedimento operacional re-

240

lativo à saúde, poderia dizer: "Agora, enquanto começa a avaliar se quer ou não fazer exercícios, lembre-se de como *será* ter esse tipo de resistência no futuro, ser capaz de, sem esforço, realizar suas tarefas, sentir-se saudável e forte". Se a pessoa ainda não tem uma referência futura desse tipo, você poderia primeiro gerá-la, dizendo: "Imagine como *será* ter esse tipo de resistência no futuro, ser capaz de realizar sem esforço suas tarefas, sentir-se saudável e forte". Se você quisesse gerar no trabalhador desanimado uma referência futura do valor do trabalho duro, poderia dizer: "Imagine-se tendo atingido seu objetivo e ao mesmo tempo imagine quanto prazer e satisfação *sentirá*". Você poderia ajudar a instalar seu uso dizendo: "Enquanto considera o trabalho que ainda é preciso fazer, mantenha sempre em mente o prazer e a satisfação que você vai sentir quando terminá-lo".

Os exemplos que se seguem do acesso e da geração de referências diferentes são tirados de *Know How*, bem como os demais exemplos deste capítulo, a não ser quando assinalado. O primeiro exemplo é tirado do procedimento de instalação para hábitos saudáveis de alimentação e é um exemplo de geração de uma referência futura para os efeitos negativos de comer demais. Essa referência se torna pessoal pela inclusão de diretrizes que levam o leitor a sentir as sensações associadas a essa possibilidade futura.

Imagine-se no futuro, daqui a seis meses, sofrendo os resultados de comer em excesso, e mais especialmente da ingestão excessiva de alimentos que engordam. Você pode imaginar-se vendo-se no espelho, nua, olhando para si mesma de frente, de lado, de costas, vendo o tônus de sua carne e a configuração geral de seu corpo. Usando esse corpo futuro, imagine-se tocando a ponta dos pés, fazendo alguns abdominais e exercícios para as pernas, sentindo o esforço e o empenho que essas pequenas tarefas exigem de seu corpo maltratado. Escute-se no futuro dizendo: "Se ao menos eu tivesse o que eu queria agora, em vez disso. Mas agora eu afundei ainda mais no poço da minha própria preguiça". (p. 100)

Após criar uma outra referência futura para os benefícios da boa alimentação, damos instruções que asseguram que essa referência também seja pessoal.

A despeito de como você se saiu criando esse futuro desejável e mobilizador, sinta o prazer de ser esse eu futuro entrando primeiro na imagem que você criou, vendo como tudo seria a partir desses olhos futuros. Então sinta-se mover-se, começando pela sensação de andar, curvar-se e dançar dentro desse corpo desejável. Sinta as experiências sensuais de vitalidade e graça que esse futuro oferece. Escute-se dizendo: "Eu estou tão feliz por ter mudado minha maneira de ser, e estou tão orgulhosa!" (p. 102).

As referências também podem ser geradas fazendo-se com que a pessoa se dedique a uma tarefa, como ilustramos nesse exemplo (da mesma seqüência de instalação) de geração de uma referência presente real pessoal.

Você pode proporcionar a si mesmo essas experiências escolhendo deliberadamente e comportando-se (durante uma refeição) de acordo com uma escolha explícita feita por você mesmo, da seguinte maneira. Escolha acompanhar amigos que vão sair para comer, mas escolha não comer nada, embora sem deixar de divertir-se (se for necessário para o seu conforto, coma antes de sair com eles). Ou então decida comer (e gostar) exclusivamente de legumes no jantar (se necessário, deixando o prazer vir, talvez, da arrumação do prato em que os come, de uma exploração em profundidade de suas texturas e sabores, da experimentação dos modos de prepará-los, ou qualquer outro arranjo que lhe possibilite ter ao menos uma experiência prazerosa com uma refeição escolhida de legumes). Cada experiência do tipo que acabamos de exemplificar lhe propiciará experiências de referência significativas, capazes de influenciá-lo de modo positivo no futuro, à medida que progride rumo ao objetivo desejado (p. 108).

Os próximos três exemplos se referem ao procedimento de instalação para evitar ou parar com o uso de drogas prejudiciais. O primeiro leva a uma referência passada real informacional.

Mesmo que você não tenha problemas com abuso de drogas, recorde cenas de seu passado — lembranças de si mesmo ou de outras pessoas — e identifique pessoas que tenham problemas relacionados com drogas (pp. 126-127).

O leitor é então instruído a usar essa referência passada para identificar as manifestações de um problema com drogas fazendo perguntas a si mesmo que gerarão os testes que queremos que ele faça.

Responda então a essas perguntas. Como você sabe que eles têm de fato problemas com drogas? Quais são as maneiras pelas quais reagem que indicam um problema com drogas? (p. 127)

Depois de fazer com que o leitor use essa referência para identificar as manifestações problemáticas com o uso de drogas, damos instruções que utilizam essa equivalência de critério para gerar uma referência futura construída pessoal para os efeitos nocivos do abuso de drogas.

Uma vez que tenha identificado as manifestações problemáticas do uso de drogas, está pronto para passar à próxima etapa. Quando chegar ao fim deste parágrafo, imagine-se de fato tendo esse problema com drogas e as suas manifestações e sintomas correspondentes. Torne esta cena tão real quanto possível, prestando muita atenção a com quem você está e ao que está fazendo, o modo como a sua visão está afetada, a alteração em seus sentidos de audição e paladar, e em como você se sente. Inclua nesse futuro a possibilidade de que outras pessoas, pessoas com quem você se importe e a quem respeite, percebam que você tem esse problema com drogas fora de controle. A evidência de que você realmente conseguiu se inserir no problema é o grau em que vivencia essa possibilidade como devastadoramente desagradável. Ainda dentro desse terrível futuro projetado, imagine a droga que o causa. Desse modo, o futuro desagradável fica associado com a droga que o causa. Faça isso agora, e então procure ter certeza de libertar-se desse futuro terrível e volte ao presente (p. 127).

Seguimos o mesmo procedimento de chegar à referência passada apropriada e então usá-la para gerar uma referência futura no procedimento de instalação para deixar de fumar. Aqui está o primeiro passo para se chegar a uma referência passada apropriada.

Para esse fim, você precisa imaginar sua própria experiência no futuro como assustadoramente ruim, como resultado direto de ter fumado cigarros habitualmente. Você pode começar com qualquer lembrança de ter estado confinado a um hospital (ou a uma cama). *Se você não tiver uma lembrança como essa,* lembre-se de uma visita a alguém confinado a um hospital (ou a uma cama) e de como foi bom sair dali. Localize agora essa lembrança *para que você a use na próxima etapa (p. 139).*

Os procedimentos de instalação para controlar o hábito de beber incluem duas etapas a que se chega e em seguida geram referências presentes informacionais.

Para começar, identifique alguém que manifeste o comportamento (ou aspectos importantes do comportamento) que você pretende adquirir e que o faça nas situações apropriadas.
Agora passe um pequeno filme dentro de sua cabeça em que você veja e ouça o seu modelo. Preste atenção ao modo como ele usa o corpo (como se move, como se posiciona em relação a outras pessoas, os gestos, as expressões faciais, etc.), e também ao que dizem e como dizem (a cadência da fala, a tonalidade e o timbre de voz, etc.). Avalie cuidadosamente se você está ou não satisfeito com o que ele faz e com o modo como o faz. Se não estiver, escolha outra pessoa e repita esses passos iniciais. (Se você não se lembrar de nenhum conhecido, use personagens de filmes ou romances em seu filme.) (p. 154).

O procedimento de instalação para a habilidade de sentir prazer sexual contém muitos exemplos de como ter acesso e gerar referências presentes. Nesses três exemplos, incluímos instruções que asseguram que as referências sejam reais e pessoais.

Ao final deste parágrafo, feche os olhos e sinta vários objetos que sejam parecidos, porém não iguais. Por exemplo, você poderia usar um abacate, uma laranja e um limão. Primeiro, usando as mãos, sinta as diferenças entre eles na textura, na umidade, na firmeza, no peso, no calor, etc. Em segundo, cheire cada um deles, comparando seus odores e a penetração do cheiro. Em seguida, sinta e prove cada um com seus lábios e sua língua, usando os lábios e a língua para sentir as mesmas texturas, temperaturas, a firmeza que sentiu com os dedos. Faça isso agora, antes de passar à próxima etapa.

Agora vamos considerar a experiência interna. Isso envolve alinhar as associações entre experiências específicas e seus significados com o fato de que a sexualidade é uma experiência sensorial. *Deixe essa consciência invadir seu corpo. Enquanto avança pelo corpo, sinta a massa, a substância do seu ser físico. Do interior desse cilindro vivo, sinta o braço esquerdo, o direito, as coxas, o coração batendo e os pulmões se expandindo e se contraindo em seu torso. Depois que estiver consciente dessas sensações, identifique exatamente onde você se relaciona com o mundo inanimado — isto é, as roupas, sapatos, a cadeira, o chão, etc. Ao fazer isso, você está identificando a evidência de estar* vivo. *Continue a se concentrar nessas sensações que lhe permitem saber que você está vivo. Use todo o tempo que for necessário nessa etapa.*

Em seguida, sem olhar ou tocar em si mesmo, torne-se consciente das sensações internas que lhe permitem saber que você é um homem ou uma mulher. Se você é homem, há a sensação de pêlos no rosto, dos testículos, do pênis, a consciência de pressões que se modificam no pênis e nos músculos pélvicos a ele ligados. Se você é mulher, há a presença e o peso dos seios, os lábios e orifício vaginais e os músculos que cercam essa abertura sensualmente rica, o útero, os ovários. Sinta o corpo completamente. Em seguida, direcione sua consciência para sentir os lábios, dentes e língua. Toque os lábios com a língua, sentindo seu calor, umidade, maciez e a textura da superfície. Então leve sua consciência para o resto do corpo — a evidência de sua sexualidade está no mesmo nível daquelas sensações que estão em seu corpo que evidenciam que você está vivo. Nesse nível mais básico da experiência sensorial, sua sexualidade não pode mais ser separada de você, não mais do que a respiração ou as batidas do coração. Você pode não estar sempre consciente dessas sensações que evidenciam sua sexualidade, mas mesmo assim elas estão sempre aí, parte do seu ser, parte do seu bem-estar (p. 162-163).

O procedimento de instalação para estabelecer e manter relacionamentos satisfatórios inclui três etapas que demonstram uma maneira de aceder, e usar referências passadas, presentes e futuras. Essas etapas são parte de uma seqüência que chamamos de "neutralizador de limiar". Quando alguém ultrapassa o limiar, fica associado às dolorosas lembranças passadas relativas a seu parceiro e dissociado dos prazeres passados. A pessoa é capaz de se lembrar de ambas as experiências, mas as agradáveis se tornam *informacionais* e as dolorosas, muito *pessoais*, sendo, portanto, muito mais reais e mobilizadoras. Além disso, sua dor e insatisfação ficam ligadas e associadas ao parceiro. O objetivo dessas etapas é começar a separar a dor e a insatisfação da figura do parceiro e recuperar o acesso às sensações positivas que resultam do acesso a lembranças agradáveis. Assim, os exemplos seguintes também demonstram uma maneira de transformar uma referência passada de pessoal em informacional, e vice-versa.

A primeira etapa gera uma referência presente construída e a usa para ajudar a obter acesso ao estado emocional que queremos que a pessoa tenha.

Pense nas qualidades e características, grandes e pequenas, que o fazem um ser único. Olhe para si mesmo através dos olhos de alguém que você sabe que o ama (se você o ama também não é importante aqui), e aprecie os atributos positivos que podem ser apreciados de uma maneira fresca e nova através dos olhos e da percepção de alguém que o ama. Use essa nova perspectiva de suas qualidades maravilhosas para se ajudar a entrar em contato com sentimentos fortes de auto-estima. Atenha-se a esses sentimentos durante todo o processo seguinte. *(Ser capaz de sentir-se bem consigo mesmo enquanto vê a outra pessoa separa as sensações ruins dos demais aspectos da outra pessoa e dá a si mesmo maior experiência de escolha relativa às próprias reações quando estiver junto da outra.) (p. 207)*

Na segunda etapa damos instruções que transformam as referências passadas e presentes de pessoais em informacionais. Isso é alcançado através da mudança da maneira como a pessoa encara a outra ("como numa fotografia") e direcionando-se a atenção da pessoa para sentimentos de auto-estima em vez de deixá-la atentar para as sensações de raiva/mágoa que estavam anteriormente ligadas às lembranças da outra pessoa. Após alcançar isso, direcionamos o leitor para a realização de um teste futuro que gere uma referência futura. Finalmente, com as lembranças "diluídas", chegamos a referências passadas que precisam ser usadas na próxima etapa e sempre que o leitor pensar nessa pessoa no futuro.

Imagine a outra pessoa num quadro imóvel (isto é, como uma fotografia), como ela estava da primeira vez em que vocês se encontraram. Enquanto olha para essa imagem, mantenha seus sentimentos de auto-estima. Quando você puder olhar para essa imagem recordada da pessoa e manter seus sentimentos de auto-estima, encare esta pessoa como separada de você, um indivíduo em seu próprio direito, que viveu uma vida que não o incluía até aquele momento. Reconheça que ele(a) é uma pessoa completa, separada e distinta de você, com o seu conjunto de qualidades e características. Imagine-o no futuro, vivendo num lugar diferente, com amigos e família que lhe são estranhos. Em seguida, recorde as qualidades e atributos que o atraíram em primeiro lugar (p. 207).

Na terceira etapa, chegamos a uma referência passada e damos instruções que asseguram que essa referência será registrada como uma referência pessoal.

Tendo feito isso, recorde uma lembrança agradável que você compartilhe com essa pessoa. Recupere essa lembrança em uma representação tão integral quanto possível, vendo o que você viu, ouvindo o que ouviu, sentindo os cheiros e sensações que sentiu na ocasião, reconhecendo enquanto o faz que essa é sua lembrança e que nada deve tirá-la de você (p. 207).

Em uma outra seqüência de outra seção do capítulo sobre relacionamentos, acedemos a uma referência passada real para ser usada como base para alguns testes passados. O resultado dessa etapa é gerar algumas novas referências passadas construídas para capacitar o leitor a agir de outro modo, mais adequado, do que aquele em que agia no passado.

Enquanto considera suas qualidades que mais valoriza e os modos pelos quais manifesta essas qualidades através do comportamento, volte a alguma péssima interação passada envolvendo seu parceiro. Preste atenção a si mesmo e aos sentimentos de seu parceiro, por trás do comportamento dele. Identifique de que modo você também não estava sendo tudo aquilo que queria ou poderia ser. Veja-se lá naquela situação. Escolha um dos atributos altamente válidos que seriam úteis naquela situação e veja-se gerando formas diferentes de comportamento que reflitam esses atributos. Observe como toda a interação se transforma pela vivência de seus próprios atributos. Repita o processo com ao menos duas outras terríveis interações passadas (p. 211).

Nesse exemplo da seção sobre ser pai geramos uma referência presente construída informacional.

Para orientar-se a si mesmo rumo a uma avaliação presente de seu filho que seja congruente com ele, a primeira coisa a fazer é identificar ao menos duas outras crianças que sejam dois ou três anos mais jovens do que seu filho. Em sua mente, imagine as duas crianças mais jovens ao lado de seu filho. Enquanto olha para elas, compare os corpos; compare a altura; as proporções do tronco, dos membros e da cabeça; o peso; a musculatura; o desenvolvimento das feições. Faça esta comparação simples antes de prosseguir (p. 238).

Mais adiante na mesma seção damos uma tarefa que gerará uma referência presente real pessoal.

Em relação a isso, não sabemos de nenhum modo melhor de manter contato com o mundo de seu filho (e, assim, com as várias distinções que viemos descrevendo) do que ocasionalmente interagir com ele no ambiente dele e nos termos dele. Regule seu ritmo ao de seu filho falando, movendo-se e reagindo na mesma velocidade dele. Preste atenção às palavras e aos conceitos que ele usa. Fale sobre e faça as coisas que ele quer fazer e do modo como ele quer conversar e fazer essas coisas (p. 242).

Nas próximas três etapas, também da seção sobre ser pai, acedemos a uma série de referências para construir uma relação particular de causa e efeito entre o crescimento de uma criança e sua capacidade de dominar habilidades e desenvolver qualidades. Na primeira etapa acedemos a uma referência passada real e, por pretendermos usá-la como base para uma nova relação de causa e efeito, damos instruções que a tornam pessoal e, portanto, mais mobilizadora.

Primeiro, identifique uma habilidade importante (por exemplo, contar até cem, parar de usar fraldas, fazer amigos) ou atributo (por exemplo, preocupar-se com os outros, compartilhar, experimentar coisas novas) que seu filho tenha dominado. Volte ao incidente ou momento em que você percebeu que essa habilidade ou atributo já fazia parte do repertório de seu filho, recuperando os sentimentos de orgulho e alívio (e talvez surpresa e satisfação) que teve quando percebeu isso. Reviva esse incidente ou momento; é importante que você entre em contato com esses sentimentos e os reviva antes de prosseguir (p. 245).

Na segunda etapa acedemos a outra referência passada que será usada para construir e apoiar a relação de causa e efeito.

Em seguida, viaje de volta ao passado, até chegar àquela época em que seu filho ainda não dominava essa habilidade ou atributo, mas em que você, todavia, esperava ou queria que ele o dominasse. (Por exemplo, você nota que seu filho, Bobby, agora é capaz de compartilhar suas coisas com os outros. Voltando no tempo você chega a um incidente ocorrido seis meses atrás, em que, apesar de suas sugestões, do incentivo e das repreensões, foi preciso mandar os amigos de Bobby de volta para casa porque ele não os deixava tocar em nenhum de seus brinquedos.) Localize essa época (p. 245-246).

Finalmente, fazemos com que o leitor chegue às referências e à relação de causa e efeito para mudar o objetivo de um teste.

Revivendo esse momento, entre na frustração, no desapontamento ou na ansiedade desse passado, mas desta vez faça-o sabendo (agora) o que você na ocasião não sabia: que seu filho vai finalmente adquirir essa habilidade ou atributo, mas que este AINDA não é um traço de seu desevolvimento. Observe como sua reação muda (provavelmente tornando-se mais paciente, talvez mesmo curioso quanto ao futuro) em relação a e dentro dessa situação. Volte através dessa mesma seqüência com algumas outras habilidades ou atributos que um dia você esperou e com o qual se afligiu e que seu filho agora domina (p. 246).

Relações de causa e efeito

Como o exemplo acima ilustra, as relações de causa e efeito nascem e são sustentadas pelas referências a que uma pessoa chega. Assim, para gerar uma relação de causa e efeito em particular, é preciso primeiro aceder a referências que sejam mobilizadoras e que possam servir como evidência para a "causa" e o "efeito" e assim sustentar o vínculo entre as duas. Uma vez feito o acesso a essas referências, é preciso direcionar a atenção do sujeito para elas de tal maneira que ele vincule as referências como estando contingentemente relacionadas. Há muitas maneiras de se conseguir isso. Os exemplos seguintes são representativos dos métodos para a instalação de relações de causa e efeito que descobrimos serem os mais fáceis e eficazes. O primeiro exemplo é extraído do procedimento para a avaliação de um relacionamento conturbado. Contém instruções que levam o leitor a fazer testes passados que geram referências passadas, capazes de sustentar relações de causa e efeito de passado a presente e de passado a futuro.

Faça uma avaliação integral do modo que a convivência com seu companheiro o fez ser mais do que você seria sem ele(a). A despeito de todas as suas experiências terem sido boas ou agradáveis, de que modo essas experiências que tiveram juntos o ajudaram a se aproximar do que quer ser como pessoa (ou aprecia ser)? De que modo esse passado que viveram juntos o ajudará a ser mais como deseja no futuro, não importa se ficam juntos agora ou não? (p. 209-210).

Os procedimentos operacionais para hábitos de exercício regulares e saudáveis incluem uma relação de causa e efeito de presente a futuro. Aqui está um dos modos de gerá-la.

A realidade de que exercitar-se levará à satisfação dos critérios que você identificou para si mesmo deve estar baseada em experiências pessoais. Essa etapa pretende lhe dar esses tipos de experiências pessoais. Familiarize-se com as instruções, e então siga-as quando lhe pedirmos para fazê-lo.
Supondo novamente que um de seus critérios seja resistência, volte em sua história pessoal até encontrar um exemplo de uma ocasião em que teve o tipo de resistência que gostaria de ter novamente (ou de preservar). A partir daí, volte ainda mais no tempo a partir desse momento, mais longe no passado, observando como seu comportamento e suas atividades possibilitaram essa resistência. Se você não tiver experiências em sua história pessoal, pode conseguir exemplos vicariantes com outros indivíduos que tenham resistência. Então entre naquilo que você crê ser a experiência real deles. Isto é, imagine como é ser como eles. Isso lhe dará a base de uma relação de causa e efeito entre ações e resultados relativos a resistência. Agora traga essa experiência para o presente e o futuro, criando um "eu" no futuro que tenha esse nível desejado de resistência. (Você pode escolher algumas idades do eu, do futuro próximo até a velhice.) Volte de cada futuro para o presente, identificando o que você terá feito para alcançar o futuro desejado. Desse modo, você construirá um conjunto de relações de causa e efeito entre o que você faz agora e a futura forma física que deseja para si mesmo. Vá adiante e construa essas relações de causa e efeito agora (p. 115-116).

É preciso relações fortes de causa e efeito de presente a futuro para conduzir a e sustentar os testes futuros mobilizadores requeridos nos procedimentos operacionais para uma pessoa parar de fumar ou para um ex-fumante permanecer não-fumante.

248

O próximo passo dessa seqüência é identificar cinco comportamentos que você manifeste diariamente, comportamentos que você sabe que levarão a um futuro desejável. Esses comportamentos podem ser aparentemente tão insignificantes como escovar os dentes. Talvez isso pareça uma coisa insignificante, mas escovar os dentes contribui mesmo para um futuro desejável, em que você tenha seus próprios dentes, bem como gengivas saudáveis. Um outro comportamento poderia ser expressar diariamente algum tipo de afeição pelas pessoas a quem ama. Isso contribui para um futuro de relações significativas e importantes. Você provavelmente conseguirá identificar muitos desses comportamentos benéficos, mas cinco bastam por enquanto. Identifique-os e anote-os.

O que há em comum entre esses cinco comportamentos é que todos eles o levam rumo a futuros desejáveis. Imagine durante alguns momentos os futuros positivos que você está criando ao manifestar cada um desses comportamentos. Assegure-se de que esses futuros sejam também apreciados e desejados pelo seu futuro eu. Determine de que modo não ter esses comportamentos poderia conduzi-lo a futuros indesejáveis. Imagine os futuros que o aguardam se você não tiver esses cinco comportamentos. Termine essa etapa antes de passar à próxima.

Identifique agora quatro comportamentos em que você não se engaje, os quais, se o fizesse, trariam como conseqüência experiências terríveis. Podem ser comportamentos como roubar, mentir, maltratar outras pessoas, não pagar impostos ou ignorar as necessidades das pessoas a quem ama. Talvez você não beba, não coma carne vermelha ou não engane a esposa. Esses são exemplos de comportamentos que poderiam fazer com que você se sentisse mal consigo mesmo, ou trazer outras conseqüências ruins. Assim, nessa etapa você precisa especificar quatro comportamentos que você não tenha — comportamentos que você fique contente por não ter.

Acrescente agora um quinto comportamento a essa lista: fumar, *ou fumar tanto quanto você fuma atualmente.*

Imagine o futuro positivo para o qual você está se encaminhando por não participar desses cinco comportamentos indesejáveis. Imagine-se avançando rumo a esse futuro positivo dia a dia, semana a semana, mês a mês. Faça com que cada um desses estágios seja real. Assim você pode saber e apreciar o fato de que para cada dia em que você não se engaja nesses comportamentos você dá mais um passo rumo à realização de seu futuro desejável e mais um passo para longe de um futuro indesejado e desagradável (p. 144-146).

Nas duas próximas etapas, há duas relações de causa e efeito sendo instaladas, que são retiradas da seqüência do relacionamento. A primeira é de presente a presente, entre experiência interna e comportamento externo, e tende a conduzir o leitor rumo à compreensão, afastando-o de desenvolver e apegar-se a julgamentos generalizantes sob a forma de equivalências de critérios negativas. A segunda é de passado a passado, e será usada mais tarde na seqüência que estabelece uma crença de futuro a futuro em que o leitor será capaz de suscitar reações diferentes no futuro se mudar aquilo a que está reagindo.

Descreva alguns dos comportamentos de seu parceiro aos quais você faça sérias objeções. Examinando-os um de cada vez, determine o que teria que estar acontecendo dentro de você para que você gerasse o mesmo comportamento. (Assim, se você realmente odeia quando ele sai do quarto quando vocês discutem, imagine-se a si mesmo fazendo exatamente isso, saindo do quarto no meio de uma discussão. O que está acontecendo com você que o move a fazer isso? É a intensidade da raiva, da frustração ou da ameaça que você esta sentindo? Quais são as possibilidades de aquilo que está por trás desse comportamento questionável torná-lo compreensível — não necessariamente apreciado ou mesmo aceitável —, mas ao menos compreensível?)

Enquanto revê cada um das situações em que seu parceiro tenha expressado esse comportamento, preste atenção às possibilidades que o movem a expressar-se desse modo, e imagine como teria sido diferente se você tivesse reagido ou se comportado de outro modo. Procure algumas formas diferentes de comportamento para si mesmo em cada uma dessas situações passadas e reconheça como tudo poderia ter sido diferente se você tivesse reagido ao modo como seu parceiro estava se sentindo internamente, em vez de reagir àquilo que ele(a) estava fazendo (p. 210).

Aqui está um outro trecho da seção sobre relacionamentos que estabelece uma relação de causa e efeito e também demonstra para o leitor o valor de se prestar atenção às relações de causa e efeito.

É provável que o melhor meio de se evitar a expectativa e o hábito no relacionamento seja estar consciente das conexões de causa e efeito que possibilitam os estados de espírito, os comportamentos e a satisfação dos critérios de ambos, você e seu amante. Por exemplo, suponha que você aprecie e valorize o fato de que seu marido a ajuda no serviço doméstico. Talvez você determine que a causa de sua ajuda seja sua experiência de fazer algo junto com você. Assim que você reconhece essa relação de causa e efeito, duas coisas acontecem. A primeira é que se torna muito mais difícil esperar pela ajuda dele, e, portanto, tomá-la como garantida. Sua ajuda no trabalho doméstico, como você agora reconhece, não é uma reação inerente a ele, mas é causada por certas condições, a saber, a percepção de que se trata de um esforço conjunto.

A segunda coisa que acontece em decorrência do reconhecimento da relação de causa e efeito é um desvio do acúmulo disso que pode ser chamado de "interação". Em vez da observação quando as coisas estão lá ou (mais comumente) quando não estão que caracteriza o acúmulo, você se torna um membro ativo de uma interação, determinando como trazer à experiência esses estados de espírito ou comportamentos que você e seu parceiro querem e valorizam. Por exemplo, se você não considera a relação de causa e efeito e pede ao marido para retirar as cortinas para serem lavadas e ele reluta em fazer isso, a reação comum é observar que ele não parece querer ajudar no serviço doméstico como costuma fazer; e o incidente é empilhado sobre exemplos anteriores semelhantes que você está acumulando. Entretanto, percebida como uma relação de causa e efeito, sua reação muda, transformando-se numa indagação sobre o que em seu pedido e nessa situação particular levou a essa relutância, em vez de a uma pronta reação. Se souber que a diferença da reação está no sentido de trabalho em equipe, você pode então abordar a situação de acordo com esse ponto de vista. Você poderia sugerir que retirassem as cortinas juntos, pedir-lhe para retirá-las como parte de uma limpeza geral na casa que vocês estão fazendo juntos ou dizer-lhe que isso a ajudaria a dedicar-se a outras coisas que ambos reconhecem que precisam ser feitas.

Agora é hora de aplicar o que você aprendeu sobre as relações de causa e efeito à sua situação. Identifique algumas áreas em seu relacionamento atual que sejam fontes de decepção para você, na medida em que constituam exemplos de comportamentos e reações que já foram característicos de seu parceiro e que você apreciava, mas que seu parceiro não pareça mais querer ou poder apresentar. Por exemplo, quando vocês estavam namorando, seu parceiro pode ter sido pontual, ou generoso, ou prestativo, ou preocupado, mas agora, meses ou anos depois, ele(a) não apresenta mais essas qualidades ou reações, e você sente falta delas. Você usará essas informações na próxima etapa; por isso, identifique essas fontes de decepção antes de prosseguir.

Em seguida, quanto à reação que você quer ter, determine o que a causava quando ela existia e o que a fazia não ocorrer. Se você tiver dificuldade de descobrir a relação de causa e efeito, experimente fazer o seguinte: pegue a primeira situação, recorde um exemplo de uma situação em que seu parceiro teve a reação que você aprecia e uma situação em que ele não apresentou essa reação. Comparando os dois incidentes, faça-se essa pergunta: "O que permanece e o que muda nesses dois exemplos?" Para verificar e aperfeiçoar a relação de causa e efeito que você descobrir, cheque as diferenças encontradas com outro par de exemplos em que a reação tenha e não tenha ocorrido. Você pode então usar essa informação para criar uma atmosfera apropriada para a eliciação natural dos tipos de interação que você e seu parceiro queiram e apreciem (como no exemplo das cortinas). Pegando um de seus exemplos, descubra as causas envolvidas e crie idéias de como interagir no futuro para eliciar as reações que você aprecia (p. 203-204).

A única diferença entre o estabelecimento de uma relação de causa e efeito de futuro a futuro e as outras possibilidades de estruturas temporais está no fato de que os testes e as referências que fazemos com que o sujeito realize são todos construídos no futuro.

Agora, após acumular alguns exemplos de comportamentos novos e mais úteis para influenciar suas interações, leve-os para uma dessas possibilidades que você criou na etapa anterior e experimente-os. De que modo afetam os acontecimentos? Você se aproxima mais do que deseja? (p. 211).

E aqui está um exemplo retirado da seqüência de instalação para o controle do abuso de drogas.

Construa agora uma realidade futura em que você mesmo controle seu bem-estar, confiante e seguro em sua independência. Olhando para trás a

251

partir desse futuro, encontre ocasiões para dizer não às oportunidades de usar a droga, exemplos que tenham contribuído tanto para esse futuro desejável (p. 127).

Critérios

Cada procedimento operacional que você instalar requererá o uso de um critério ou conjunto de critérios em particular. Para se gerar o uso de critérios particulares para qualquer teste, é preciso fazer perguntas ou dar instruções que levem a uma avaliação e incluir os critérios na pergunta ou na tarefa indicada. Por exemplo, quando pergunta a um amigo: "Está com sede?", você está fazendo uma pergunta que exige que ele considere o critério de "sede". Quando pergunta: "O filme era engraçado?", você exige que o teste seja feito usando o critério de "engraçado". Quando diz: "Olhe para a intensidade das cores daquele arco-íris", você o instrui a avaliar o arco-íris em termos de "intensidade de cores", em oposição a qualquer outro critério possível que pudesse ser testado nesse mesmo contexto, como: "Como você se *sente* quando olha para aquele arco-íris?", ou: "Você acha que vai *querer* voltar a este lugar amanhã?", etc. Sempre que você faz uma pergunta ou uma afirmação, está, pelos critérios incluídos na pergunta ou na afirmação, influenciando aquilo que está sendo considerado.

Em todos os exemplos seguintes, estabelecemos o uso de determinados critérios direcionando o leitor a responder a perguntas ou a engajar-se em tarefas que pressupõem os padrões que queremos que ele(a) use. A única diferença entre os exemplos está nos critérios estabelecidos e nas instruções adicionais incluídas. Nos procedimentos operacionais para a educação de seu filho, por exemplo, é necessário considerar o que você quer que seu filho *aprenda* em estágios diferentes. O critério é "aprender", e é estabelecido na avaliação por uma simples afirmação e pela proposição de uma pergunta.

Considere o que você quer que seu filho aprenda na longa jornada da vida. O que você quer que seu filho aprenda em criança, na adolescência, quando jovem e como adulto? (pp. 247-248).

No próximo exemplo, da seção sobre como definir e alcançar objetivos, instruímos o leitor a aplicar quatro critérios diferentes a algo que ele(a) esteja pensando em buscar como objetivo. Em alguns casos, as instruções adicionais orientam o leitor a usar certas equivalências de critério para os critérios que estamos estabelecendo.

A segunda coisa que precisa acontecer na transformação de um desejo em uma vontade que valha a pena perseguir é que você faça e responda às perguntas com uma boa formulação. Essas perguntas também devem ser respondidas para cada uma das suas vontades, para ter certeza de que vale a pena buscar a sua satisfação. Antes que você faça isso para cada uma de suas vontades, contudo, pegue um de seus desejos pelo qual você esteja fortemente atraído (após ter completado a etapa anterior) e avalie-o em relação a cada uma das perguntas seguintes.

Isso está dentro do domínio do que é possível?

Isto é, há ao menos uma outra pessoa que tenha alcançado um objetivo semelhante, ou os recursos básicos necessários, o corpo de conhecimentos, etc., estão disponíveis para serem utilizados? Em termos de possibilidade, há uma grande diferença entre querer viver em Marte este ano e querer ser um astronauta, ou desejar que seus pés fossem dois números menores e querer ser financeiramente independente. Embora um objetivo possa ser possível no mundo, determinados fatores podem torná-lo impossível para você. Por exemplo, a possibilidade de se tornar um astronauta se reduz enormemente se você for paraplégico ou se tiver setenta anos. Avalie seu desejo usando a pergunta acima antes de prosseguir.

Vale a pena tê-lo?

Isto é, esse seu objetivo está em harmonia com os atributos, ideais e preferências que são importantes para você e através dos quais define quem você é? Por exemplo, nosso candidato a astronauta poderia concluir que participar do programa espacial equivale a dar apoio à crescente militarização do espaço, algo a que ele se opõe veementemente. Ou talvez o objetivo de ser um astronauta não valha a pena, considerando as longas horas distante de casa e da família. Agora use a pergunta "Vale a pena tê-lo?" para avaliar seu desejo.

Isso me dará o que eu realmente quero?

Você provavelmente teve a experiência de querer realmente algo que aparentava, soava e parecia valer a pena desejar, só para, depois de consegui-lo, descobrir que não valia a pena tê-lo de jeito nenhum (e talvez mesmo valesse a pena evitá-lo). Por exemplo, você talvez tenha querido, trabalhado e adquirido uma casa grande, adorável e prestigiosa, só para descobrir que mantê-la e aos jardins à sua volta é uma carga exaustiva e indesejável. Do mesmo modo, possuir e dirigir um negócio (muitas horas, pagamento imprevisível), ou possuir um carro caro e sofisticado (muito tempo na oficina, consertos caros), ou ter seu próprio cavalo (cuidados diários, contas de veterinário) podem parecer coisas que valem a pena querer até estar de fato diante da realidade (talvez desagradável) de tê-las. Nesse ponto, você precisa entrar na história que você representou e gerou previamente, antes de ter esse seu desejo — entre nela de modo que seja como se estivesse lá, vendo o que você veria, ouvindo o que ouviria e, mais especialmente, sentindo o que sentiria. Sua experiência é como você quereria que fosse? Se não for, seu desejo pode ser ajustado ou reparado para torná-la satisfatória? Entre nessa representação e faça a avaliação agora.

Vale a pena fazer o que seria necessário para alcançar a meta?

Antes de dedicar-se a um objetivo, é importante avaliar se ele vale ou não o esforço que você provavelmente terá que despender para persegui-lo. Para essa avaliação, imagine primeiro um pouco do que é necessário para transformar esse desejo em realidade (no nosso exemplo do astronauta, desistir do emprego atual, mudar-se para a NASA em Houston, salário baixo, muito tempo longe de casa, etc.) e então entre nessa experiência e avalie seus sentimentos em relação a ela. Você sente que o esforço exigido vale a pena? Faça essa avaliação de seu desejo antes de prosseguir (pp. 78-79).

Na seqüência para a instalação da moderação na ingestão de álcool, queremos que o leitor avalie, e ajuste ou atualize se for o caso, os critérios atualmente usados em situações de beber. Também queremos dar ao leitor uma experiência de como o uso de critérios diferentes conduz a metas diferentes; e queremos que o leitor avalie uma vasta gama de critérios e escolha os critérios em particular que funcionam melhor em seu caso, para garantir um futuro bem-estar. Realizamos essas metas nas etapas seguintes.

Em situações em que se bebe socialmente, você volta aos anos da adolescência, com as competições de bebida? Um homem é alguém que não fica bêbado, não importa o quanto beba? Ficar bêbado ainda é uma afirmação de ousadia, maturidade ou independência? Se for, avalie seus critérios atuais relativos à sua adequação quanto a quem você é agora e ao mundo em que você está vivendo. Essa reordenação de critérios deve incluir não apenas a eliminação daqueles que não são mais importantes, mas a inclusão daqueles que você achar mais apropriados. Por exemplo, você quer que uma pessoa por quem se sente atraído o conheça, ou o conheça bêbado? Talvez em situações em que se bebe socialmente você queira continuar a tratar-se e aos outros com respeito e integridade? Como você fez antes, prepare para si mesmo uma lista de possíveis critérios, e em seguida imagine o que, como e quando você beberia em uma situação social, usando cada um desses critérios, um de cada vez. Por exemplo:

bebedeira
diversão
fuga
gosto
saúde
meu bem-estar de amanhã
controle de meu comportamento
respeito dos outros
orgulho

Ao aplicar esses critérios, escolha uma situação, como uma noite durante a semana após um dia particularmente exaustivo. É noite, e você está a caminho de casa após esse dia cansativo. Agora pense em como você vai passar a noite, no que diz respeito à bebida. Tente aplicar o critério de fuga, supondo que seja a experiência que você quer. Como você planeja e antecipa consegui-la? Depois de fazer isso em relação à fuga, volte ao começo e se reoriente para o seu retorno à casa após aquele dia terrível, pensando em como vai passar a noite, desta vez aplicando o critério do bem-

estar de amanhã. *O contraste da experiência e do efeito entre fuga e bem-estar de amanhã colocará nitidamente as diferenças comportamentais provocadas por tais exames de critérios. Experimente isso agora, com os critérios da fuga e do bem-estar de amanhã, imaginando tão vividamente quanto possível estar de fato nessa situação e usando esses diversos critérios.*

Repasse a situação acima (ou outra de sua escolha) seguidamente, mudando cada vez o critério que está usando (escolhido na lista acima ou em sua própria lista). De que modo sua experiência e seu comportamento mudam quando você aplica cada um desses critérios? Que critérios conduzem naturalmente aos tipos de experiência e comportamentos que sustentam sua determinação de livrar-se da dependência alcoólica? Essa é uma etapa importante; por isso, use todo o tempo que precisar para fazer essas avaliações (pp. 151-153).

O critério "agradável" é chamado para avaliar emoções e sensações nos procedimentos operacionais que levam ao sexo prazeroso.

Como você fez antes, dirija sua consciência para sua experiência sensorial e note que tipo de natureza agradável você está vivenciando no momento, incluindo emoções e sensações de conforto, calor e excitação em seu corpo e na superfície dele. Por exemplo, a emoção que você está vivenciando neste exato momento em que lê esta frase pode ser de curiosidade, com a parte inferior do rosto relaxada, os músculos em torno dos olhos e no tronco agradavelmente tensos e uma sensação de calor na boca e nas mãos. Antes de continuar a ler, explore sua experiência sensorial para descobrir essas emoções e sensações agradáveis (pp. 164-165).

Os efeitos dos tons de voz são importantes de se considerar em certos procedimentos operacionais relativos à fase de atração nos relacionamentos. No exemplo seguinte, estabelecemos "tom de voz" como critério.

A próxima qualidade a se considerar é o som da voz daquela pessoa. Os tons de voz — agudo, ressonante, anasalado, suave, alto, monótono, ofegante — influenciam muito os estados emocionais das pessoas, mas infelizmente as discriminações da tonalidade da voz estão geralmente fora da consciência da maioria das pessoas em nossa cultura. Sem questionar a tonalidade da voz, você pode passar a vida toda perto de alguém que gera em você um estado emocional desagradável sem relacioná-lo à tonalidade da voz daquela pessoa. Assim, a próxima pergunta a se fazer é: "Como a voz dessa pessoa soa para você?" Isso, sem dúvida, requererá uma proximidade muito maior (talvez mesmo entabulando uma conversa com a pessoa). Voltando às duas pessoas selecionadas acima (a que não é atraente e a que é atraente, mas que você não encontrou), recorde o som da voz de cada uma e preste atenção a como o seu estado emocional muda enquanto ouve suas tonalidades (p. 193).

Equivalência de critério

Uma vez que uma equivalência de critério se estabeleça, ela geralmente não é considerada como se não exercesse efeito sobre a experiência de uma pessoa, até que surjam circunstâncias que forcem uma reavaliação. As pessoas raramente avaliam as evidências que usam para saber se um de seus critérios está ou não atendido. Mas pode-se gerar uma nova equivalência de critério direcionando a atenção da pessoa para referências que lhe sejam mobilizadoras e que apóiem a nova equivalência de critério. Uma vez que receba evidências em que possa acreditar (na forma de referências), a pessoa facilmente incorpora essa evidência às suas considerações do que constitui o atendimento de um padrão importante. Por exemplo, no trecho seguinte de uma sessão terapêutica, um dos autores (LCB) trabalha com uma cliente que está discutindo seus sentimentos pelo marido. Nesse trecho, muda-se uma equivalência de critério, que de "Querer que meu marido seja mais feliz comigo do que poderia ser com qualquer outra pessoa ≡ egoísta" transforma-se em "Querer que meu marido seja mais feliz comigo do que poderia ser com qualquer outra pessoa ≡ expressão de amor e responsabilidade". Em primeiro lugar, acede-se a referências passadas e presentes que são usadas como evidência para apoiar a equivalência de critério desejada, e em seguida geram-se referências futuras para as conseqüências negativas de não se adotar a equivalência de critério desejada. O peso dessa evidência resulta na aceitação da nova equivalência de critério.

Hazel: Eu quero muito que ele seja feliz.

LCB: A questão é que você quer sempre saber que ele não pode ser tão feliz com outra pessoa quanto é com você.

Hazel: Algum problema nisso?

LCB: Não! (Ambas riem) Quer que eu diga de novo? Não!

Hazel: Parece um pouco egoísta, mas seria bom.

LCB: (Ri) Lute por isso, Hazel.

Hazel: Está bem, eu vou.

LCB: Tudo bem. Você *pode querer* que ele seja mais feliz com *você* do que com qualquer outra pessoa. (Pausa) Você o ama. Você fica mais feliz com ele do que com qualquer outra pessoa. Não é? (Hazel chora e faz que sim com a cabeça.) É, sim, eu sei. Não tem nada de errado em se querer isso. Você não quer prendê-lo, trancafiá-lo, não tem nada a ver com querer que ele seja feliz negando-lhe algo. A idéia é que ele seja mais quem ele quiser ser quando está com você. Você sabe, nas boas e nas más horas. É como se vocês dois tivessem feito um pacto em passar um bom tempo da vida juntos. Provavelmente, quero dizer, não sei se vocês têm um acordo tipo até que a morte nos separe, mas *sei* que o acordo de vocês não é, de modo nenhum, negar algo ao outro, mas contribuir e doar... absolutamente. E não é só no momento, é ao longo do tempo. Assim, você quer que ele seja mais feliz com você do que com qualquer outra pessoa — isso não é egoísmo. Eu quero dizer que não é como se você dissesse: "Eu quero você só pra mim e nem ligo se você se sente bem. Você disse o 'sim' e agora dançou, neném! Esqueça essa besteira de felicidade". (Hazel ri.) Além disso, você querer que ele seja mais feliz com você, se sinta mais realizado com você, é a motivação para que você se dê a ele. Por isso, quero que você, é como ciúme, esse sentimento, é um sentimento que diz: "Esse homem é muito importante para mim". OK, e... é maravilhoso saber disso. O que aconteceria, Hazel, se você não tivesse esse sentimento? E se você não tivesse nada que dissesse: "Este homem é realmente importante para mim"?

Hazel: Ah, meu Deus, aí a gente não estaria junto.

LCB: Não. E você estaria pronta para cometer erros terríveis.

Hazel: Erros terríveis?

LCB: Como ignorá-lo.

Hazel: Ah, sei.

LCB: Como não cuidar do bem-estar dele.

Hazel: Certo.

LCB: Se você não tivesse nada que dissesse: "Este homem é realmente importante para mim e ele é realmente precioso para mim e *é possível* que eu o perca... é *possível* perdê-lo. Se você não tivesse nada que a fizesse saber disso, não haveria nada que a fizesse engajar-se nesses comportamentos, de saber como as coisas foram e são com você, e como você quer que elas sejam.

Hazel: É verdade. (Pequena pausa; depois, Hazel dá uma risadinha.)

Agora vamos olhar novamente para um trecho que usamos antes como exemplo do acesso e da criação de referências presentes. Esses dois passos também demonstram como estabelecer uma equivalência de critério desejável, neste caso de que a sexualidade está enraizada na experiência sensorial (sexualidade ≡ experiência sensorial).

Agora vamos considerar a experiência interna. Isso envolve alinhar as associações entre experiências específicas e seus significados com o fato de que a sexualidade é uma experiência sensorial. Deixe sua consciência escorregar pelo interior do corpo. Enquanto passa por ele, sinta a massa, a substância do seu ser físico. Do interior desse cilindro vivo, sinta seu braço esquerdo, o direito, as coxas, o coração batendo e os pulmões expandindo-se e contraindo-se dentro do tórax. Uma vez que você esteja consciente dessas sensações, identifique exatamente onde você interage com o mundo inanimado — isto é, as roupas, sapatos, a cadeira, o chão, etc.. Ao fazer isso, você está identificando a evidência de estar vivo. Continue a concentrar-se nessas sensações que o deixam saber que está vivo. Gaste todo o tempo necessário nessa etapa.

Em seguida, sem se olhar ou se tocar, conscientize-se das sensações internas que o fazem saber que você é um homem ou uma mulher. Se você for homem, há a sensação dos pêlos no rosto, dos testículos, do pênis, a consciência da pressão no pênis e nos músculos pélvicos a ele ligados. Se você for mulher, há a presença e o peso dos seios, lábios e orifício vaginais, os músculos em torno dessa abertura sensualmente rica, o útero e ovários. Sinta completamente o corpo. Em seguida, oriente sua consciência para sentir os lábios, dentes e língua. Toque os lábios com a língua, sentindo seu calor, umidade, suavidade e a textura de sua superfície. Em seguida, leve sua consciência pelo resto do corpo — a evidência de sua sexualidade está no mesmo nível dessas sensações que residem em seu corpo e que evidenciam que você está vivo. Nesse nível mais básico da experiência sensorial, sua sexualidade não pode mais ser separada de você, não mais do que sua respiração ou as batidas do coração. Você talvez não fique sempre consciente dessas sensações que são evidência de sua sexualidade, mas elas, entretanto, estão sempre aí, parte de seu ser, parte de seu bem-estar. (pp. 163-164).

Uma das coisas que você pode fazer com as equivalências de critério é mudá-las, expandindo-as. Isso imediatamente dá à pessoa que está usando essa equivalência de critério novas oportunidades de vivenciar a satisfação do critério em questão, o que por sua vez cria mais escolhas e flexibilidade de comportamento.

Como observamos algumas vezes (e ilustramos a respeito da alimentação), ocorre com freqüência que as pessoas comam, bebam, fumem e usem drogas para satisfazer critérios importantes, como prazer, realização, controle e confiança. Mas quantas maneiras existem de satisfazer qualquer um desses critérios? O prazer pode na verdade resultar de uma calda de chocolate derretendo na boca, mas também pode vir de:

■ *seu corpo deslizando em águas quentes e envolventes*

■ *subir lepidamente as escadas*

■ *lençóis frescos e limpos numa noite quente e úmida*

■ *sidra quente numa noite fria*

■ *ótima música num bom aparelho de som (ou ao vivo)*

■ *uma boa xícara de café e o jornal de domingo na cama*

■ *os multicoloridos tons de verde e marrom de uma floresta numa tarde quente*

■ *ouvir seus próprios passos quando passeia sob as estrelas*

E, é claro, o cardápio continua. O que poderia fazer parte de sua lista de experiências agradáveis? Pegando cada um de seus critérios para perder peso, faça uma lista de possíveis modos de satisfazê-los, que não seja comendo (pp. 108-109).

Uma das avaliações na seqüência de relacionamento envolve a identificação de comportamentos que sejam manifestações apropriadas de certos estados emocionais. Esses comportamentos constituem então uma equivalência de critério. Mas, antes de fazer essa avaliação, é preciso garantir que a pessoa seja capaz de distinguir a emoção que está vivenciando. É surpreendente a freqüência com que emoções diferentes, porém relacionadas entre si — como medo, raiva e repulsa —, não são separadas adequadamente. O resultado é que a pessoa pode não estar de fato consciente da emoção específica que está experimentando, e assim reagir a um sentimento geral de ansiedade, infelicidade, etc., a qual possivelmente não é a melhor reação para os seus interesses. Por exemplo, as reações apropriadas para quando se está com medo são geralmente muito diferentes das reações apropriadas a quando se está com raiva. Incluímos nessas duas etapas seguintes extraídas da seqüência sobre o sexo a especificação da equivalência de critério para emoções diferentes e a subseqüente identificação dos comportamentos que seriam adequados para cada uma delas (outra equivalência de critério).

Agora, como você distingue, em termos da experiência sensorial, um estado emocional de outro? Quando chegar ao final deste parágrafo, escolha um dos estados emocionais de sua lista e identifique para si mesmo as sensações que, juntas, compõem sua experiência desse estado emocional. Por exemplo, afetuoso poderia ser sorrir com a boca e os olhos, com o rosto e o tronco relaxados, a sensação de calor no corpo, sentindo nos braços e nas mãos o desejo de tocar o amante, etc. Identifique agora essas sensações.
Uma vez tendo feito isso, identifique ao menos três comportamentos que sejam apropriados, úteis e gratificantes na expressão dessa emoção. Usando afetuoso como exemplo, tais comportamentos poderiam incluir afagar gentilmente o amante, surpreendê-lo com um abraço apertado e um beijo estalado, cumprimentá-lo por uma qualidade especial e dizer-lhe que você o(a) ama. Antes de continuar, identifique e relacione ao menos três comportamentos que expressam a emoção escolhida (pp. 165-166).

Aqui está um exemplo de como aceder e examinar uma equivalência de critério existente que também aponte para a importância de agir desse modo nesse contexto.

Você agora dispõe de uma lista de critérios de curto e longo prazo que são importantes para você com respeito a relacionamentos amorosos. Entretanto, além de saber quais são esses critérios, é preciso ter maneiras de saber se e quando as qualidades que esses critérios representam estão presentes ou ausentes em seus possíveis amantes e amigos. Suponha que um de seus critérios seja ter consideração *pelos outros. Que comportamento seria evidência de que essa qualidade está presente? Talvez você e seu namorado estejam passando por uma senhora idosa que sobe com dificuldade as escadas carregando compras de supermercado; seu namorado a cumprimenta e se oferece para ajudá-la a carregar as sacolas de uma maneira que diz: "Eu sei que a senhora pode fazer isso sozinha, mas deixe-me ajudá-la para facilitar". Uma evidência da falta dessa qualidade poderia ser fechar as pessoas no trânsito ou furar filas, ou empurrar outras pessoas para entrar no elevador. (Sem dúvida, esses mesmos comportamentos poderiam ser usados como evidência da capacidade de sobreviver, se você estiver em Nova York).* Se você trabalha como voluntário na SPCA e na Sociedade Audubon, uma mulher que queira um casaco de pele de foca, ache que caçadas são um jogo sexy e compre marfim no mercado negro não estará evidenciando um comportamento que represente o tipo de critério que você valoriza.

Examine sua lista de critérios e considere que tipos de comportamentos e reações constituiriam evidências de que esses critérios são compartilhados por outra pessoa, e que tipos de comportamento e reações constituíram evidências de que seus critérios não são compartilhados por ela. Isso lhe dará a base para reagir aos outros, fazendo assim sua escolha de amigos e tornando a realização de seus desejos e necessidades muito menos aleatória. Dê esse presente a si mesmo agora, identificando esses comportamentos e reações (pp. 190-191).

A seqüência seguinte de etapas, da seção sobre relacionamento, aborda como desfazer equivalências de critério indesejáveis e expandir as desejáveis.

Ao mudar tais equivalências de critério, a primeira coisa a se fazer é identificar contra-exemplos. Isto é, busque em sua história pessoal (ou mesmo no próprio mundo) exemplos que sejam inconsistentes com sua equivalência de critério indesejada. A importância de encontrar e reconhecer os contra-exemplos é que isso transforma a reação de omissão de uma equivalência de critério ("É assim que as coisas são.") em algo sobre o qual há ao menos a possibilidade de se ter uma reação de escolha. Por exemplo, se você acredita que compromissos significam subordinar-se, procure em suas lembranças e encontre ao menos um exemplo de uma ocasião em que seu caráter e suas necessidades tinham expressão e satisfação completas em uma relação de compromisso. Se você não for capaz de descobrir nem um contra-exemplo de sua própria experiência, procure nas experiências de amigos e conhecidos, para que você saiba ao menos que é possível estar em uma relação de compromisso sem sacrificar-se. Se você tiver medo de se comprometer numa relação, identifique agora as suas equivalências de critério indesejáveis. Uma vez identificadas, encontre contra-exemplos para cada uma delas.

Também é importante considerar a flexibilidade de suas equivalências de critério ao assumir um compromisso. É especialmente importante considerá-la após ter assumido um compromisso e estar vivendo junto na fase de segurança. Para Jill, a maneira como ela sabia que Sam se importava com ela era o fato de ele telefonar durante o dia para saber como ela estava. Coerentemente, quando ele não telefonava, ela se sentia desprezada. Ter apenas um modo de satisfazer um critério significa que você será capaz de experimentar a realização a respeito desse critério apenas se as exigências circunstanciais necessárias forem atendidas. O mundo é complexo e caprichoso o suficiente para garantir, contudo, que haverá ocasiões em que essas exigências circunstanciais não serão atendidas. E aí?

É muito mais útil (bem como gratificante) ter muitos modos de satisfazer seus critérios. Obviamente, quanto mais modos houver de se sentir amado, mais freqüentemente você sentirá que o amam. Por exemplo, sendo mulher, você poderá se sentir amada quando ele telefonar para avisar que vai se atrasar; quando ele trancar a casa e apagar as luzes à noite; quando ele perguntar que filme você gostaria de ver; quando ele fizer amor bem com você; quando ele disser "não", se realmente não quiser fazer amor; quando ele recusa oportunidades de trabalho que o fariam ficar longe durante longos períodos; quando ele não paquera outras mulheres; quando ele a desafia se você precisar; quando ele lhe diz a verdade mesmo que não seja o que você quer ouvir. Tudo isso (e muito mais) poderia servir como indicador de que você é amada. (É particularmente útil se forem todos comportamentos que seu parceiro não possa deixar de ter — isto é, se forem comportamentos que ocorram naturalmente como subprodutos de sua própria personalidade.)

A esse respeito, é importante notar e compreender que é muito provável que seu amante a faça saber que ele a ama (respeita, se importa, aprecia) de muitos modos que você não reconhece como exemplos desse amor. Perguntar-lhe que filme você quer ver pode ser apenas cortesia para você, mas para ele talvez seja uma expressão de amor.

Ao final deste parágrafo, identifique uma experiência (como divertir-se, ou sentir que o outro acredita ou confia em você) que goste muito de ter em sua relação íntima atual, mas que você não tenha com a freqüência em que gostaria. *Então examine suas interações com a outra pessoa e tente identificar maneiras pelas quais o outro esteja tentando dar-lhe essa experiência, maneiras que até agora você não tinha reconhecido. Uma vez que tenha identificado essas maneiras, você pode, se quiser, perguntar-lhe diretamente qual é a sua intenção ao fazer isso nessa situação. (Alguns bons exemplos disso foram dados ao fim da seção "Limiar".) Complete essa etapa antes de passar à próxima.*

Tendo feito isso, considere os critérios (padrões, questões de importância) que você queira estar certo de que estão satisfeitos em sua relação. Escolha três ou quatro desses critérios e, para cada um deles, pense em ao menos quatro maneiras (diferentes daquelas às quais está acostumado) que serviriam como indícios de que essa pessoa corresponde aos seus critérios. Faça o melhor que puder para fazer suas escolhas, levando em conta os comportamentos existentes em seu parceiro. Lembre-se: quanto mais modos você dispuser para atender a seus critérios, melhor será sua experiência cotidiana, e mais rica e segura a sua relação. Antes de prosseguir, faça essa importante avaliação (p. 198 e pp. 200-202).

A estrutura temporal

Direcionar uma pessoa para fazer uma avaliação em uma determinada estrutura temporal é fácil e natural — fazemos isso o tempo todo, sem nem mesmo pensar nisso (embora isso provavelmente vá mudar agora que você leu este livro). Por exemplo, você pede que um teste presente seja feito quando pergunta: "Está com sede?", ou quando diz: "Olhe para a intensidade das cores daquele arco-íris", ou: "Como você se sente ao olhar para esse arco-íris?" Você está direcionando seu amigo para fazer um teste passado quando pergunta: "O filme foi bom?" E está lhe pedindo para fazer um teste futuro quando pergunta: "Você acha que vai querer voltar a este lugar amanhã?'' A estrutura temporal é inerente ao tempo verbal usado; por isso, quando você quer que uma avaliação seja feita em uma determinada estrutura temporal, deve usar o tempo verbal que designa essa estrutura temporal. Por exemplo, essas perguntas instruem o ouvinte a fazer testes presentes.

O que você quer de um relacionamento neste exato momento de sua vida?
O que seu parceiro faz agora que satisfaz suas vontades e necessidades?

Essas perguntas instruem o ouvinte a fazer testes passados.

Volte alguns anos e, olhando através de olhos mais jovens, veja o que era que você queria na época. O que o atraía, o que satisfazia as necessidades que você tinha naquela época?
Quais de suas vontades e necessidades o seu parceiro satisfazia no passado?
O que seu parceiro lhe deu no passado que você nem mesmo conhecia para pedir? (p. 209)

A próxima instrução gera um teste futuro. O teste é acompanhado de uma pergunta que pede que uma referência presente específica seja usada (o que seu parceiro faz agora) para informar outro teste futuro.

Passando do passado para o presente e agora para o futuro, avance no tempo para descobrir o que você estará querendo e precisando no futuro que é diferente do que você quer e precisa agora.
O que o seu parceiro faz agora que o satisfaria no futuro? (p. 209).

Esse exemplo, retirado da seqüência sobre educação dos filhos, gera um teste presente que utiliza uma referência passada e presente.

Agora veja em sua mente o seu filho como ele era há um ano, e o seu filho como ele é agora. Compare as duas imagens do mesmo modo que você fez com as crianças menores. (Se ao olhar para as duas imagens seu filho parecer igual em ambas, pegue uma fotografia dele tirada há cerca de um ano e use-a para refrescar sua memória de como ele era nessa época.) Como da outra vez, observe como o corpo dele, o rosto, a voz, os movimentos, os interesses físicos e acadêmicos, os assuntos escolares, o raciocínio e as reações a várias situações mudaram (p. 238).

A isso seguem-se instruções que geram outros testes presentes, mas dessa vez com referências presentes diferentes.

A próxima etapa em orientar-se quanto a quem é seu filho consiste em fazer os mesmos tipos de comparações descritos acima entre seu filho e crianças mais velhas. Para começar, escolha dois ou três adultos que você conheça. Imagine-os e ao seu filho lado a lado, e compare-os em termos de desenvolvimento físico. Em seguida, compare-os em termos de comportamentos, capacidades e interesses intelectuais, tipos de reações emocionais, etc.

Tendo feito isso e observado alguns dos abismos que ainda separam seu filho do mundo adulto, escolha duas crianças que você saiba que são cerca de dois anos mais velhas do que seu filho. Novamente, faça comparações entre as duas crianças e ele a respeito das diferenças físicas, fisiológicas, comportamentais, intelectuais e emocionais. Como da outra vez, o único objetivo aqui é torná-lo consciente de algumas das diferenças entre seu filho e indivíduos mais velhos. Se você não achar as comparações mobilizadoras, sugerimos que coloque seu filho junto de dois ou três adultos, e em seguida junto de algumas crianças um pouco mais velhas, e faça as comparações observando e ouvindo de fato as interações entre eles (pp. 238-239).

O exemplo da seqüência sobre sexo usado antes (para referências presentes e equivalências de critério) é também uma boa demonstração da geração de testes presentes. Durante toda essa longa instrução, o leitor é mantido no presente pelo uso de tempos verbais presentes. O trecho seguinte, extraído de uma outra etapa daquela seqüência, também gera testes presentes.

Em seguida, leve sua consciência para as suas extremidades. Estique o braço e mova-o para a frente e para trás, até sentir o ar à sua volta. Bata na mesa de leve com um lápis, e depois com o dedo. Qual a diferença do que você sente? Quantas informações sensorais você recebe com o uso do lápis, em comparação com o do dedo? Após responder a essa pergunta, repita o exercício (batendo primeiro com o lápis, depois com o dedo), dessa vez prestando mais atenção à gama de informações que fica disponível em cada caso (p. 162).

Essa instrução gera um teste presente na seqüência de relacionamento.

Comece a fazer testes presentes por um inventário de comportamentos de seu parceiro que vale a pena apreciar. Identifique ao menos cinco coisas que ele(a) faça regularmente que você realmente aprecie. Exemplos: ele lhe conta a verdade, cumpre os compromissos, mantém o tanque do carro sempre no mínimo pela metade, deixa-a arrastar-se para a cama de noite enquanto tranca a casa e apaga as luzes, joga suas roupas sujas na cesta, lembra-se de comprar-lhe um presente em seu aniversário, recolhe as roupas secas ou trata bem seus pais. Esses exemplos podem ser de importância variada, mas deveriam, todos eles, ser comportamentos que garantissem a apreciação (p. 195).

Um trecho usado antes para demonstrar como gerar referências futuras também é um bom exemplo da geração de testes futuros. (Lembre-se de que todas as referências futuras são construídas, e, assim sendo, requerem um teste futuro para serem geradas.)

Há algumas maneiras de começar a construir seu futuro mobilizador para hábitos alimentares saudáveis. Após ter lido as instruções deste parágrafo, imagine-se daqui a seis meses no futuro sofrendo as conseqüências de excessos alimentares, e mais especialmente da ingestão exagerada de comidas que engordam. Você pode imaginar-se olhando-se no espelho, nua, vendo-se de frente, de lado, de costas, observando o tônus de sua carne, bem como a configuração geral do corpo. Usando esse corpo futuro, imagine-se tocando a ponta dos pés, fazendo alguns abdominais e exercícios para as pernas, sentindo o esforço que essas pequenas tarefas exigem do corpo maltratado. Ouça seu futuro eu dizer: "Se ao menos eu tivesse o que eu quero agora em vez disso. Mas, agora, afundei ainda mais no poço da minha própria preguiça".

Não importa como você tenha se saído na criação desse futuro mobilizado e desejável, sinta o prazer de ser esse futuro eu entrando primeiro na imagem que você construiu, vendo tudo como veria com os olhos de seu futuro eu. Depois sinta-se mover-se, começando pela sensação de andar, curvar-se e dançar nesse corpo desejável. Sinta as experiências sensuais de vitalidade e graça que o eu futuro oferece. Não deixe de ouvir-se dizer: "Estou tão contente por ter mudado meus hábitos, e tão orgulhosa!" (pp. 100 e 102).

O exemplo usado anteriormente na seção sobre Critérios também é um exemplo de como direcionar o leitor para avaliar critérios através de um teste futuro.

Considere por alguns momentos o que você quer que seu filho aprenda ao longo da vida. O que você quer que ele aprenda em criança, na adolescência, quando jovem e já adulto? (pp. 247-248).

Sistemas representacionais

Assim como se usa um tempo verbal específico para direcionar uma pessoa a fazer um teste em uma determinada estrutura temporal, utilizam-se predicados sensoriais para direcionar uma pessoa a representar esse teste em um determinado sistema sensorial. Pode-se instruir uma pessoa a *ver a aparência* de alguém, ou a *ouvir* o *som* da *voz* desse alguém, ou a lembrar-se de como se *sentiu* — e ela o fará. Quando é importante que um teste ou uma referência seja gerado em um sistema representacional particular, pode-se gerar o teste desejado através da inclusão de instruções relativas a um sistema representacional ao mesmo tempo em que se leva o sujeito a fazer o teste ou a chegar à referência. Por exemplo, em um trecho com o qual já estamos familiarizados, instruímos o leitor a fazer um teste que inclua os sistemas visual, cinestésico e auditivo. Incluímos esses três sistemas porque queremos que esse teste seja mobilizador, e quanto mais rica e completa for uma avaliação em termos dos detalhes sensoriais, mais real e mobilizadora ela será.

Há algumas maneiras de começar a construir seu futuro mobilizador para hábitos alimentares saudáveis. Após ter lido as instruções deste parágrafo, imagine-se daqui a seis meses no futuro sofrendo as conseqüências de excessos alimentares, e mais especialmente da ingestão exagerada de comidas que engordam. Você pode imaginar-se olhando-se *no espelho, nua, vendo-se de frente, de lado, de costas, vendo o tônus de sua carne, bem como a configuração geral do corpo. Usando esse corpo futuro, imagine-se tocando a ponta dos pés, fazendo alguns abdominais e exercícios para as pernas,* sentindo *o esforço que essas pequenas tarefas exigem do corpo maltratado.* Ouça *seu futuro eu dizer: "Se ao menos eu tivesse o que eu quero agora em vez disso. Mas, agora, afundei ainda mais no poço da minha própria preguiça" (p. 100).*

Na sequência para instalar hábitos moderados quanto a bebidas alcoólicas, há um teste para o qual a melhor forma de realização é a visual.

Se gerar um futuro eu alcóolatra for irreal demais para você (isto é, se você acredita firmemente que essa realidade não seja de modo algum uma possibilidade real para você), faça o seguinte. Imagine situações problemáticas em que uma única ocorrência de abuso cause conseqüências muito desagradáveis (como ser preso por dirigir bêbado, ou, pior, causar uma acidente e ferir outras pessoas por dirigir bêbado; ou comportar-se quando bêbado de maneiras que o fazem sentir-se muito envergonhado). Devem ser situações específicas, que você possa imaginar ocorrendo com você. Embora saibamos que o estamos instruindo a imaginar experiências muito desagradáveis, também sabemos que é melhor imaginá-las e usá-las para evitar os comportamentos que as causam do que vivenciá-las diretamente, junto com os sentimentos correspondentes de aflição, remorso, culpa e vergonha.
Para criar essas experiências futuras a serem evitadas, siga a mesma seqüência usada nas seções anteriores COM UMA EXCEÇÃO: ASSEGURE-SE DE VER UMA IMAGEM DE SI MESMO NESSAS EXPERIÊNCIAS. A razão disso é que, se entrar completamente nessas experiências imaginadas, você estará tendo percepções entorpecidas e anuviadas de bêbado. Ao lidar com o excesso de bebida, é melhor ver-se a si mesmo de um ponto de vista *externo que o motive definitivamente a evitar tais experiências (p. 151).*

A seqüência sobre bebida inclui as etapas de uma técnica intitulada *gerador de novos comportamentos*, útil na avaliação e adoção de comportamentos externos. Uma de suas etapas requer um teste visual e auditivo.

Passe agora, dentro de sua mente, um pequeno filme em que você veja e ouça *seu modelo. Preste atenção a como ele usa o corpo (o modo como se move, como se posiciona em relação aos outros, os gestos que usa, as expressões faciais, etc.), e também ao que diz e a como o diz (a* cadência da fala, as qualidades da tonalidade e do timbre da voz, *etc.). Avalie cuidadosamente se você está ou não satisfeito com o que ele faz e com o modo como o faz (p. 154).*

Os procedimentos operacionais para o sexo agradável incluem muitos testes e referências cinestésicos. Entretanto, muitas pessoas não fazem os testes cinestésicos apropriados durante o sexo, o que em geral é a causa das disfunções sexuais (veja *Soluções*, de Cameron-Bandler). As quatro etapas seguintes são parte de uma seqüência elaborada para ensinar o leitor a gerar testes cinestésicos. A primeira etapa instrui o leitor a fazer um teste que também inclui o sistema olfativo-gustativo. (Algumas dessas etapas foram usadas como exemplos em seções anteriores. Nós as repetimos aqui porque elas exemplificam o papel que os predicados podem desempenhar na geração de referências, critérios, equivalências de critérios e testes.)

Comece com os estímulos externos. Ao final deste parágrafo, feche os olhos e sinta vários objetos que sejam parecidos, porém diferentes. Por exemplo, você pode usar um abacate, uma laranja e um limão. Primeiro, usando as mãos, sinta as diferenças entre eles quanto à textura, umidade, firmeza, peso, calor, etc. Em seguida, cheire cada um deles, comparando cheiros e sabores. Então, sinta e prove cada um deles com os lábios e a língua, usando-os para sentir as mesmas texturas, temperaturas, firmeza que você sentiu com os dedos. Faça isso agora, antes de passar à próxima etapa.

Acaricie um gato ou um cachorro com uma espátula de madeira, em seguida com a mão, e lembre-se das diferenças entre as sensações que você experimentou com cada uma delas, observando também diferenças nas reações do animal ao seu afago. Com as mãos, explore suas próprias mãos, sentindo as áreas de aspereza, suavidade, dureza, maciez, calor, frio, etc. Em seguida, use as mãos para explorar o resto do corpo, descobrindo diferenças de sensibilidade, textura e temperatura em partes diferentes da pele.

Em seguida, com um parceiro ou um amigo, escolha uma mensagem para passar a essa pessoa, mas não lha revele. Qualquer comunicação, como afeto, paixão, preocupação, carinho ou confiança é apropriado. Segure a mão da pessoa e, usando apenas a sua mão, comunique-lhe a mensagem escolhida. Pergunte ao seu parceiro o que ele entendeu da mensagem. Continue a usar apenas a sua mão para transmitir a mensagem, até que o significado que seu parceiro está recebendo combine com a mensagem que você pretende comunicar. Após fazer isso, expanda a gama do toque de modo a incluir abraços, carinhos, etc., usando cada um deles para experimentar a transmissão de outras mensagens a seu parceiro.

Em seguida, sem se olhar ou se tocar, conscientize-se das sensações internas que o fazem saber que é um homem ou uma mulher. Se você é homem, há a sensação dos pêlos no rosto, dos testículos, do pênis, a consciência de pressões variadas no pênis e nos músculos pélvicos a ele ligados. Se você é mulher, há a presença e o peso dos seios, lábios e orifício vaginais e os músculos à volta dessa abertura sensualmente rica, o útero e ovários. Sinta completamente o corpo. Em seguida, direcione sua consciência para sentir os lábios, os dentes e a língua. Toque os lábios com a língua, sinta seu calor, umidade, maciez e a textura de sua superfície. Leve em seguida sua consciência pelo resto do corpo — a evidência de sua sexualidade está no mesmo nível dessas sensações que residem em seu corpo e que evidenciam o fato de que você está vivo. Nesse nível mais básico da experiência sensorial, sua sexualidade não pode ser separada de você, não mais do que sua respiração ou as batidas de seu coração. Talvez você não esteja sempre consciente dessas sensações *que evidenciam sua sexualidade, mas elas, contudo, estão sempre lá, parte de seu ser, parte de seu bem-estar (p. 162-164).*

As quatro etapas seguintes da seqüência de relacionamento são elaboradas para gerar testes visuais, cinestésicos, auditivos e finalmente cinestésicos, nesta ordem. (Observe que algumas *referências* visuais são usadas para os testes cinestésicos.)

Quando chegar ao final deste parágrafo, relacione sete ou oito qualidades ou características que você valorize em qualquer pessoa. Depois de fazer a lista, identifique alguém do sexo desejável com quem você tenha estado recentemente (possivelmente em uma reunião social) e por quem você não tenha se sentido atraído, alguém com quem você poderia ter saído, mas não quis. Em seguida, identifique alguém por quem você tenha se sentido atraído recentemente, mas com quem não saiu. Fazendo uma imagem interna *tão* clara *quanto possível da primeira pessoa, olhe para ela(e) e faça-se o tipo de perguntas que descrevemos acima, usando sua lista de traços de caráter valorizados como conteúdo para essas perguntas (por exemplo: "Ele parece se importar com os outros?").*
Em seguida, considere como você se sente ao olhar para essa pessoa. Você se sente bem, mal, triste, curioso, chateado, cuidadoso, esperançoso? *Após fazer isso, mude para a imagem da pessoa por quem você se sentiu atraído, mas com quem não saiu, e faça-a passar pela mesma seqüência de avaliação relativa à sua lista de traços de caráter valorizados, aos traços que estão lá, mas que você não considerou, e ao modo como você se* sente *olhando para ela. Faça essas avaliações antes de passar à próxima etapa.*
A próxima qualidade a considerar é o som *da voz da pessoa. Os tons de voz — agudo, ressonante, anasalado, suave, monótono, grave — têm uma grande influência sobre os estados emocionais das pessoas, mas, infelizmente, as discriminações das tonalidades de voz em geral se situam fora da consciência para a maioria das pessoas na nossa cultura. Encarando a tonalidade de voz como garantida, você pode passar a vida toda ao lado de alguém que gera em você um estado emocional desagradável sem relacionar esse estado com a tonalidade de voz daquela pessoa. Assim a próxima pergunta a fazer é : "Como a* voz *dessa pessoa soa para você?" Obviamente, isso exigirá uma proximidade muito maior (talvez mesmo entabular uma conversa com a pessoa). Voltando às duas pessoas selecionadas acima (a não-atraente e a atraente com quem você não se encontrou), recorde o som de cada voz e preste atenção a como seu estado emocional muda quando você ouve suas tonalidades.*
Reconsidere agora como você se sente *quando está com essa pessoa. Sua experiência se enriquece? Você está feliz por ver essa pessoa? Você se* sente *valorizado e apreciado com ela? Você se sente à vontade com ela? Estimulado sensualmente? Estimulado intelectualmente? Se você procurar agora entre seus conhecidos uma pessoa por quem você não se sinta visualmente atraído, mas com quem você se sinta valorizado, e uma pessoa por quem você se sinta visualmente atraído, mas com quem você não se* sinta *valorizado, você reconhecerá imediatamente que uma estratégia de*

atração que se baseie em atender a critérios externos, visuais, de modo algum garante que a pessoa venha a ser um parceiro satisfatório e gratificante. Experimente isso agora (p. 192-194).

O próximo trecho foi usado anteriormente como exemplo de mudança de uma referência pessoal para uma referência informacional. Observe o papel-chave que esse sistema representacional desempenha nesse processo de transformação. Conseguimos isso fazendo com que a referência pessoal seja representada apenas visualmente, enquanto o sistema cinestésico está ocupado por um conjunto de sensações que pertencem a uma experiência diversa da referência. Cria-se assim um tipo de dissociação, tornando a referência informacional. Na próxima etapa, aproveitamos essa mudança para fazer com que o leitor aceda a uma recordação *agradável* dessa pessoa. Fazemos com que *isso* se torne uma referência pessoal que enriqueça a lembrança com todos os sistemas representacionais. O leitor tem assim acesso novamente a uma referência passada pessoal, que, por *ser* novamente pessoal, será mobilizadora.

Imagine a outra pessoa em uma imagem fixa (isto é, como numa fotografia), com a aparência que tinha quando vocês se encontraram pela primeira vez. Enquanto olha para essa imagem, mantenha seus sentimentos de auto-estima. Quando você puder olhar para a imagem recordada dessa pessoa e manter seus sentimentos de auto-estima, veja essa pessoa como separada de você, um indivíduo em seu próprio direito, que viveu uma vida que não o incluía até aquele momento. Reconheça que ele(a) é uma pessoa completa, separada e distinta de você, com seu próprio conjunto único de qualidades e características. Imagine-o(a) no futuro, vivendo num lugar diferente, com amigos e familiares que são estranhos a você. Depois, recorde as qualidades ou atributos que o atraíram para ele(a) em primeiro lugar.
    Tendo feito isso, recorde uma lembrança passada agradável que você compartilhe com essa pessoa. Recupere essa lembrança em uma representação tão integral quanto possível, vendo o que você viu, ouvindo o que ouviu, sentindo os cheiros e as sensações que sentiu, reconhecendo enquanto o faz, que essa é sua lembrança e que nada pode tirá-la de você (p. 207).

Um trecho da seqüência sobre criação de filhos que usamos antes como exemplo da geração de um teste presente também é um modelo da criação de um teste *visual*.

Para orientar-se para uma avaliação presente de seu filho que seja congruente com ele, a primeira coisa a fazer é identificar ao menos duas outras crianças que sejam dois ou três anos mais jovens do que seu filho. Em sua mente, imagine as duas crianças mais jovens ao lado de seu filho. Enquanto olha para elas , compare seus corpos; compare a altura; as proporções entre o tronco, os membros e a cabeça; o peso; a musculatura; o desenvolvimento das feições. Antes de prosseguir, faça esta simples comparação (p. 238).

Estrutura temporal mobilizadora

Se em um procedimento operacional apenas um teste for feito, esse teste será mobilizador — por omissão. Entretanto, se a pessoa com quem você está trabalhando estiver fazendo testes que rivalizem pelo *status* de mobilizador com o teste que você quer que seja mobilizador, você precisa tornar o teste desejado mais mobilizador. Como você constrói a "compulsão" para um teste? Como discutimos num capítulo anterior, um dos elementos de um teste mobilizador é o envolvimento de critérios que são muito importantes para a pessoa. Quanto mais importantes os critérios, tanto mais mobilizador o teste.

Outro elemento é a riqueza sensorial da avaliação. Quanto mais sistemas representacionais forem usados na avaliação, tanto mais "real" e mobilizador o teste. Os testes também costumam ser mais mobilizadores se incluírem representações do ganho positivo, além de conseqüências negativas, como foi demonstrado em alguns dos trechos usados acima. Obviamente, se as referências usadas forem pessoais e reais, em vez de informacionais e construídas, as relações de causa e efeito subjacentes aos testes e os próprios testes serão mais mobilizadores. As próximas seis etapas, da seqüência sobre hábitos alimentares saudáveis, ilustram um dos modos de gerar um teste futuro mobilizador. Você já está familiarizado com duas das etapas. Elas são apresentadas aqui no contexto para lhe dar uma melhor idéia de como interagem e sustentam outras etapas.

Há alguns modos de começar a construir seu futuro mobilizador para hábitos alimentares saudáveis. Depois de ler as instruções desse parágrafo, imagine-se daqui a seis meses no futuro, sofrendo os efeitos de excessos alimentares, e mais especificamente da ingestão excessiva de alimentos que engordam. Você pode imaginar-se vendo-se a si mesma no espelho, nua, olhando-se de frente, de lado, de costas, vendo o tônus da carne e a configuração geral do corpo. Usando esse corpo futuro, imagine-se tocando a ponta dos pés, fazendo alguns abdominais e exercícios para as pernas, sentindo o esforço que essas pequenas tarefas exigem do corpo maltratado. Ouça seu futuro eu dizer: "Se ao menos eu tivesse o que eu quero agora, em vez disso. Mas agora afundei ainda mais no poço da minha própria preguiça". Faça isso agora.

Se isso não for real o suficiente para você, dedique algum tempo a fazer o que se segue, e em seguida repita as etapas acima. Procure pessoas gordas do seu sexo em todos os lugares a que for. Observe-as subindo escadas, apertando-se nas cadeiras, espremendo-se em corredores de aviões e lutando para sair e entrar em carros. Imagine-se no lugar delas enquanto as observa, sentindo a carne extra sobrecarregando seu coração, drenando sua vitalidade e seu espírito. Observe como os outros reagem, como olham para essas pessoas e o que dizem quando aquela pessoa muito acima do peso passa. É uma realidade cruel, mas a sensação de desconforto serve para tornar essa realidade mobilizadora.

Mas basta disso. No final deste parágrafo imagine-se daqui a seis meses no futuro, após ter tido hábitos alimentares impecáveis. Olhe novamente para seu futuro eu no espelho, de frente, de costas e de lado. Não deixe de comparar esse futuro eu com sua terrível projeção anterior e com sua aparência atual, *e apenas com aquelela terrível projeção anterior e com sua aparência atual. Desse modo, você estará comparando o melhor que você pode ser com o que, para você, está abaixo do aceitável. Observe que sua pele e seu cabelo também se beneficiaram das mudanças. Sinta a facilidade e a alegria de movimento que esse corpo bem cuidado, mais magro, mais saudável pode vivenciar com movimentos do tipo tocar a ponta dos pés, fazer abdominais e subir escadas. Reveja essas instruções, se necessário, e termine essa etapa antes de prosseguir.*

Se você tiver dificuldade de tornar essa projeção do seu futuro eu real, faça o seguinte. Recorde uma ocasião em seu passado — mesmo distante, como na adolescência — quando seu corpo tinha um peso e um tônus que você apreciava. Recorde a sensação e a aparência. Volte a algumas lembranças agradáveis da facilidade com que seu corpo se movia naquele peso, possivelmente incluindo a liberdade de não se preocupar com o peso daquela época. Tendo recordado esse eu passado, transfira essas características de peso e vitalidade para seu futuro imaginado e desejado. Ao fazer a transferência, assegure-se de estar mantendo características de sua idade atual, mas mude o peso e a vitalidade de sua experiência atual. E, principalmente, mantenha sua sabedoria, essa que você ganhou com as experiências da vida e com critérios bem escolhidos ao longo dos anos.

Se você nunca esteve com o peso e o nível de vitalidade que considera desejáveis, é essencial que você comece imaginando uma infância e uma adolescência com um peso e uma vitalidade mais próximos do ideal, e então carregue essa história imaginada para seu futuro. Se isso parecer difícil, saia para o mundo para recolher exemplos. Observe pessoas de todas as idades que estejam com o peso adequado. Identifique-se com elas. Imagine-se movendo-se dentro e junto do corpo do exemplo escolhido. (Lembre-se: apenas aprendizagem, comportamento e um pouco de tempo se interpõem entre você e o que você quer.) Traduza esses exemplos de outras pessoas para sua própria representação de seu futuro eu. Se essa etapa for apropriada para você, está na hora de se engajar numa experiência interessante.

Não importa como você tenha se saído na criação desse futuro compelidor e desejável, sinta o prazer de ser esse eu futuro entrando primeiro na imagem que fez, vendo tudo como seria com os olhos de seu futuro eu. Em seguida, sinta-se mover-se, começando com a sensação de andar, curvar-se e dançar dentro desse corpo desejável. Sinta as experiências sensuais de vitalidade e graça que esse futuro eu oferece. Não deixe de ouvir-se dizer: "Estou muito feliz de ter mudado meu jeito, e muito orgulhoso". Uma vez que você tenha alcançado isso, volte lentamente ao presente (pp. 100-102).

Aqui estão duas etapas da seqüência sobre fumo que foram elaboradas para ajudar a tornar o teste futuro relativo às conseqüências mais mobilizador do que um teste presente relativo ao desejo de fumar.

Para isso você precisa imaginar sua própria experiência no futuro como sendo devastadoramente ruim, num resultado direto de ter fumado cigarros regularmente. Você pode começar com qualquer recordação de ter ficado confinado a um hospital (ou a uma cama). Se você não tiver uma recordação como essa, lembre-se de uma visita a alguém confinado a um hospital (ou a uma cama), e de como foi bom quando você foi embora. Localize essa lembrança agora para que você possa usá-la na próxima etapa.

Imagine agora que, em vez do visitante, você seja o paciente. É preciso incluir em suas projeções os exemplos desejáveis que o fumo terá roubado de você, como não ver os netos, não fazer amor, não ser capaz de respirar o ar de uma manhã de primavera, não poder fazer aquela viagem especial, etc. Entre em contato com os sentimentos de tristeza, arrependimento, dor, anseio ou desilusão que fazem parte dessa realidade. Será um desafio tornar isso real, porque, assim que você o conseguir, vai se sentir muito incomodado quando tentar fumar um cigarro. Assim, sugerimos que você comece a tornar esse futuro propulsor real o suficiente para motivá-lo agora, e que você retorne a ele após cumprir as etapas seguintes. Desse modo, você estará totalmente motivado a agir quando já tiver avançado mais em outras etapas necessárias à preparação para se tornar um não-fumante. Complete agora esta etapa (pp. 139-140).

Em *Know How* há uma seqüência de instalação completa (pp. 22-32) que ensina o leitor a gerar futuros propulsores. A capacidade de gerar um futuro propulsor é importante em quase todos os empreendimentos. É preciso ser capaz de gerar um futuro propulsor para perder peso, investir sensatamente, mudar a opinião sobre si mesmo ou definir e alcançar objetivos. A seqüência de instalação de um futuro propulsor contém exemplos de acesso, geração e instalação da maioria das variáveis usadas no método EMPRINT. Sugerimos que você leia a seqüência e então reveja este capítulo.

Talvez você tenha notado que, em alguns exemplos deste capítulo, apesar da nossa advertência na abertura, mais de uma variável é gerada em decorrência de uma única instrução. Por exemplo, quando pedimos que um critério seja avaliado, costumamos sugerir a estrutura temporal do teste a ser usada por meio dos tempos verbais das instruções. Na mesma instrução podemos incluir predicados que direcionem o teste para ser feito nos sistemas representacionais adequados, e tudo isso pode, em conjunto, concorrer para tornar essa estrutura temporal do teste mobilizadora. Uma instrução e quatro variáveis acessadas ou geradas. Pode-se trabalhar desse modo ao instalar uma habilidade, mas não é obrigatório fazê-lo. Até que você se sinta à vontade ao lidar com cada variável, pegue uma de cada vez. O resultado final será o mesmo. À medida que você for ganhando experiência e confiança, sua capacidade de estruturar suas perguntas e afirmações para alcançar metas múltiplas aumentará.

Ponte-ao-futuro

Depois de acessar e gerar as variáveis necessárias para um procedimento operacional, é preciso instalá-las por meio da prática. Após praticar a geração do procedimento operacional inteiro algumas vezes, você (ou a pessoa em que você o estiver instalando) estará pronto para usar um tipo de ensaio que ajuda a garantir o emprego do procedimento operacional no futuro. Essa "ponte-ao-futuro" lhe permite experimentar seu novo procedimento operacional em uma situação futura imaginada. Esse treino extra ajuda a instalar o procedimento operacional e também ajuda a identificar quaisquer ajustes que precisem ser feitos. Os ajustes, se existirem, podem ser óbvios, ou podem requerer uma modelagem extra de sua parte. Feitos e instalados esses ajustes, pode-se estabelecer uma nova ponte para o futuro com o procedimento operacional para praticá-lo e para testar sua eficácia. Cada novo procedimento operacional deve ser testado no futuro dessa maneira.

A função mais importante da ponte-ao-futuro é criar uma conexão consciente e inconsciente entre um procedimento operacional e as situações em que você quer utilizá-lo. Os seus novos procedimentos operacionais estão substituindo outros, que você provavelmente vinha utilizando há muito tempo. Os novos procedimentos operacionais precisam funcionar tão automaticamente no futuro quanto os antigos funcionavam no passado. Ensaiando mentalmente o uso do procedimento operacional nos contextos desejados, é mais provável que você se lembre de usá-lo, ou que o use automaticamente, quando surgir a ocasião adequada. Quanto mais pontes ao futuro você fizer, e quanto mais vezes usar os novos programas em situações reais, mais automáticos eles se tornarão. Como quase tudo o que você aprendeu em sua vida que parecia complicado e difícil demais durante a aprendizagem — como andar de bicicleta —, após algum tempo isso se tornará automático e você será capaz de dominá-lo até inconscientemente.

Ao estabelecer uma ponte-ao-futuro para uma habilidade, você gera um teste futuro da manifestação dessa habilidade. A ponte-ao-futuro será mais eficaz quanto mais rica for a representação desse teste futuro, com todos os detalhes possíveis em todos os sistemas sensoriais[3]. Os quatro exemplos seguintes são das seqüências de instalação de *Know How*. O primeiro pertence à seqüência de hábitos alimentares.

Por estar adquirindo novas estratégias para si mesmo, é necessário que você as pratique internamente, colocando-as nas situações em que você quer que esses programas funcionem no futuro. Por exemplo, quando lhe pedimos para ensaiar (internamente) chegar a uma festa e pedir água mineral em vez de cerveja ou champanha — ouça-se pedir a água mineral. Se, por exemplo, você come demais quando fica cansado, ensaie (internamente) chegar em casa cansado e entrar num banho quente ou sentar-se numa cadeira confortável com uma boa revista (ou qualquer outros comportamentos que você ache que satisfarão a necessidade criada pelo cansaço), em vez de criar um canal direto de comunicação para lanches entre a geladeira e a televisão.

Ao ensaiar, é importante que você represente para si mesmo apenas o que você fará e não o que você não quer mais fazer. A razão para isso está em que reagimos à experiência imaginada, e mesmo negativas devem ser representadas para que possam ser negadas. (É como os sinais rodoviários na Europa, que representam alguma possibilidade, como andar, passar, entrar com cachorros, e põem um grande traço sobre o desenho para informar a você que isso não deve ser feito.) Por exemplo, diga a si mesmo: "Não vou comer esse pedaço de bolo de chocolate". Para compreender o sentido dessa injunção você provavelmente criou uma imagem desse pedaço de bolo de chocolate. Talvez você também tenha imaginado o gosto, o cheiro e a consistência do bolo. Quanto mais rica for a representação, mais irresistível ele se torna. As palavras — ou um traço sobre a figura do bolo — simplesmente não podem competir com as reações suscitadas por essa representação sensorialmente rica do bolo. Em termos do objetivo de perda de peso, então, é mais útil dizer: "Vou comer essa nectarina fresca e suculenta" do que: "Não vou comer esse bolo de queijo".

Em resumo, imagine, de modo tão vívido e integral quanto possível, a si mesmo comportando-se e reagindo das maneiras que você quer nas situações em que necessita desses comportamentos e reações. Experimente fazer isso agora. Ensaie um pouco suas novas estratégias (pp. 109-110).

Essa é a etapa da ponte ao futuro da seqüência sobre exercícios.

Você está adquirindo novas estratégias para si mesmo, e praticar mais é necessário para garantir o funcionamento desses novos modos de pensar e de se comportar no futuro. Felizmente, esse tipo de prática é tão fácil e agradável quanto benéfica. Quando chegar ao final deste parágrafo, ensaie mentalmente como estará se exercitando durante as próximas duas semanas. Imagine os acontecimentos dos próximos dias — onde você está, o que está fazendo, com quem está — do momento em que se levantar de manhã à hora em que se recolher. Sinta o fluxo do tempo e das atividades, participando do programa de exercícios escolhido de um modo que o faça parte natural deste fluxo. Inclua qualquer preparação ou tempo de deslocamento necessário. Sinta o movimento do corpo e as sensações correspondentes enquanto leva adiante as etapas de seu programa de exercícios. Se a qualquer momento você se imaginar pensando ou se comportando de modo indesejável, volte e ajuste seu ensaio mental até que ele esteja de acordo com seu objetivo de exercitar-se. Por exemplo, se você se imaginar voltando para a casa após um dia cansativo no trabalho e afundando diante da televisão, lá ficando até que chegue a hora de levantar-se e ir para a cama, talvez você queira começar de novo e imaginar como você está feliz por ter dado um passeio rápido e refrescante em volta do quarteirão (ou de ter ido à aula de ginástica noturna). Ensaie agora mentalmente seus novos hábitos de exercício (p. 118).

Essa é a etapa de ensaios da seqüência de bebida.

Após ter atualizado seus critérios e tornado o álcool uma variável opcional através de sua flexibilidade de comportamento, talvez você queira ser capaz

273

de limitar a bebida a certas situações, como uma festa. Para fazer isso de modo a preservar seu futuro desejado, é preciso algumas pontes ao futuro. Para chegar ao trabalho ou a um compromisso na hora, você faz planos, reservando o tempo necessário para o deslocamento, o banho, o café da manhã, etc. Faça o mesmo tipo de planejamento para beber. Antes de ir à festa, avalie para si mesmo a quantidade de tempo entre o primeiro drinque e seus efeitos, entre o segundo e seus efeitos, o terceiro drinque, etc., mantendo em mente a hora em que planeja ir embora e o tempo necessário para ficar sóbrio antes de sair. Desse modo, você pode pré-programar o número de drinques a tomar, a que intervalos e quando parar de beber a tempo de ir embora sóbrio. A eficácia dessa ponte ao futuro foi demonstrada por uma conhecida nossa que havia determinado que às seis horas pararia de beber champanha em uma festa vespertina. Ela esqueceu sua decisão. Numa certa hora, quando estava em pé na cozinha, ela inexplicavelmente deixou cair o copo cheio de champanha. Quando ela se abaixou para limpar o vidro quebrado, de repente lembrou-se de sua decisão e, olhando o relógio, notou que eram precisamente seis horas.

Assim, pegue uma noite social e faça um roteiro quanto ao tempo e à experiência em relação à ingestão de álcool. E não deixe de levar em conta por quanto tempo além dessa noite social os efeitos da bebida (incluindo uma ressaca) se estendem. Quaisquer planos de ficar bêbado devem incluir considerações que perpassem o dia/a noite inteira (isto é, dirigir para casa), bem como o dia seguinte (isto é, trabalhar de ressaca) (p. 155).

E, finalmente, aqui está a etapa da ponte-ao-futuro de uma das seqüências de instalação da seção sobre ser pai.

Tendo feito isso, é importante dedicar algum tempo para garantir que suas novas reações ocorrerão no futuro. Identifique duas ou três situações futuras em que você queira reagir ao filho com essas novas reações, mais pacientes e encorajadoras. Pegando-as uma de cada vez, imagine nesses futuros: vendo tudo à sua volta, ouvindo as vozes dos outros, sentindo as sensações que estão presentes nesse futuro. Ensaie mentalmente reagir ao filho do modo como você pretende fazê-lo, realizando qualquer ajustamento necessário para que sua reação fique alinhada com suas novas percepções e seu estado emocional. Observe e aprecie como você aprendeu a transformar situações problemáticas em oportunidades para expressar amor e apoio (p. 246-247).

O próximo passo

Você possui agora um método capaz de revelar recursos humanos antes inacessíveis. O princípio organizador, as distinções, as técnicas de eliciação e descoberta e os procedimentos de instalação que compõem o método EMPRINT são seus agora, para serem usados na exploração de habilidades, aptidões, atributos e competência. Com o método EMPRINT, você está livre para enveredar por um caminho que o conduza a um futuro rico em excelência humana. As questões que se colocam para você agora são: para onde me voltar primeiro? Qual é a melhor etapa a começar em seguida?

Talvez você já tenha uma noção das habilidades e atributos que deseja adquirir. Talvez você queira ser um professor mais paciente, ou mais eficiente no recrutamento de empregados, ou mais criativo, ou um amante mais terno e romântico. Ou talvez queira entender como investidores bem-sucedidos analisam os eventos econômicos mundiais, ou como apreciar arte moderna ou música clássica, ou como perseverar quando estiver atolado em frustrações e reveses, ou como aproveitar sua boa sorte quando tudo estiver dando certo. Se você sabe o que quer, ache alguém que o tenha e, com a câmera de modelar na mão, descubra os processos internos subjacentes ao seu sucesso. De modo algum você o estará diminuindo — na verdade, você provavelmente o deixará lisonjeado — e estará aumentando seus próprios recursos, e, portanto, também os do mundo.

Se você ainda não sabe o que quer modelar, pode começar fazendo um inventário de suas habilidades e atributos existentes. Em seguida, faça uma lista dos talentos manifestos pelas pessoas a quem você mais admira. Compare essa lista à de suas qualidades e identifique as habilidades ou atributos que você admira, mas que ainda não possui. Essa lista de talentos que você mais admira, mas que não possui no momento, se tornará sua "lista de compras". Escolha um dos itens de sua lista e comece a procurar um modelo.

Não são apenas os indivíduos que podem se beneficiar pela aplicação do método EMPRINT. Se você for membro de uma organização — como um negócio, uma escola, uma agência pública ou um clube de serviços —, pode usar o método para criar um arquivo dos talentos coletivos de todos os membros da organização e colocá-lo à disposição dos demais membros da organização. Esse é um de nossos objetivos. Por exemplo, pretendemos inspirar líderes de negócios a criar "centros de habilidades" corporativos que conteriam, sob uma forma codificada, os melhores talentos individuais de todos os empregados. A equipe desses centros seria bem treinada nas técnicas de eliciação e descoberta do método EMPRINT. Em cada um desses centros, cada habilidade, cada procedimento operativo codificado, seria arquivado juntamente com uma seqüência de instalação desenvolvida para essa habilidade em particular. Desse modo, as informações sobre as habilidades seriam preservadas e poderiam ser passadas adiante para tantos empregados quanto se desejar, em qualquer momento no futuro, não importando se o empregado usado como exemplo estivesse ainda vinculado ao negócio.

Ouvimos centenas de donos e gerentes de negócios dizerem uma variação da frase: "Ah, se eu tivesse mais alguns empregados como Jim". No passado esse desejo permanecia assim — um desejo. Eles sabiam que Jim era especial e que teriam sorte se pudessem encontrar ou contratar mais um Jim, que dirá mais alguns Jims. Ao desejar mais alguns como Jim, contudo, eles estavam na verdade expressando sua admiração e seu desejo pelo que Jim possuía em termos de habilidades ou atributos. Jim é um ser humano único — *ele* não pode ser reproduzido. Mas suas habilidades e atributos *podem* ser reproduzidos. Os talentos especiais de Jim poderiam ser codificados no centro de habilidades da corporação e em seguida instalado em inúmeros empregados, em qualquer ocasião. O resultado seria uma melhoria na produtividade do negócio e em sua linha final. Mas essas metas não são a força que motiva o nosso compromisso com esse objetivo. O combustível que alimenta nosso compromisso são as vias pioneiras para a educação e para as oportunidades de desenvolvimento que resultariam para cada pessoa em seu local de trabalho.

Qualquer que seja o objetivo que você defina para você mesmo, o próximo passo é começar a observar e a modelar as pessoas à sua volta. A aplicação do método EMPRINT é um processo rigoroso. Como qualquer outra habilidade que você aprendeu em sua vida, é preciso treino para alcançar um nível de proficiência. E, separando suas capacidades atuais e sua capacidade de reproduzir a competência, está apenas a prática.

13 Conclusão

O método EMPRINT não é produto de uma geração espontânea, mas parte da linhagem de modelos extensionais através dos quais os seres humanos vêm fazendo evoluir suas percepções do mundo e, através delas, a si mesmos. À medida que nossos pontos de vistas científicos, filosóficos, sociológicos, culturais e psicológicos mudam e evoluem, o mesmo ocorre com nossas ciências, filosofias, sociedade, cultura e psicologia. Nenhum de nós fica imune ao desenvolvimento de novos filtros perceptuais e cognitivos. Esses modos de pensar permeiam nossa sociedade, nossa linguagem e nossos pensamentos, e logo os damos como certos. Hoje em dia, qualquer leigo sabe que "tudo é relativo", e que "se eu fizer uma longa viagem pelo espaço, quando voltar você estará velho e eu ainda estarei jovem!" O mundo é assim, e não podemos imaginá-lo de outro modo — por enquanto.

Mas o fato de que nós, como indivíduos e sociedades, continuamos a evoluir não significa necessariamente que estejamos juntos para nos tornarmos indivíduos e sociedades *melhores*, mas apenas que continuamos a mudar, tentando nos adaptar. Podemos, contudo, estar próximos de uma crise, com respeito aos nossos limites de adaptação. Para melhor ou para pior, os padrões de tempo de nossa cultura continuam a se acelerar, exigindo uma freqüência de adaptação que já dá sinais de estar além das atuais capacidades de adaptação de muitos de nós. O fluxo de informação, o avanço tecnológico e as variações sociais é opressor.

Em oposição à natureza caleidoscópica de nossa vida moderna está o nosso atual entendimento do mundo, o qual, em parte, se baseia na pressuposição de que cada um de nós tem certas capacidades *inerentes* e, portanto, certas limitações inerentes. O efeito dessa pressuposição costuma ser a resignação ao modo como se é, acompanhada da renúncia a certas experiências com que outras pessoas são abençoadas. Na melhor das hipóteses, isso leva a esforços para aceitar uma "deficiência" que deve ser suportada, uma cruz que se deve carregar. Na pior das hipóteses, a discrepância entre o que gostaríamos de ter e o que nos foi designado leva a sentimentos de desesperança e mesmo de desespero. Ao mesmo tempo, as possibilidades e perigos apresentados por nossa sociedade continuam a se multiplicar, o mesmo ocorrendo com as exigências às nossas capacidades.

Obviamente, temos que continuar a crescer. Mas como? É preciso primeiro aprender como nos tornarmos mais competentes, não apenas pela alegria que isso proporciona, mas também para compreender como somos capazes de cometer atos de loucura e de autodestruição indizíveis. A questão de como podemos crescer é urgente. E não devemos limitar nossa busca, recaindo na conveniência da hereditariedade ou nas justificativas fornecidas por nossas histórias pessoais, ou nas distinções ou suposições com as quais já estamos familiarizados. Se não conseguirmos procurar e absorver novas e revolucionárias noções, poderemos estar, como muitos sugerem, na iminência de arriscar nossa própria sobrevivência. O médico, pesquisador e ensaísta Lewis Thomas faz soar um aviso e apelo semelhante.

O nosso comportamento em relação uns aos outros é o mais estranho, imprevisível e quase inteiramente inexplicável de todos os fenômenos com os quais somos obrigados a conviver. Em toda a natureza não há nada tão ameaçador para a humanidade quanto a própria humanidade.

Gostaria que os psiquiatras e os cientistas sociais já tivessem avançado mais em suas áreas do que parecem ter feito. Precisamos, urgentemente, de alguns profissionais que possam nos dizer o que houve de errado na mente dos estadistas desta geração. Como é possível que tantas pessoas com uma aparência exterior de equilíbrio e autoridade, inteligentes e convincentes o suficiente para terem alcançado as mais altas posições governamentais do mundo, tenham perdido tão completamente o senso de responsabilidade pelos seres humanos a quem devem prestar contas? Sua obsessão pelo acúmulo de armas nucleares e sua pressa em elaborar planos detalhados para seu uso têm, em sua essência, aspectos do que chamaríamos de loucura em outros povos, em outras circunstâncias. Antes que eles façam ir pelos ares tudo o que está à sua disposição, e que essa espécie de inteligência ímpar comece a desaparecer, seria um pequeno conforto compreender como isso veio a acontecer. Nossos descendentes, se houver algum, vão certamente querer saber[1].

Esses últimos esforços da parte dos nossos métodos atuais de compreensão de nós mesmos podem ser encontrados na pesquisa científica sobre a base neuroquímica das emoções, da aprendizagem, da memória, da inteligência, da criatividade, etc. O objetivo tecnológico dessa pesquisa é o desenvolvimento do que será, essencialmente, o equivalente a uma pílula que possibilitará àqueles que a tomarem ser criativos, ou ter uma memória melhor, ou sentirem-se felizes, ou agir respeitosamente, ou aprender uma nova habilidade. Não estamos dizendo que essas pílulas não devam ser desenvolvidas. Ao contrário, somos francamente favoráveis a qualquer coisa que ajude a fazer com que mais pessoas tenham vidas mais gratificantes e realizadas.

Mas mesmo esses avanços científicos verdadeiramente maravilhosos ainda estão a serviço da suposição de que somos inerentemente limitados, em resultado das circunstâncias de nosso nascimento e de nossa criação — daí a necessidade da intervenção química. Essa suposição evita (na verdade, exclui) aquilo que acreditamos ser a próxima etapa de uma evolução *ascendente* da compreensão que a nossa cultura tem do mundo. Essa próxima etapa é uma abordagem que permite — na verdade, que pressupõe — *a evolução dos modelos de mundo*.

Essa abordagem evolutiva pressupõe que as nossas experiências do mundo e as nossas reações ao mundo sejam uma função dos modelos através dos quais percebemos esse mundo. Korzybski sugeriu essa suposição quando afirmou que "o mapa não é o território". Mudando nossos modelos, podemos mudar nosso mundo e nós mesmos. A mudança que estamos propondo aqui é a diferença entre entender suficientemente bem os mecanismos de uma televisão para ser capaz de melhorar sua imagem e de sintonizar mais canais e ser capaz de *gerar novos modos de transmitir informações*. Uma vez que o paradigma de modelos evolutivos seja dado como certo (como a noção de relatividade), o mundo imediatamente deixará de ser um fluxo contínuo de obstáculos e limitações para se transformar em um mundo de oportunidades e possibilidades.

Ao longo de todo este livro tentamos lançar uma luz sobre essas possibilidades. É possível ganhar uma compreensão mais profunda da gênese da cacofonia de comportamentos que existe em nosso mundo freqüentemente discordante. Também é possível procurar as composições comportamentais que resultariam em uma harmonia de vozes. A partitura resultante não forneceria apenas um meio de analisar a estrutura dessas composições, mas também um meio de transferir para qualquer pessoa capaz de ler a partitura a capacidade de reproduzir a música em si. O nosso mundo já está povoado por indivíduos que possuem as aptidões que precisamos fazer crescer e prosperar. As aptidões são as grandes composições comportamentais e experienciais dos seres humanos, e o nosso objetivo é propiciar partituras musicais capazes de colocar essas composições à disposição de todos.

Desenvolvemos o método EMPRINT porque queríamos ver todos os indivíduos participando da vasta gama de oportunidades que poderia e deveria ser, por direito de nascimento, de todos os seres humanos. O modo como você utilizar o método ajudará a determinar o quão rapidamente esse sonho se realizará. Esperamos que, à medida que você se esforce e adquira novas aptidões, este livro o conduza à vivência e à apreciação do valor da diversidade dessa nossa incrível espécie. E, finalmente, queremos lembrá-lo de que a viagem que você está iniciando oferece a possibilidade de grandes recompensas, e é ao mesmo tempo infinita. E, mais ainda, essa viagem faz parte da evolução de nossas extensões, e através delas, do homem.

Notas

Capítulo 1: Com a câmera na mão

1 Como representações da realidade, os modelos nunca chegarão a ser integrais, embora sejam completamente motivadores. Quando El Niño (um estupendo jorro de correntes de água quente no Pacífico, que começou em 1983) passou a produzir leituras meteorológicas incomuns, os meteorologistas a princípio não obtiveram nenhuma informação sobre o fenômeno, porque haviam programado os computadores que analisavam os dados para ignorar essas leituras. Um fenômeno daquele tipo era considerado impossível; por isso, haviam dito aos computadores que leituras como aquelas deveriam ser consideradas falsas e jogadas fora. Entretanto, as dramáticas mudanças dos padrões de tempo no globo não podiam ser descartadas, nem ser adequadamente explicadas pelo modelo usado na época. Mesmo após as leituras das tremendas mudanças de temperatura terem sido finalmente confirmadas como reais, muitos meteorologistas se recusaram a acreditar que El Niño fosse real, porque tal ocorrência era claramente impossível de acordo com os modelos existentes.

2 Não se deve pressupor que "evolução" signifique "melhoria" ou "avanço". Por "evolução"só se presume "mudança". Na verdade, muitas mudanças são para melhor e fazem de fato um organismo (ou nós mesmos) avançar, em termos de adaptabilidade, segurança, longevidade, etc. Mas tais mudanças também podem fazer um organismo evoluir para fins inúteis — ou mesmo para o desaparecimento. Por exemplo, um certo tipo de veado inglês desenvolveu galhadas cada vez maiores, até que elas se tornaram tão grandes que se emaranhavam facilmente nos arbustos, fazendo do veado uma presa fácil.

Há precauções importantes a respeito das extensões. A mais sutil e importante é a facilidade com que esquecemos que nossas extensões *são* extensões, e não a realidade. Assim, o fato de que o relógio bate meio dia/hora do almoço vem a prevalecer sobre o fato de estarmos ou não com fome no momento. É preciso ter em mente que, não importa o quão homomorfo e eficiente pareça, o modelo que estamos apresentando aqui não é a realidade, mas um modo de *representar* a realidade (como o são *todos* os modelos). Para os interessados em uma discussão dos aspectos preventivos das extensões, recomendamos *Beyond Culture*, de Edward Hall.

3 Não queremos insinuar com isso que a transferência implícita de modelos seja inferior a uma abordagem explícita, mas que a transferência explícita oferece alternativas (em termos de eficácia) que o ensinamento implícito não permite. O ensinamento implícito elimina, pelo cansaço, os indivíduos que não estão altamente motivados para aprender. Entretanto, a transferência de modelos pode ser mais completa para aqueles que suportam aprendizados longos.

4 Exemplos desses modelos explícitos para esses tipos de habilidade incluem as estratégias para escrever e para aprender matemática descritas por Dilts *et allii* em *Neuro-Linguistic Programming,* volume I, os modelos interacionais para relacionamentos íntimos bem-sucedidos detalhados por Leslie Cameron-Bandler em *Solutions* e os procedimentos EMPRINT apresentados pelos autores em *Know How.*

5 Nossos autoconceitos são formados na infância de modo muito parecido, com nossos pais (mais do que nós mesmos) como agentes rotuladores primários.

6 Ao fazer uma distinção entre comportamentos externos e internos não queremos dizer que constituam classes mutuamente exclusivas. Na verdade, todo o processamento interno se manifesta num comportamento externo, embora esse comportamento seja freqüentemente muito sutil. Por exemplo, se você pedir a uma pessoa para fazer um cálculo aritmético "de cabeça", notará que, cada vez que ela o faz, assume uma postura (ou uma seqüência de posturas) característica, move as mãos, os olhos e a boca de uma dada maneira, etc. Pedir a essa mesma pessoa que tome uma decisão relativa ao dia seguinte suscitará um conjunto de comportamentos externos simultâneos diferente — porém característico.

7 É claro que você também pode pegar sua antecipação ansiosa de algo agradável (divertir-se num encontro) e transformá-la numa esperança, imaginando ao mesmo tempo *não* conseguir o que quer (chatear-se muito num encontro). Em geral, isso tem o efeito de arrefecer a excitação que você vinha sentindo quanto ao futuro.

8 A suposição da reprodutibilidade se baseia ela mesma em duas outras pressuposições: que *O mapa não é o território* (ver Korzybski, 1951 e 1958) e que *A mente e o corpo fazem parte do mesmo sistema cibernético* (ver Feldenkrais, 1949 e Lynch, 1985); e a observação de que cada um de nós tem essencialmente o mesmo "equipamento" sensorial e do sistema nervoso central.

9 Pelas razões já dadas, o método que estamos apresentando aqui é representativo apenas de indivíduos criados na cultura da América moderna. Embora o método possa cobrir eficazmente até uma certa medida os processos internos de países europeus, sua aplicabilidade exata e as mudanças que teriam que ser feitas para colocá-lo de acordo com essas e outras culturas ainda não são conhecidas. Na verdade, como afirmou Cassirer,

*Não há nenhum esquema rígido e preestabelecido de acordo com o qual nossas divisões e subdivisões pudessem ser feitas de uma vez por todas. Mesmo em línguas intimamente aparentadas e concordantes em sua estrutura geral, não encontramos nomes idênticos. Como assinalou Humbolt, os termos grego e latino para a lua, embora se refiram ao mesmo objeto, não expressam a mesma intenção ou conceito. O termo grego (*men) denota a função da lua de "medir" o tempo; o termo latino (luna, luc-na) denota o brilho da lua... A função de um nome é sempre limitada à ênfase em um aspecto particular de uma coisa, e é precisamente dessa restrição e limitação que depende o valor de um nome. (E. Cassirer, 1944)*

Capítulo 2: O princípio organizador

1 Apresentamos alguns dos resultados práticos do método EMPRINT em *Know How* (1985), em que descrevemos padrões de processamento interno e de comportamento bem e mal sucedidos em inúmeros contextos (incluindo a definição de objetivos, o abuso de drogas, sexo, alimentação, criação de filhos e amor), e também fornecemos seqüências de instruções destinadas a ajudar o leitor a incorporar esses padrões subjacentes a comportamentos e processos internos bem-sucedidos contextualmente.

2 Como observamos anteriormente, o método que estamos apresentando aqui não esgota de modo algum as possibilidades de partilha dos processos cognitivos, das experiências e do comportamento humanos. Alguns dos modelos recentemente desenvolvidos são o TOTE (Miller, Galanter e Pribram, 1960), computador (Newell e Simon, 1971), cibernética (Ashby, 1960) e modelos ho-

282

lográficos (Pribram, 1971; Wilber, ed., 1982). O método que estamos apresentando aqui deve ser avaliado pela sua capacidade de proporcionar um conjunto de pressuposições conceituais e comportamentais (na forma de distinções e de sintaxe) que permitem tanto uma melhor compreensão quanto um efeito de impacto útil sobre nossas experiências e comportamentos.

3 As raízes biológicas de nossa experiência do tempo são mais profundas do que geralmente nos damos conta. Por exemplo, J. J. von Uexkull demonstrou em uma série de engenhosos experimentos que organismos diferentes, inclusive o homem, têm percepções diferentes do ritmo do fluxo do tempo. Essas percepções de ritmo foram determinadas pela descoberta da menor duração de tempo perceptível por um organismo. Ele chamou a essa duração "sinais de momento", e os definiu como "os menores receptáculos que, preenchidos por várias qualidades, são transformados em momentos à medida que são vividos". De acordo com von Uexkull, um momento subjetivamente descontínuo para um ser humano é a vigésima quarta parte de segundo (a velocidade a que os quadros de um filme são passados). Para uma lesma um momento descontínuo pode equivaler a um quarto de segundo, e para o carrapato de gado esperando em um talo de grama que uma vaca apareça pode ser de dezoito *anos*. (Contado, entre outros lugares, por John Bleibtreu em *Parable of the Beast*, 1968.)

4 Todos esses exemplos de diferenças de tempo interculturais foram tirados de *The Silent Language* (1959) e de *The Dance of Life* (1983), ambos de Edward T. Hall. Nesses livros, ambos de leitura altamente recomendável, há muitos outros exemplos.

5 Filmes com tramas não-resolvidas não são feitos com muita freqüência nos Estados Unidos; aqueles que porventura aparecem costumam ser um fracasso de bilheteria. Se você tem interesse em comparar a sintaxe filmográfica da cultura americana com a da cultura asiática, recomendamos *Chan is Missing* (1982), em que não há nenhum desfecho, apenas movimento numa direção.

6 Assim como você fez com o exemplo de "antecipação" ◄► "esperança" no capítulo 1, você pode mudar sua experiência subjetiva de desapontamento identificando algo com o que você esteja desapontado, e em seguida acreditando por alguns momentos que a possibilidade de conseguir o que quer ainda existe. Do mesmo modo, você pode identificar algo com o que você esteja frustrado, e então acreditar por alguns momentos que a possibilidade de ter o que quer passou. Para uma apresentação completa da estrutura e dos meios para se alterar emoções, ver *The Emotional Hostage*, de dois dos autores (LCB e ML).

7 Queremos assinalar que a causalidade que costumamos "encontrar" no passado não lhe é inerente, mas uma interpretação que aplicamos a acontecimentos do passado. Há outras escolas de pensamento, como a Zen, que devota muito de seus ensinamentos a uma compreensão não-causal, não-linear dos acontecimentos.

Capítulo 3: As distinções

1 De fato, se estendermos nossa discussão das reações ao nível relativamente molecular da neurofisiologia, pode-se dizer que *todas* as reações são uma manifestação comportamental de hierarquias de testes. Ver *Plans and the Structure of Behavior*, de Miller, Galanter e Pribram.

Capítulo 4: Categoria de teste
1 *Know How*, dos autores, fornece muitos exemplos detalhados de estruturas temporais de teste apropriadas e não-apropriadas para uma vasta gama de contextos, como definição de objetivos, alimentação, ingestão de álcool, exercícios, sexo, relacionamentos e criação de filhos, bem como para procedimentos gerais de mudança.
2 Obviamente, os critérios podem ser impostos pelo contexto (como quando você assiste a uma palestra e "decoro" e "polidez" se tornam critérios relevantes) ou por um indivíduo (como quando seu supervisor lhe diz para fazer relatórios escritos "breves" e "concisos").
3 A noção de equivalências de critério vai muito além da especificação de critérios. Toda discriminação que fazemos, seja "azul", "cadeira", "felicidade" ou "futuro", é um rótulo para um conjunto de percepções, comportamentos e/ou relações funcionais. A cor "azul" é a luz de uma freqüência que cai dentro de uma certa área espectral. "Cadeira" é um objeto feito para que uma pessoa se sente nele. "Felicidade" é um certo conjunto de sensações cinestésicas que se sente, ou (em outra pessoa) sorrisos e movimentos corporais expansivos. E "futuro" é qualquer coisa que aconteça depois de agora. Você pode concordar ou não com essas equivalências de critério, mas essa concordância ou discordância é ela mesma uma demonstração de que você tem, para cada uma dessas classes de experiências, equivalências de critério que você usa para avaliar o que é e o que não é azul, uma cadeira, felicidade ou o futuro. Devido ao fato de termos equivalências de critério para cada discriminação que fazemos, os critérios constituem uma classe especial das equivalências de critério: os "critérios" são aquelas equivalências de critério que *um indivíduo considera importantes* em um contexto particular.
4 Para uma apresentação completa de todas as variáveis envolvidas na adoção e na manutenção de hábitos alimentares e de exercícios saudáveis, ver *Know How* (Cameron-Bandler, Gordon e Lebeau).
5 As implicações e a tecnologia dos sistemas representacionais (que em grande parte não são relevantes para o método aqui apresentado) vão muito além do que descrevemos aqui. Para aqueles interessados nas aplicações terapêuticas e adicionais da modelagem de sistemas representacionais, ver *Solutions* (Cameron-Bandler), *Frogs into Princes* (Bandler e Grinder), *Neuro-Linguistic Programming*, vol. I (Dilts *et allii*), *Patterns of the Hypnotic Techniques of Milton H. Erickson, M. D.,* vol. 2 (Grinder, DeLozier e Bandler) e *Therapeutic Metaphors* (Gordon), todos eles incluídos nas "Referências".
6 O procedimento EMPRINT no capítulo 8 de *Know How* (Cameron-Bandler, Gordon e Lebeau) ensina o leitor a fazer testes cinestésicos presentes que conduzem à excitação sexual.

Capítulo 5: Categoria de referência
1 Como A. J. Leggett assinalou em seu trabalho "The 'Arrow of Time' and Quantum Mechanics" ("A 'flecha do tempo' e a mecânica quântica"), essa aparente barreira que nos separa da experiência real do futuro pode algum dia ser suplantada.

E o que eu quero sugerir é que, ao menos na ausência de uma compreensão do funcionamento do cérebro humano muito mais detalhada do que a que possuímos no momento, não se trata de um fenômeno óbvio que as leis da física, mesmo quando combinadas com a direção geral dada do processo

*biológico, excluam qualquer possibilidade de pré-cognição genuína de distân-
cias razoavelmente pequenas no tempo — ou, justamente por isso, de uma
capacidade muito limitada de "afetar o passado". É desnecessário dizer que,
se tal possibilidade existisse, teria implicações profundas não apenas para a
filosofia, mas também para a nossa própria visão da física. Tenho fortes sus-
peitas de que, se no ano 2075 os físicos olhassem para nós, pobres idiotas embasbacados com a mecânica quântica no século XX, balançando a cabeça com
pena, um ingrediente essencial de sua nova imagem do universo seria uma abordagem muito nova e para nós imprevisível do tempo: e que para eles nossas
idéias atuais sobre a assimetria da natureza em relação ao tempo parecerão
tão ingênuas quanto parecem para nós as noções do século XIX sobre a si-
multaneidade. (Leggett, 1977.)*

Entretanto, a flecha do tempo é atualmente um aspecto proeminente que
permeia nossas experiências subjetivas, e qualquer modelo da experiência e
do comportamento deve levá-la em consideração se quiser estar de acordo com
essas experiências.

Capítulo 6: Causa e efeito

1 Além das diferenças individuais de conteúdos e padrões das relações de causa
e efeito, também há diferenças entre indivíduos em termos da *freqüência* e
da *proximidade* necessárias para se criar relações de causa e efeito. A "freqüência" se refere ao número de vezes em que dois acontecimentos subseqüentes precisam ocorrer para que uma pessoa conclua que A causa B. Quantas
vezes você precisa ter problemas de motor após encher o tanque no posto de
Bill para concluir que a gasolina de lá provoca efeitos nocivos em seu carro?
Quantas vezes você precisa voar de avião à vontade para concluir que você
não tem mais medo de voar? Quantas vezes você precisa abraçar sua amante
para concluir que seu abraço a faz sentir-se bem? Quantas vezes você precisa
conseguir uma carona acenando com os braços para concluir que essa técnica
tem mais probabilidades de fazer as pessoas pararem?

O número de repetições de uma experiência necessário para gerar uma
relação de causa e efeito depende em parte de expectativas contextualmente
determinadas. Quando um cientista injeta um grupo de camundongos cance-
rosos com um soro e esses camundongos apresentam regressões do câncer,
os resultados precisam aguardar ao menos dois ou três novos testes da experiência antes que a maioria dos cientistas esteja disposta a dizer que há uma
relação de causa e efeito entre o soro e a regressão do câncer nos camundongos. Do mesmo modo, a maioria das pessoas admite que é preciso mais do
que um dia de exercícios para que se possa legitimamente dizer se esse tipo
especial de exercício o faz sentir-se melhor ou não. Além dessas expectativas
contextualmente determinadas, contudo, ainda há as exigências idiossincráti-
cas de teste que cada um de nós usa. Para alguns indivíduos, basta um exemplo para gerar uma relação de causa e efeito, ao passo que outros, mesmo
após o vigésimo exemplo, admitirão apenas que "é, pode ser" que haja de
fato uma relação de causa e efeito.

A "proximidade" tem a ver com a proximidade temporal em que os eventos se dão. Por exemplo, se você toma uma aspirina para combater uma dor
de cabeça e a dor só passa no dia seguinte, não é provável que você atribua
o desaparecimento da dor à aspirina. Se, contudo, a dor desaparecer vinte
minutos depois de você ter tomado a aspirina, é provável que você dê crédito

ao remédio — mesmo que, é claro, a aspirina possa não ter sido de fato a causa do alívio (todo mundo já teve dores de cabeça que ou persistiram mesmo após algumas doses de aspirina ou que passaram sem aspirina). Assim como com a freqüência, haverá diferenças contextuais e individuais quanto ao que constitui um intervalo de tempo decisivo. Por exemplo, no contexto de se tomar algo contra a dor, espera-se que a droga faça efeito em uma hora.

Do mesmo modo, para cada um de nós há certos intervalos de tempo característicos para a determinação de nossas relações de causa e efeito. Para algumas pessoas, é preciso que dois acontecimentos se sigam um ao outro quase que imediatamente para que sejam reconhecidos como causa e efeito, ao passo que outras pessoas podem usar dias ou mesmo anos para estabelecer tais relações. Sabemos de uma pessoa que pensa em conseguir uma vaga para estacionar, três dias depois encontra uma quando precisa, e fica certa de que ter pensado em conseguir uma vaga foi a causa de ter encontrado uma três dias depois. Enquanto para a maioria das pessoas um intervalo de tempo tão extenso entra na categoria de "coincidência", para essa mulher um intervalo de tempo entre dois acontecimentos de "apenas três dias" é uma *prova* da relação de causa e efeito. (Descrições mais detalhadas dos processos de inferência subjacentes a raciocínios de causa e efeito podem ser encontradas em *Patterns of Plausible Inference*, de Polya, e em *Clinical Inference and Cognitive Theory*, de Sarbin, Taft e Bailey.)

Obviamente, o que acabamos de descrever é a estrutura do modo como as superstições são geradas. As superstições não precisam ser tão gritantes quanto essa da mulher que transforma imagens internas em vagas de estacionamento. Todos nós cedemos a essa tentação de vez em quando. Você usa sua camisa amarela para fazer um teste em que espera se sair mal, tira um "a" e daí em diante a camisa amarela se torna a "camisa de fazer teste". Ou você derruba o saleiro, sofre um acidente de carro na mesma noite, e daí em diante você sempre joga sal por cima do ombro. Ou talvez seu carro provoque chuva — basta lavá-lo.

Queremos destacar, contudo, que as relações de causa e efeito que rotulamos de superstições são *estruturalmente* idênticas àquelas que usamos para justificar a ingestão de vitamina C para prevenir resfriados, ou o abastecimento do carro com gasolina para fazê-lo andar. A diferença existente entre os pensamentos "supersticioso" e "racional" está na freqüência e/ou proximidade de eventos contíguos que bastam para nos provar que esses dois eventos estão necessariamente ligados.

Capítulo 8: O método em funcionamento
1 Se você tem interesse em receber uma cópia grátis do "Procedimento EMPRINT para transformar erros em lições", ou se quiser saber quando será a próxima vez em que os autores vão apresentar o procedimento em um seminário aberto ao público, entre em contato com a FuturePace, Inc., P. O. Box 1173, San Rafael, Califórnia 94915.

Capítulo 11: Eliciação e descoberta das variáveis
1 Para uma apresentação integral do uso de pistas comportamentais (conhecidas como *pistas de acesso*) como meio de descobrir sistemas representacionais, bem como para mais informações sobre a importância dos sistemas representacionais, ver Cameron-Bandler, *Solutions*; Dilts *et allii*, *Neuro-Linguistic Programming*, vol. I; e Bandler e Grinder, *Frogs into Princes*.

Capítulo 12: Reproduzindo a competência

1 As seqüências de instruções, ou *procedimentos* EMPRINT, são elaborados para transferir os padrões de variáveis que filtramos após entrevistar centenas de pessoas com talentos excepcionais. Incluímos os procedimentos EMPRINT para as cinco etapas essenciais de definição e alcance de metas (desejar, querer, planejar, fazer, conseguir; para hábitos de alimentação e exercícios saudáveis e constantes; para a abstenção de drogas, cigarros e álcool; para o prazer sexual; para a criação e conservação de um relacionamento gratificante; e para a criação dos filhos. Metade do livro é composta de vinhetas curtas que descrevem pessoas que são bem-sucedidas e pessoas que constantemente tropeçam em contextos determinados, e como seu comportamento indica o tipo de processamento interno que estão usando nesses contextos. A outra metade do livro contém seqüências de instalação que impregnam no leitor os procedimentos operacionais recolhidos junto às pessoas bem-sucedidas em cada contexto. Para o leitor deste livro, *Know How* é um curso avançado sobre técnicas de descoberta e instalação.

2 Felizmente, há outros recursos disponíveis se você quiser continuar seus estudos do processo de instalação. Já mencionamos *Know How*. Duas outras fontes excelentes são os pacotes de treinamento em vídeo intitulados "Sentimentos duradouros" e "Tornando os futuros reais", produzidos por dois dos autores (LCB e ML). Esses pacotes de vídeo incluem uma sessão com um cliente em que Leslie Cameron-Bandler elicia procedimentos operacionais existentes e instala procedimentos novos e mais úteis, um segmento sobre modelagem em que Leslie Cameron-Bandler e Michel Lebeau explicam as metas que foram atingidas na sessão com o cliente, bem como as técnicas que Leslie usou para alcançar essas metas, e uma transcrição comentada da sessão com o cliente. Por serem as técnicas de instalação demonstradas nesses vídeos talhadas para um indivíduo específico, elas diferem em muitos aspectos daquelas contidas em *Know How*. Para mais informações, entre em contato com a FuturePace, Inc., P.O. Box 1173, San Rafael, Califórnia 94915.

3 Em *Solutions*, e também nos vídeos "Sentimentos duradouros" e "Tornando os futuros reais", há muitos outros exemplos de pontes ao futuro.

Capítulo 13: Conclusão

1 Ambas as citações são de *Late Night Thoughts on Listening to Mahler's Ninth Symphony*, de Lewis Thomas. A primeira é do ensaio intitulado "Making Science Work", e a segunda, do ensaio intitulado "On Medicine and the Bomb".

Glossário

Atividade. Uma "submeta" subjacente à manifestação bem-sucedida de um comportamento pretendido. Uma meta pode incluir mais de uma atividade.

Atividades preliminares. As atividades que conduzem à aquisição de novos comportamentos, geralmente incluindo atividades como "motivação", "planejamento" e "compromissos".

Avaliação. O processo de aplicação de seus critérios a um contexto específico para determinar se e em que medida seus critérios foram, estão sendo ou poderão ser atendidos (também referida como "teste").

Causa e efeito. Experiências, ocorrências, situações, etc., que são, ou que são percebidas como sendo contingentemente relacionadas entre si, de modo que a expressão ou ocorrência de uma leva à expressão ou ocorrência da outra.

Mobilizadora (estrutura temporal). A estrutura temporal que um indivíduo vivencia como mais subjetivamente "real" e que por isso conduz ao comportamento.

Comportamentos intencionais. Os comportamentos que um indivíduo buscou e aprendeu ou instalou em si mesmo.

Comportamentos intrínsecos. Os comportamentos que um indivíduo adquiriu coincidentemente como o resultado natural de suas experiências de vida.

Construídas (referências). Experiências que são imaginadas, mas que nunca ocorreram realmente.

Critérios. Os padrões em que uma avaliação se baseia.

Equivalência de critério. A especificação de quais comportamentos, percepções, qualidades, circunstâncias, etc., constituem a satisfação de um critério.

Estado emocional. A especificação dos sentimentos gerais de um indivíduo num dado momento de tempo (como feliz, curioso, confiante, etc.).

Informacionais (referências). Experiências encaradas como dados, destituídas daquelas emoções ou sensações a ela pertencentes.

Meta. O comportamento externo ou interno que se gostaria de entender ou reproduzir.

Estrutura temporal. O passado, o presente ou o futuro.

Ponte-ao-futuro. Uma técnica para ajudar a garantir que novas reações ocorram quando necessário, através da entrada no futuro e da imaginação, tão completamente quanto possível, da experiência de se utilizar essas novas reações no contexto apropriado.

Procedimento operacional. Conjunto de variáveis de processamento interno em interação subjacente à manifestação de uma determinada atividade.

Processos internos. As crenças, pensamentos, avaliações, representações, sensações e emoções de um indivíduo que operam em um contexto específico.

Reais (referências). Experiências que você realmente teve ou que está tendo realmente.

Referências. As fontes de informação que um indivíduo está usando ao fazer uma determinada avaliação.

Representação. As imagens, sons e sensações internas que uma pessoa está usando ao fazer uma avaliação.

Subordinação. Ignorar ou anular avaliações em uma estrutura temporal em favor de avaliações em outra estrutura temporal (por exemplo, ignorar o futuro em favor do presente).

Teste. O processo de aplicação dos critérios a um contexto específico para determinar se, ou em que medida, os critérios foram, estão sendo ou poderão ser atendidos. (Também referido como "avaliação".)

Vicariante. Obtenção de informações experienciais por meio da imaginação da experiência de outra pessoa.

Referências

AARONSON, BERNARD S. "Behavior and the Place Names of Time." In *The Future of Time*, editado por Henri Waker. Nova York: Doubleday & Co., 1971.

ASHBY, W. ROSS. *An Introduction to Cybernetics*. Londres: University Paperbacks, 1956.

_____. *Design for a Brain: The Origin of Adaptive Behavior*. Nova York: John Wiley & Sons, 1960.

BANDLER, RICHARD e GRINDER, JOHN. *The Structure of Magic*. Palo Alto, CA: Science & Behavior Books, 1975.

_____.*Frogs Into Princes*. Moab, Utah: Real People Press, 1979.

BATESON, GREGORY. *Steps to an Ecology of Mind*. Nova York: Ballantine, 1972.

BLEIBTREU, JOHN N. *The Parable of the Beast*. Nova York: Collier Books, 1968.

CAMERON-BANDLER, LESLIE. *Solutions: Practical and Effective Antidotes for Sexual and Relationship Problems*. San Rafael, CA: FuturePace, 1985.

CAMERON-BANDLER, LESLIE; GORDON, DAVID; e LEBEAU, MICHAEL. *Know How: Guided Programs for Inventing Your Own Best Future*. San Rafael, CA: FuturePace, 1985.

CAMERON-BANDLER, LESLIE e LEBEAU, MICHAEL. *The Emotional Hostage: Rescuing Your Emotional Life*. San Rafael, CA: FuturePace, 1986.

CASSIRER, E. *An Essay on Man*. New Haven, CN: Yale University Press, 1944.

CHEEK, F. e LAUCIUS, J. "Time Worlds of Drug Users." In *The Future of Time*, editado por Henri Waker. Nova York: Doubleday & Co., 1971.

COMFORT, ALEX. *Reality and Empathy*. Albany, NY: State University of New York Press, 1984.

DILTS, ROBERT ET AL. *Neuro-Linguistic Programming, Vol. I*. Cupertino, CA: Meta Publications, 1980.

FELDENKRAIS, MOSHE. *Body and Mature Behavior*. Nova York: International Universities Press, 1949.

GORDON, DAVID. *Therapeutic Metaphors: Helping Others Through the Looking Glass*. Cupertino, CA: Meta Publications, 1978.

GRINDER, JOHN; DELOZIER, JUDITH; e BANDLER, RICHARD. *Patterns of the Hypnotic*

Techniques of Milton H. Erickson, M.D., Vol. II. Cupertino, CA: Meta Publications, 1977.

HALL, EDWARD T. *The Silent Language.* Nova York: Doubleday & Co., 1959.

_____. *The Hidden Dimension.* Garden City, NJ: Doubleday & Co., 1966.

_____. *Beyond Culture.* Garden City, NJ: Anchor Press/Doubleday, 1976.

_____. *The Dance of Life.* Nova York: Anchor Press, 1983.

KORZYBSKI, ALFRED. "The Role of Language in the Perceptual Processes." In *Perception: An Approach to Personality*, editado por Robert Blake e Glenn Ramsey. Nova York: The Ronald Press Co., 1951.

_____. *Science and Sanity.* Lakeville, CT: The International Non-Aristotelian Library Publishing Company. 1958.

KUHN, THOMAS S. *The Structure of Scientific Revolutions.* Chicago: The University of Chicago Press, 1970.

LEGGETT, A. J. "The 'Arrow of Time' and Quantum Mechanics." In *Encyclopedia of Ignorance.* Nova York: Pergamon Press, 1977.

LYNCH JAMES J. *The Language of the Heart: The Body's Response to Human Dialogue.* Nova York: Basic Books, 1985.

MANN, HARRIET; SIEGLER, MIRIAM; e OSMOND, HUMPHRY. "The Psychotypology of Time." In *The Future of Time*, editado por Henri Waker. Nova York: Doubleday & Co., 1971.

MILLER, G. A.; GALANTER, E.; e PRIBRAM, K. *Plans and the Structure of Behavior.* Nova York: Holt, Rinehart & Winston, Inc., 1960.

MILLER, JONATHAN. *States of Mind.* Nova York: Pantheon Books, 1983.

NEWELL, A e SIMON, H. A. *Human Problem Solving.* Englewood Cliffs, NJ: Prentice-Hall, 1971.

PEI, MARIO. *The Story of Language.* Filadélfia, PA: J. B. Lippincott Co., 1965.

POLYA, G. *Patterns of Plausible Inference,* Volume II. Princeton, NJ: Princeton University Press, 1954.

PRIBRAM, KARL. *Languages of the Brain.* Englewood Cliffs, NJ: Prentice-Hall, 1971.

SARBIN, THEODORE; TAFT, R.; e BAILEY, B. *Clinical Inference and Cognitive Theory.* Nova York: Holt, Rinehart & Winston, Inc., 1960.

THOMAS, LEWIS. *Late Night Thoughts on Listening to Mahler's Ninth Symphony.* Nova York: The Viking Press, 1983.

WHORF, BENJAMIN LEE. *Language, Thought and Reality.* Editado por John Carroll. Cambridge, MA: The MIT Press, 1956.

WIENER, NORBERT. *The Human Use of Human Beings: Cybernetics and Society.* Nova York: Avon Books, 1954.

WILBER, KEN. *The Holographic Paradigm and Other Paradoxes.* Boulder, CO: Shambala Publications, 1982.

**Livros de Programação Neurolingüística
publicados pela
Summus Editorial**

Atravessando
Passagens em psicoterapia
Richard Bandler e John Grinder

Know-how
Como programar melhor o seu futuro
Leslie Cameron-Bandler, David Gordon e Michael Lebeau

O refém-emocional
Resgate sua vida afetiva
Leslie Cameron-Blander e Michael Lebeau

Resignificando
Programação neurolingüística e transformação do significado
Richard Bandler e John Grinder

Sapos em princípes
Programação neurolingüística
Richard Bandler e John Grinder

Soluções
Antídotos práticos para problemas sexuais e de relacionamento
Leslie Cameron-Bandler

Usando sua mente
As coisas que você não sabe que não sabe
Richard Bandler

Transformando-se
Mais coisas que você não sabe que não sabe
Steve Andreas e Connirae Andreas

A essência da mente
Usando o seu poder interior para mudar
Steve e Connirae Andreas

Crenças
Caminhos para a saúde e o bem estar
Robert Dilts, Tim Hallbom, Suzi Smith

DAG GRÁFICA E EDITORIAL LTDA.
Av. N. Senhora do Ó, 1782, tel. 857-6044
Imprimiu
COM FILMES FORNECIDOS PELO EDITOR